NATUREZA HUMANA

HUMANA

FATOS
BIOLÓGICOS
INCRÍVEIS
PARA FAZER
VOCÊ PENSAR
DIFERENTE

Harper Collins

Rio de Janeiro, 2025

Copyright © 2025 by Yago Stephano.
Todos os direitos reservados.

Todos os direitos desta publicação são reservados à Casa dos Livros Editora LTDA. Nenhuma parte desta obra pode ser apropriada e estocada em sistema de banco de dados ou processo similar, em qualquer forma ou meio, seja eletrônico, de fotocópia, gravação etc., sem a permissão dos detentores do copyright.

COPIDESQUE Aline Graça

REVISÃO Juliana Ferreira da Costa e Vivian Miwa Matsushita

CAPA, PROJETO GRÁFICO E DIAGRAMAÇÃO Anderson Junqueira

ILUSTRAÇÕES DE MIOLO ©Morphart Creation/ Shutterstock; ©Bridgeman Images/ Fotoarena; ©Pierre Denys de Montfort; ©AlyaBigJoy/ Dreamsitme; ©von Wright brothers; ©James Sowerby

IMAGENS DE CAPA ©AlyaBigJoy/ Dreamsitme; ©Album/ Alamy; ©bugking88/ iStock; ©James Sowerby; @nypl; @bostonpubliclibrary; ©Alcide Dessalines d'Orbigny

---

DADOS INTERNACIONAIS DE CATALOGAÇÃO NA PUBLICAÇÃO (CIP)
(CÂMARA BRASILEIRA DO LIVRO, SP, BRASIL)

Stephano, Yago
    Natureza humana : fatos biológicos incríveis para fazer você pensar diferente / Yago Stephano. -- Rio de Janeiro : HarperCollins Brasil, 2025.

    ISBN 978-65-5511-707-3

    1. Biologia 3. Curiosidades 4. Seres humanos I. Título.

25-265310   CDD-570

Índices para catálogo sistemático:
1. Biologia : Ciências da vida 570
Eliete Marques da Silva - Bibliotecária - CRB-8/9380

HarperCollins Brasil é uma marca licenciada à Casa dos Livros Editora LTDA. Todos os direitos reservados à Casa dos Livros Editora LTDA.

Rua da Quitanda, 86, sala 601A – Centro
Rio de Janeiro/RJ – CEP 20091-005
Tel.: (21) 3175-1030
www.harpercollins.com.br

INTRODUÇÃO

O ano era 2017, eu estava no quarto período da faculdade de Ciências Biológicas, na Universidade Federal do Rio de Janeiro, e cursava uma das disciplinas mais "carrascas" de todo o curso: Embriologia. Matéria alguma colocava tanto medo nos estudantes de Biologia quanto a que ensinava como uma vida humana se forma. E nada mais justo do que começar um livro que vai debater a *Natureza Humana* falando dela.

Lembro-me de que, desde o primeiro período de faculdade, os estudantes que já haviam feito a disciplina alertavam os calouros sobre a dificuldade da matéria. "São muitos nomes", "É complicado visualizar o processo"; "A prova daquele professor é muito doida". E tenho que ser sincero: todos esses comentários e opiniões se mostraram mais verdadeiros do que eu poderia imaginar.

Era difícil entender o surgimento de algo tão complexo, a formação de cada um dos órgãos a partir de uma única célula e os problemas de saúde associados a malformações embrionárias. É blastômero pra lá, excesso de vitamina A pra cá, espinha bífida atrás, disco neural na frente. Sério, é uma experiência que eu diria ser bem única, no quesito complexidade. Todo o processo se torna ainda mais marcante quando a prova chega à sua mesa. Você estudou todos os tópicos apresentados na aula, anotou tudo o que o professor falou, analisou cada slide, prova antiga e, quando lê a primeira questão, ela é mais ou menos assim: "Em qual região do disco embrionário deveriam ser implantados epiblastos de codorna para gerar uma galinha com apenas todo o sistema nervoso central de codorna? Explique sua resposta com bases celulares e genéticas".

São em momentos como esse que você reflete sobre o caminho que está seguindo. Bom, pelo menos para mim, a reflexão foi mais do que especial. Eu me lembro de ter lido essa questão na hora da prova e pensado: "Cara, que professor incrível!". Ele ensinou todos os processos que nós alunos deveríamos saber, disponibilizou em suas aulas as melhores ferramentas para que pudéssemos refletir e, na hora da prova, colocou nossa cabeça para explodir em possibilidades. Não foi simplesmente um: "Cite isso", "O que é isso" ou "Como é aquilo". Foi muito além, sério, muito além mesmo. Alguns colegas que passaram por essa mesma experiência podem ler isso aqui e achar um completo exagero da minha parte. Que aquela folha ali era uma simples prova, como qualquer outra. Mas eu enxergava nela um exemplo do tipo de professor que eu queria ser.

Eu não gostaria de forçar meus alunos a decorar conteúdos de Biologia. Não gostaria de forçá-los a saber de cabeça nomes em latim extremamente difíceis que aprenderam no ensino médio. Eu gostaria e preferiria que eles conseguissem entender a lógica por trás da matéria, para que, assim, nunca esquecessem o caminho necessário para alcançar aquele conhecimento. Até porque já está bem claro para quem decorou uma matéria só para fazer uma prova que essa não é a melhor forma de armazenar uma informação. Às vezes, o conteúdo de um trabalho que você apresentou na frente da sua turma toda do colégio há dez, vinte anos tem mais chance de ser lembrado do que aquela prova que você fez só na decoreba. E foi pensando nos modelos de aprendizagem mais eficientes, na necessidade de incentivar meus alunos a pensarem além das aulas, e com um empurrãozinho daquela questão da codorna, que decidi me esforçar ainda mais para me tornar um professor melhor quando me formasse.

No último dia de aula, esperei a turma sair da sala e fui dar os parabéns pessoalmente àquele professor. Lembro-me de ter chegado até ele, depois de subir no tablado, que era comum em algumas salas específicas do Centro de Ciências da Saúde da UFRJ, e cumprimentá-lo:

— Professor, quero agradecer por todas as aulas que você nos deu nesse período e, principalmente, elogiar sua didática. Como eu também quero ser um bom professor, gostaria de dizer que gostei muito da maneira como explica um assunto tão difícil de uma forma tão simples. Parabéns e muito obrigado.

Depois de agradecer os elogios, o professor Cristiano Coutinho fez uma analogia sobre educação que mudou minha percepção da profissão para o resto da vida:

— Fazendo uma comparação com a área de vocês [estudantes de Biologia], vocês são peixes. Peixes que têm acesso a um ambiente limitado de conhecimento, que seria o mar, e conhecem bastante sobre toda aquela imensidão azul, mas, felizmente, querem mais. Vocês sobem até a superfície, colocam a cabeça para fora d'água, enxergando todo o horizonte de possibilidades e conhecimentos, mas não podem fazer nada. Não há como um peixe sair da água e descobrir tudo sozinho. É por isso que os professores existem. E, nesse caso, eu vejo os professores como aves. Elas já voaram por aí, desbravando muitos lugares, acumulando conhecimento e, mais importante do que isso, com a capacidade de dar um voo rasante sobre a água e com as garras pegar esses peixes curiosos e levá-los para descobrir o mundo. Esse é o papel de um professor, pelo menos na minha visão.

Cara, como pode alguém ter acertado tanto na visão do que é ser um bom professor? É isso, quero ser que nem esse cara, foi meu pensamento naquele momento. Eu me despedi, agradecendo mais uma vez por tudo que aquele brilhante professor havia me proporcionado. Mas, durante a caminhada do tablado até a porta da sala, os poucos segundos pareceram uma eternidade. Revivi os melhores exemplos de professores que tive na vida, todos os ensinamentos que recebi e tracei uma meta para meu futuro: *Eu quero ser aquela ave*. E nós sabemos que aquela ave, por motivos óbvios (a sobrevivência dos peixes), era um pelicano.

É com esse exemplo de um professor que mudou minha forma de ver a educação que começo meu primeiro livro. Um livro que fará você pensar, assim como aquela prova fez comigo, e que debaterá a natureza da maneira mais humana possível. Iremos conhecer seus exemplos mais extremos e ver, sob diversas ópticas, quanto eles se assemelham a nós. Mas lembre-se: apesar de trazer muito conhecimento e conteúdo, o objetivo aqui é fazer você refletir. Junte tudo o que sabe e o que já viveu com as informações novas que vou trazer ao longo destas páginas e faça, a cada capítulo, novas reflexões. Esta obra tem como objetivo mudar a forma como você vê a natureza e a humanidade. Então, peixinhos, fiquem perto da superfície, que o pelicano vai começar a buscar vocês.

A partir de agora, vamos deixar para trás minha breve história e começar a analisar outra um pouquinho maior e mais intrincada.

Ao longo dos últimos 3,5 bilhões de anos, a vida na Terra se tornou complexa e desafiadora. Muitos detalhes mudaram desde sua formação como planeta até o momento atual. Espécies surgiram, outras desapareceram, algumas diminuíram seu papel na trama global e outras alcançaram o protagonismo nos últimos 300 mil anos. O surgimento do *Homo sapiens,* como conhecemos hoje, criou uma nova maneira de ver o mundo que, quase sempre, nos afasta das demais formas de vida. Contudo, há teorias específicas que julgam os comportamentos da nossa espécie como comportamentos animais, e é justamente essa inconstância que traz brilho para a *Natureza Humana.*

Meu objetivo aqui é encontrar uma forma de explicar como e por que a natureza é um perfeito espelho de quem somos hoje. Desde a interação entre os mais diferentes seres vivos, até a forma como nós nos situamos na nossa sociedade. Para isso, busquei diversos estudos científicos e relatos documentados ao redor do mundo para embasar meus argumentos.

Prepare-se para voar na boca de um pelicano simpático (eu!) pelo mundo do conhecimento e descobrir esse universo à parte que se chama natureza, pequeno peixinho. E, mais importante de tudo, abra sua mente durante a leitura para que, no final, responda à minha pergunta: a *Natureza* é, de alguma forma, *Humana?*

1

Este pelicano já fez muitas viagens ao longo da vida, mas, com certeza, a que começa agora é uma das mais importantes. Ele estica as asas, alça voo, dá um rasante no mar, enche a boca de água e abocanha os peixinhos que estavam à sua espera. Agora, peixinho, segure-se bem e vamos começar.

Antes de se aprofundar em qualquer conteúdo, é recomendado que um bom professor encontre formas de envolver os alunos distraídos no tema antes de entrar no tópico central. E não há maneira melhor e mais eficiente de despertar a curiosidade e a atenção de alguém do que com uma boa história. Então, antes de nos aventurarmos nos detalhes da natureza que nos cerca e debater se ela tem ou não características humanas (ou o contrário), vamos começar do começo, como qualquer boa narrativa deveria começar.

Esse conto se inicia cerca de 13,8 bilhões de anos atrás. Exatamente quando a ciência estima ter ocorrido a explosão mais famosa da história: o Big Bang. Ele é o modelo mais aceito pelos amantes da ciência para explicar o surgimento do universo que conhecemos e nos conta a primeira história que poderíamos ouvir: a que remonta ao exato momento em que toda a matéria que minimamente sabemos existir hoje estava comprimida em um único ponto do universo. Quando houve a liberação da matéria que estava aprisionada nesse único ponto, ela começou a se espalhar. É como se fossem fogos de artifício: pequenas gramas de substâncias específicas dentro de um recipiente minúsculo que, quando liberadas, se espalham pelo ar em todas as direções.

O que vem depois desse momento são histórias de união. O universo se formou a partir da junção de tudo o que de mais simples pode existir, até formar estruturas mais complexas. Se tivesse que achar um exemplo simples de explicar, eu usaria um brinquedo que fez parte da minha infância e é muito conhecido no mundo todo: o LEGO®. Acho difícil alguém não conhecer, mas esse brinquedo nada mais é do que um monte de peças minúsculas variadas, que, quando unidas em ordens específicas, formam estruturas fantásticas. O mais interessante dele é que, usando as mesmas peças, podemos montar desde um carro de corrida até uma girafa. Tudo vai depender de como as peças serão encaixadas, em qual sequência, além de outras variáveis que podem alterar a *matéria* final. Eu mesmo escrevi cada uma das páginas desta história enquanto um LEGO® do Yoda, de *Star Wars*, estava na minha mesa de trabalho me iluminando com seu conhecimento superior.

Mas, puxando um gancho de volta para nosso universo, o Big Bang nada mais é do que infinitas pecinhas de um brinquedo que são espalhadas em uma mesa, e, com o tempo, a partir de forças físicas e químicas, se unem para formar estruturas cada vez maiores e mais complexas. Para dar a você uma noção da beleza desse momento, estima-se que, apenas cem segundos depois da explosão, já houvesse as condições necessárias para substâncias minúsculas se unirem e criar, por exemplo, uma forma de hidrogênio pesado, chamado de deutério. Não vamos entrar muito na química e na física do processo porque não é o foco aqui, porém, preciso que vocês guardem a ideia de peças de LEGO® espalhadas para todos os lados e combinando-se de diferentes maneiras através do tempo.

A partir dessa gigantesca explosão, uma grande poeira se formou e se espalhou pelo vazio do espaço. Os grãos começaram a se unir de modo rápido e, ao mesmo tempo, lento. Em certas partes do espaço, muitos elementos químicos que conhecemos hoje, por conta da tabela periódica, já começavam a se formar, embora fossem o hidrogênio e o hélio que se apresentassem em maior número naquele momento. Bilhões de anos após o Big Bang, cerca de 98% da poeira que ainda era empurrada para longe do ponto da explosão era composta por esses dois átomos que aprendemos na escola. Trazendo de volta o LEGO® para facilitar a explicação, entenda que esses dois elementos estavam em abundância justamente por precisarem da menor "união de peças" disponíveis para serem criados. Apesar de ambos estarem em maior concentração do que os outros irrisórios 2%, foi esse ínfimo *resto* que fez toda a diferença – pelo menos para a história da vida.

Em algum outro ponto do universo, há cerca de 4,6 bilhões de anos, provavelmente empurrada por uma outra explosão, facilitada pela gravidade e por mais algumas uniões de pequenas peças, fomos guiados até onde estamos hoje. Isso porque acredita-se que essa tal nova movimentação rápida e intensa da poeira no universo tenha juntado e formado nosso astro-rei e o Sistema Solar. Depois do Sol e do esqueleto do Sistema Solar terem sido criados, ainda existia "poeira" de sobra para produzir outros corpos celestes gigantescos. Movimentos complexos que aconteciam no Sol empurravam os elementos químicos mais leves dessa poeira para longe, e os mais pesados ficavam mais concentrados. Ou seja, as menores peças, que eram os átomos de hidrogênio e de hélio, eram afastadas, enquanto aqueles 2% se mantinham próximos e unidos.

A partir desses 2% de substâncias mais pesadas se unindo, planetas rochosos foram formados, como Mercúrio, Vênus, Marte e nossa casa, a Terra. Desse ponto até o início da vida existe muita história. Poderíamos falar sobre o surgimento da nossa única Lua, sobre como o nosso planeta foi aquecido e derretido por forças do universo e como os elementos químicos mais pesados foram afundando no lodo quente da Terra até formar seu centro metálico. Pronto, temos aqui um breve resumo de espaço e tempo importante para nossa viagem. Daqui em diante, vamos continuar falando de junções, só que agora de peças mais complexas dentro do nosso jovem planeta.

Falamos de forma superficial sobre Química, Física, Astronomia e muitas outras áreas que não são, de fato, parte da biologia da vida. Para esse ramo da ciência entrar na grande história dos seres vivos, o conjunto de poeiras que continuava a se espalhar pelo vazio precisou esperar quase dez bilhões de anos desde a primeira grande explosão. Pelo menos na Terra, a vida que conhecemos demorou esse tempo para surgir. Segundo dados dos cientistas, a vida na Terra deve ter surgido há aproximadamente 3,8 bilhões de anos, e não estou falando sobre vida humana, só pra deixar claro!

Agora, a maneira como essa vida surgiu é algo que deveríamos olhar com um pouco mais de atenção, afinal, é sobre ela que este livro trata, não?! Independentemente do assunto, seguiremos com a mesma pegada explicativa: peças menores, mais simples, unindo-se entre si e formando estruturas cada vez mais complexas. Para entender a criação da primeira vida que existiu na Terra, é de suma importância compreender como era a situação aqui naquela época. Isso porque, para compreendermos de que modo substâncias específicas se uniram para originar algo vivo, conhecer as forças que dominavam o jovem planeta azul são essenciais.

Imaginemos que o pelicano aqui, além de voar sobre os grandes oceanos, também consiga realizar viagens através do tempo. Respire fundo, afivele os cintos, ajuste sua cadeira na posição vertical e tenha um ótimo voo.

Bem-vindo à Terra Primitiva. Por favor, não se assuste com o que está vendo. Apesar de estarmos acostumados com a imagem de um planeta estável, com um ar respirável e muita vida por todos os cantos, neste momento, ainda não conquistamos essa harmonia e diversidade. Por aqui, temos um planeta com grandes variações de temperatura devido à alta atividade vulcânica e frequentes impactos de corpos celestes na nossa crosta, uma atmosfera com gases extremamente tóxicos, projetos inacabados dos primeiros oceanos e constantes tempestades de raios. Apesar de parecer desolador, foram essas condições adversas que provavelmente deram a ignição necessária para que a vida pudesse ser concebida.[1]

Neste momento você deve estar sentindo a Terra começando a esfriar. Essa mudança de temperatura gradual na escala cronológica, mas que está acelerada nessa visita, permite que as moléculas de água em estado gasoso condensem e se acumulem em estado líquido. Vale pontuar que a água presente na atmosfera em estado gasoso é rotineiramente aceita pela ciência como tendo entrado em nosso planeta por meio do impacto de corpos celestes. A chegada dessas estruturas carregando moléculas de água era acompanhada de tanta velocidade, temperatura e força que tais moléculas, essenciais para a vida, evaporavam e preenchiam a atmosfera. Essa água em estado gasoso na atmosfera recém-nascida permitiu que massas de ar se formassem e, depois de algum tempo, se precipitassem. Ou, como falamos no Rio de Janeiro, caísse o mundo. Essa quantidade enorme de água começa a se acumular em grandes depressões na crosta (produzidas por anos de impactos de meteoritos), e, pronto, estamos presenciando o início, resumidamente, dos mares primitivos do nosso planeta.

Além da temperatura, você também deve estar sentindo na pele o impacto dos raios solares, certo? É que nessa época ainda não havia a camada de ozônio na at-

---

1 Uma das teorias por muito tempo difundidas pela comunidade científica defendia essa perspectiva, porém falaremos um pouco mais sobre a visão atual acerca do assunto mais à frente.

mosfera para nos proteger da radiação. As descargas elétricas e raios solares que estão alcançando nosso planeta, fornecem, a quase todo momento, um dos empurrões (ou energia, no jargão científico) necessários para que algumas peças pequenas se unam a peças maiores. Trocando para palavras mais científicas: moléculas (peças pequenas) presentes na nossa atmosfera formando moléculas mais robustas (peças maiores) e complexas. É nesse momento que se acredita terem surgido as primeiras moléculas orgânicas, que são varridas da atmosfera caótica pelas fortes chuvas torrenciais até se acumularem nos mares primitivos que apresentei para você. Esse mix de moléculas abrigado pela água e aquecido pelas altas temperaturas produziu o que os cientistas chamam de sopa primitiva.[2] Talvez a sopa mais importante que já existiu para a natureza.

Segundo os brilhantes Aleksandr Oparin e J. B. S. Haldane, foi nessa sopa primitiva que tudo começou. Os dois cientistas, sem qualquer relação um com o outro, desenvolveram os primeiros cenários completos sobre a origem da vida, um em 1924 e o outro em 1929, respectivamente. Apesar de algumas particularidades, ambos os trabalhos se unem em uma das teorias que visam explicar o surgimento da vida – e uma das mais aceitas pela maior parte da ciência.

Dessa forma, o que é importante precisa ser mostrado, e pretendo ser um pouco mais didático e cuidadoso ao

---

2 O termo "sopa prebiótica", que mais tarde foi alterado para "sopa primitiva", teve origem com Haldane. Portanto, ali, quando citada, se refere ao conjunto muito semelhante das teorias, embora o termo não tivesse sido criado quando Oparin publicou sua teoria.

conduzir sua imaginação neste momento. Até porque eu, infelizmente, não aprendi essa teoria no colégio e é provável que outros leitores também não. Então é meu dever, como a tal ave que leva os peixes curiosos para sobrevoar o mundo do conhecimento, não deixar nenhuma dúvida para trás.

A teoria da evolução química segue o mesmo princípio da junção de peças de LEGO®. Desde a grande explosão no centro do universo, falamos sobre a união de peças diferentes, em sequências diversas e sob forças distintas. Oparin e Haldane não foram muito além dessa lógica e utilizaram a ideia de atração de átomos, moléculas e substâncias mais complexas para esboçar o surgimento da primeira vida no nosso planeta. A hipótese é evidente, e tomei a liberdade de dividi-la em quatro pontos para facilitar o entendimento:

- Moléculas inorgânicas sob influência do Sol ou de raios reagem umas com as outras e formam blocos, como no caso dos aminoácidos e dos nucleotídeos.
- Essas substâncias mais complexas estavam cada vez mais espalhadas na água acumulada nas crateras da Terra dos primórdios, formando a sopa primitiva.
- Os blocos produzidos poderiam, depois de algumas interações, se unir e formar polímeros, como proteínas (conjunto de aminoácidos) e ácidos nucleicos (conjunto de nucleotídeos).
- Com proteínas e ácidos nucleicos criados, temos o necessário para formar uma estrutura autorreplicável.

Apesar de parecer brilhante, é importante salientar que existem alguns detalhes divergentes ou possíveis críticas relacionadas à conclusão dessa teoria. Um deles foi descoberto após o famoso experimento de Stanley Miller. Um americano que, junto de seu professor, Harold Urey, decidiu reconstituir as condições da Terra Primitiva e realizar uma simulação do que ela poderia produzir, justamente com o intuito de comprovar a Teoria de Oparin e Haldane. Dessa forma, foram misturados metano (CH_4), amônia (NH_3), hidrogênio e vapor d'água (H_2O) para imitar a sopa primitiva que, depois, foi submetida a aquecimento e descargas elétricas. Após todas essas etapas, o material foi condensado e o processo foi reiniciado.

Miller obteve ótimos resultados, como a produção de alguns tipos de aminoácidos e outras substâncias químicas simples. Porém, apesar de ter alcançado os resultados necessários para, a princípio, comprovar a teoria da dupla de pesquisadores, depois de alguns anos e com o avanço da ciência moderna, foi descartado que o experimento tenha sido totalmente fiel à representação da atmosfera da Terra Primitiva. Embora críticas como essa tenham surgido ao longo do tempo, o experimento em si se tornou inspiração para que outros pesquisadores conseguissem explorar diferentes combinações e provar a produção, por meio delas, de muitos aminoácidos e dos fundamentais nucleotídeos.

Além da Teoria de Oparin e Haldane, existem também outras que se assemelham sob uma óptica geral. São átomos e moléculas misturados na água e, nas hipóteses, o que normalmente sofre alteração são as fontes de energia responsáveis por unir tudo. Em um estudo publicado na revista *Nature*, é debatida a descoberta de supostos microrganismos fossilizados encontrados em Quebec, no Canadá, com pelo menos 3,7 milhões de anos. Essa descoberta corrobora outra teoria que ganha bastante força na atualidade: a de que vulcões subaquáticos ao mesmo tempo que liberavam calor do manto para a crosta terrestre também forneciam elementos químicos mais robustos para propiciar a criação de moléculas ainda mais complexas. As fontes hidrotermais, como são chamadas, podem ter sido o berço da vida na Terra. Contudo, não devemos nos apegar demais à localização ou mesmo às forças naturais que permitiram essas uniões. O que importa aqui é que, além da necessidade de algumas arestas terem sido aparadas em relação à hipótese de Oparin e Haldane, a base do processo deve ficar. E a base é: um processo químico lento e gradual que acontece a partir de forças pouco conhecidas, unindo substâncias simples até se tornarem substâncias complexas. Ou seja, voltamos mais uma vez às peças de um simples brinquedo infantil.

De uma forma ou de outra, e apesar de termos apenas levantado a teoria mais aceita pela ciência, *voilà*, a vida foi criada! Agora deixemos Oparin, Haldane e Miller para trás e vamos focar nos ensinamentos do grandioso Charles Darwin. Na Terra, houve um longo caminho sem qualquer traço de biologia, e um caminho ainda maior sem vida, mas nós surgimos. Não exatamente nós, e sim uma vida muito diferente de qualquer coisa que cogitemos imaginar. Ela foi gerada e, consequentemente, acabou gerando outra vida. Que gerou outro indivíduo diferente. E isso se seguiu por mais alguns bilhões de anos.

Pois bem, a história pode ter sido extremamente longa e talvez alguns leitores estejam se perguntando se não voltei demais no tempo. A resposta é não! Eu poderia muito bem ter enxugado quase 13,8 bilhões de anos nessa conversa toda, mas, como eu disse algumas páginas atrás, essa história não seria contada da maneira correta se não partisse da origem. Entretanto, tem um ponto que eu gostaria de levantar antes de continuarmos, algo que me incomoda quando escuto conversas mais rasas sobre a Terra e a origem da vida.

Certa vez, lendo um livro que ganhei de uma editora, me deparei pela primeira vez com a expressão "Cachinhos Dourados". Para quem nunca ouviu (o que é normal para aqueles que não estão inseridos no mundo científico), a expressão, nesse contexto específico, é usada para se referir a situações consideradas perfeitas para que outros acontecimentos possam ocorrer. Como se x existisse do jeito que é para que y fosse agraciado de forma perfeita. Usando exemplos mais palpáveis, temos "O Sol está a uma distância perfeita da Terra, gerando a temperatura ótima para vida no planeta" e "A quantidade de oxigênio na atmosfera da Terra é incrivelmente adaptada aos nossos pulmões".

Baseado nesses exemplos, temos duas formas de enxergar esses comentários. Concordar com eles e olhar para um homem ou uma mulher e acreditar que a Terra, o Sol e o Universo, de forma geral, foram concebidos para receber nossa forma de vida, ou discordar deles e defender exatamente o contrário, que não só os humanos, mas todas as vidas existentes no planeta surgiram, na verdade, pautados nas condições disponíveis em sua origem, e não o inverso. Vou dar um exemplo mais próximo de nós para explicar a diferença entre os dois: para o primeiro, você precisa acreditar que um confeiteiro precisou ter o fogão certo, a temperatura certa, os ingredientes certos, o tempo certo e muitas outras características para produzir um bolo perfeito. Agora, se você preferir se abraçar ao segundo exemplo, deve acreditar que o confeiteiro fez o melhor bolo que podia, com os ingredientes que estavam disponíveis para ele no momento em que produziu o doce, e nem por isso o bolo deixou de ser perfeito.

É deslumbrante pensar que a vida tenha surgido em um planeta com a distância perfeita do Sol, com a atmosfera perfeita para nossos pulmões, com os animais perfeitos para nossa alimentação... Mas posso dizer, com certeza, que não é essa "perfeição" que caminha de mãos dadas com a ciência. Aceitar que surgimos do que havia, das substâncias que estavam disponíveis lá atrás, em um ambiente modelador de seres, pode ser assustador para muitas pessoas. Acredito que o desconforto com relação a esse ponto de vista esteja vinculado à constante crença imposta por muitas instituições de que somos frutos de um propósito muito maior. E até podemos ser. Porém, o caminho para alcançar esse tal propósito talvez não esteja sendo explicado da maneira correta. Como é comumente posto por parcelas da humanidade, a primeira perspectiva de encarar o sentido da vida humana exclui toda a verdadeira cadeia de acontecimentos que precisaram acontecer para possibilitar a nossa existência. E acreditar de forma exclusiva nela nos limita a enxergar o verdadeiro propósito da vida.

Até começar a estudar todos os pontos que apresentei por enquanto e ter consciência do que defendo hoje, para mim era quase inconcebível acreditar em como nossa espécie teve sorte de surgir neste planeta. Mas, lembre-se, coincidências não existem. Então, saiba que, para entendermos onde estamos hoje, foi de suma importância conhecer muito bem de onde viemos. Agora, em qual viés devemos acreditar? Eu sigo a linha de raciocínio que defendi nos últimos parágrafos. E você? Já tem um lado e argumentos para defendê-lo? Sei que essa questão é extremamente delicada de debater, até porque, infelizmente, está entremeada a crenças religiosas. Mas, se olharmos por uma perspectiva não criacionista, em que a origem da vida seja pautada, em sua maior parte, por influências físicas, químicas e biológicas, teremos um viés claro e transparente a seguir.

Perceba que "em sua maior parte" foi alocado junto da "origem da vida" e "por influências físicas, químicas e biológicas" de forma proposital. Se grandes gênios da ciência – como o gigantesco Stephen Hawking, uma das grandes mentes do nosso tempo e da humanidade – muitas vezes não obtiveram respostas para certos questionamentos e acreditavam em uma força maior, quem sou eu para dizer o contrário? Ou melhor, quem sou eu para tentar convencer você do contrário? A minha crença é de que, em alguns momentos-chave, pode ter havido, sim, uma força oculta, que não entendemos agora e que talvez nunca venhamos a entender. Algo muito maior do que qualquer campo da ciência venha a descobrir. Não sou descrente de que podemos ter tido alguns empurrões indispensáveis para certas uniões ocorrerem. Dessa forma, e sendo bastante repetitivo: provavelmente, nunca saberemos as respostas definitivas. Mas, independentemente do que eu acredito ou qualquer outro nome da história defenda, estamos tocando em um assunto que foge da alçada científica, e é por esse motivo, que daqui para a frente, vamos focar no campo no qual existem pesquisas e evidências científicas para continuar a jornada rumo ao surgimento da nossa espécie.

Aceleremos alguns bilhões de anos. Vamos pular a vida simples saindo da água e a vida não tão simples voltando para ela. Teremos que ignorar os artrópodes gigantescos do Cambriano, os amedrontadores Dunkleosteus do Devoniano, os nossos queridos e amados dinossauros do Triássico e até o surgimento do primeiro Hominídeo em algum ponto entre seis e oito milhões de anos atrás. Vamos frear nossa história em mais ou menos trezentos mil anos atrás. Agora sim, vamos falar de algo um pouco mais familiar, tanto do ponto de vista biológico quanto do taxonômico – vou falar sobre isso mais adiante. A partir daqui, iremos nos aprofundar no surgimento dos *Homo sapiens*.

O objetivo inicial, ao idealizar o exercício que vou sugerir para você a partir de agora, é aprender as histórias que estão escritas no nosso corpo, mas que você não foi ensinado a ler. Antes de adentrarmos em profundas comparações comportamentais, fisiológicas, anatômicas e o que mais nos aguardar nos próximos capítulos sobre a *Natureza Humana*, precisamos entender primeiro a história do nosso eu. E, nesse caso, vamos dar um pouco mais de atenção à nossa máquina mais importante. E não vai ser aquele papo clichê de "como ele funciona", "como ele faz isso ou aquilo", vamos falar do nosso corpo da perspectiva mais *humana* possível. E isso significa apresentar características presentes no nosso corpo que refletem o que é ser um verdadeiro humano.

Embora nossa espécie tenha surgido há centenas de milhares de anos, essa duração cronológica para a evolução não é nada. Cem, duzentos, trezentos mil anos podem até parecer muito tempo quando comparamos com a expectativa de vida dos dias atuais. Porém, quando colocamos na ponta do lápis a idade da nossa e a de outras espécies, vemos que somos grandes bebês aos olhos da evolução. O que isso quer dizer? Que nossa espécie não teve nem tempo suficiente na Terra para sofrer pressões seletivas distintas de seus ancestrais e se tornar diferente o bastante dos seus irmãos hominídeos, até o ponto que pudéssemos falar de estruturas presentes apenas nos nossos corpos. Combinando os estudos certos e expondo características fundamentais, conseguimos expor a morfologia da nossa espécie.

E que espécie, né? Quanta beleza esse tal de *Homo sapiens* traz, hein? É um poder, uma força, uma imponência que faria qualquer outra criatura que já viveu neste planeta se tremer inteira. Haverá um momento nesta jornada em que veremos um exemplo prático dessa imponência. Embora os potenciais criativo, cognitivo e plástico acompanhem nossas mentes, não podemos esquecer que o caos também anda lado a lado com o que nos tornamos. Ora doenças, ora guerras. Em algumas sociedades, temos acúmulos desnecessários de recursos, enquanto em outras falta o básico. Até a ideia de deixar nosso "perfeito" planeta e habitar outro "melhor" é algo que podemos anexar a um glossário da nossa espécie. Mas vamos com calma, porque muito antes de existir essa complexidade inteira, éramos muito mais simples do que isso.

Este trecho da jornada tem o intuito de evitar o clichê de explicar o corpo humano com suas nuances repetidas e saturadas, e proporcionar uma visão de como a gente deveria se enxergar. Ficarei muito feliz se, na próxima vez que você parar em frente a um espelho e vir o reflexo do que chama de "eu", sua mente for capaz de se lembrar de todas as histórias que veremos agora. Histórias que contam por que você é exatamente assim como é. E não estou falando de comportamento, consciência, intelecto, cultura, religião, filosofia etc. Nada que seja fácil descobrir ou analisar se você não abrir a boca ou se não estiver carregando ou vestindo um item que entregue suas preferências e inclinações.

Para a leitura das próximas páginas, minha sugestão (e que eu gostaria muito que você seguisse) é que fique diante de um espelho. Desculpa tirar você do seu sofá, da sua cadeira favorita ou até mesmo da sua cama. E, se não estiver em casa e não conseguir atender à minha sugestão, tá tudo bem. Minha ideia aqui é inserir você em uma óptica mais imersa do debate, a fim de conhecer histórias importantes do nosso corpo ao mesmo tempo que olhamos para ele sob a perspectiva de um terceiro. E peço desculpas pelo excesso. Isso é exclusivamente a mania de um professor de Biologia que sabe a dificuldade dos alunos em visualizar certas imagens, mesmo em se tratando dos próprios corpos.

O conjunto de histórias que se iniciará agora abrangerá desde a ponta do seu pé até o último fio do seu cabelo, e não é exagero. Vale pontuar que a ordem das estruturas aqui demonstradas não segue uma linha cronológica do surgimento delas, OK?! Assim você conhecerá, pelo menos, cinco explanações notáveis e características fascinantes do nosso corpo para que já comece a entender os pequenos detalhes que nos fazem únicos. Ou nem tanto assim. Lembrando que as estruturas citadas aqui não têm o intuito de demonstrar o que é um humano perfeito ou qual imagem todos deveríamos ter. Serão abordadas apenas partes anatômicas e morfológicas humanas que foram essenciais para nossa evolução como espécie.

Vale acrescentar ainda que, após apresentar essas cinco características, vamos nos aprofundar no debate sobre elas não terem surgido por uma necessidade dos organismos, combinado? Na verdade, todas as características novas surgem de maneira aleatória e, por gerarem vantagens para os organismos que a apresentam, aumentam substancialmente suas taxas de sobrevivência. A cascata de reações continua com um aumento nas chances desses indivíduos se reproduzirem e, na somatória final, a genética que gerou tais vantagens tem mais chance de ser mantida entre os materiais genéticos disponíveis para uma população. Mas fique calmo, explicarei com detalhes esse mecanismo mais para a frente. Por ora, apenas lembre-se: não estamos falando sobre desenvolver alguma estrutura porque ela era necessária, OK? Essa ideia está redondamente errada. Dessa forma, com a situação engatilhada e a curiosidade no ápice, esteja preparado para conhecer seu corpo de uma maneira nunca vista: pelos próprios olhos.

SOLA DO PÉ

Comecemos pelo pé, uma parte à qual você talvez nunca tenha dado o devido valor, mas que, possivelmente agora, comece a enxergar com outros olhos. Se eu perguntasse qual é a função do seu pé, acredito que você me olharia e responderia: "andar". E, obviamente, eu não seria maluco de discordar, mas a função dele vai muito além disso. Se tivesse que acrescentar alguma vantagem tão importante quanto andar, eu diria "promover a base para o andar bipedal". Então, primeiro falaremos de bipedalismo e depois debateremos o andar, combinado?

Você já notou que seu pé é muito diferente do de um lêmure, de um bonobo ou até mesmo de um chimpanzé? Ou talvez tenha notado que mesmo um gorila macho sendo, em média duas vezes mais pesado que um homem adulto tem um pé proporcionalmente muito menor para seu corpo do que o nosso? Essas grandes diferenças no tamanho dos pés dos primatas apresentam diversas justificativas distintas, mas o fato de sermos macacos que andam sobre os dois membros traseiros entra como argumento principal para explicar esse pé proporcionalmente grande e eficiente. E é engraçado ter que admitir isso, mas é provável que a locomoção bipedal tenha sido uma das adaptações fisiológicas, anatômicas, morfológicas e comportamentais mais importantes para nos permitir alcançar o lugar em que estamos hoje.

O hábito de andar sobre os dois membros traseiros também é a principal característica que influenciou direta ou indiretamente a aparição das cinco estruturas que veremos aqui. Então, caso passe pela sua cabeça durante a leitura que o bipedalismo está com um foco exagerado e desnecessário, entenda que não é bem assim. Vamos falar da ação do bipedalismo no pé, na pelve, na coluna, nos polegares e também na moleira, porque ele é essencial no entendimento das principais histórias do nosso corpo.

Para começo de conversa, não sabemos exatamente por que o bipedalismo surgiu. Para não dizer que não fazemos ideia, separei quatro teorias que tentam explicar o surgimento dessa adaptação na nossa espécie, embora, devo repetir, nenhuma delas seja a detentora da verdade. Apesar dessas hipóteses não terem sido confirmadas até hoje, não faz sentido contar a história do nosso corpo sem que entendamos minimamente algumas das teorias que os cientistas utilizam para debater o surgimento do bipedalismo. Portanto, prestem atenção, peixinhos:

1. A hipótese da savana

Essa teoria tem como base a ideia de que nossos ancestrais acabaram se adaptando para andar sobre as duas pernas por conta da mudança de seu hábitat: das árvores para os espaços abertos das savanas. Tendo em vista essa maneira de analisar a origem do bipedalismo, a nova postura dos indivíduos teria permitido aos hominídeos observarem por cima da vegetação quando eretos, facilitando assim a caça e a descoberta de ameaças que estivessem se aproximando. Entretanto, apesar de ser uma boa forma de enxergar a evolução acontecendo, dados paleoclimáticos e registros fósseis vão contra essa teoria, argumentando que os ancestrais dos hominídeos bípedes ainda viviam nas florestas.

2. Hipótese da postura de alimentação

Nessa linha teórica, o bipedalismo dá um passo atrás, tirando o foco de se locomover, e dá dois passos à frente na direção de ser uma forma mais proveitosa de se alimentar. Segundo essa teoria, o bipedalismo, na verdade, foi a maneira que nossos ancestrais teriam encontrado de manter o equilíbrio nos galhos enquanto esticavam os membros superiores para alcançar frutas. A observação de chimpanzés comendo em postura bípede, orangotangos ficando em pé para se equilibrar nos galhos, somados às mãos e aos ombros dos *Australopithecus afarensis,* adaptados para o hábito de se pendurar, mais seus quadris e membros posteriores adaptados para o ato de bipedalismo, são argumentos comumente utilizados para reforçar a teoria da alimentação.

3. O modelo de ameaça

Nesse conceito de explicar o surgimento do bipedalismo, é teorizado que o comportamento haveria surgido como uma estratégia natural de defesa. Segundo essa perspectiva, nossos ancestrais que conseguiam manter a postura ereta eram vistos por potenciais predadores como uma forma mais, vamos dizer assim, "ameaçadora" de presa e não os atacavam.

4. O modelo termorregulador

Nesse outro modelo criado para explicar o surgimento de um hábito bipedal definitivo, as razões centrais das alterações são creditadas aos fatores térmicos. Essa teoria defende que o bipedalismo teria aumentado significativamente a área de superfície corporal nos nossos ancestrais, permitindo que o calor corporal se dissipasse de forma mais eficiente.

Pronto, essas são as quatro teorias escolhidas pelo pelicano aqui para mostrar a você algumas das possibilidades existentes. Além de serem completamente diferentes e apresentarem contrapontos científicos fortes, elas acarretam grande relevância ao nosso debate. E teorias tão distintas ajudam a ilustrar que a ciência, quando se trata da evolução, não caminha (desculpe o trocadilho!) em linha reta. É importante que você tenha noção da diversidade de opções que temos, analisando apenas sobre o surgimento do bipedalismo, para que fique claro que a evolução não é uma ciência de causa e efeito imediato. E mais: vale deixar claro que uma teoria sozinha, muitas vezes, não explica o surgimento de uma característica tão importante.

Agora, sabendo das suposições por trás do bipedalismo e ciente da importância das mudanças anatômicas para possibilitar o andar ereto, podemos, enfim, olhar para o espelho. Apesar da discussão que acabamos de ter não apresentar uma conclusão que agrade todas as faces da comunidade científica, vamos focar seu momento de brilhar com uma informação comprovadamente aceita. A partir de agora, além de dizer que nosso pé foi feito "para andar", você também terá a oportunidade de contar uma história evolutiva incrível sobre ele. Até porque não tirei você de um lugar extremamente confortável e o coloquei em frente ao espelho para não fazer jus ao título dessa parte, né?

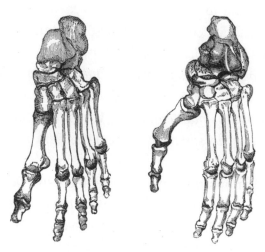

Representação dos ossos do pé de um humano (esquerda)
e de um gorila (direita)
OLD IMAGES/ ALAMY/ FOTOARENA

Antes de falar um pouco sobre o que na estrutura de seu pé faz com que ele seja um pé humano, você precisa saber de uma coisinha. Para ficar mais fácil de visualizar a explicação, analise com atenção a imagem anterior. Nela você vê a comparação entre o pé de humano e de um gorila. Provavelmente, você notou algumas diferenças bem marcantes, como o tamanho, a proporção dos ossos, a quantidade de pelos e o formato dos dedos, entretanto, acredito que a diferença que mais se sobressai é a posição do dedão. É evidente que ele está em lugares bem distintos no pé humano e no de um gorila. Esse dedão que tem uma posição quase oposta aos outros dedos é chamado de oponível, e vamos dar mais atenção a ele quando falarmos da mão humana, mas, por ora, você precisa entender que a mudança de posição desse "simples" dedo fez toda a diferença. Um dedão não pareado aos outros dedos é bastante útil para viver e escalar uma árvore e ele está presente em diversos outros primatas, como chimpanzés, babuínos, lêmures e bonobos.

"Tá, Yago, beleza. Já percebi que o pé dos macacos é diferente do meu! Mas até agora você só me mostrou o que os humanos não têm no pé! Você não ia nos mostrar o porquê dos nossos pés servirem tão bem para a gente andar?"

Para demonstrar o que tem de tão especial nos nossos pés, vamos supor uma situação simples. Imagine que você fosse um bombeiro e precisasse resgatar alguém que foi dar uma volta no meio de uma floresta, descalço, depois de um longo dia chuvoso. Você conseguiria reconhecer as pegadas dessa pessoa? Aonde eu quero chegar com essa pergunta? No exato instante em que você nota que sempre soube o que difere um pé humano do de outra espécie, mas nunca havia parado para pensar na razão dessa diferença. Sabe aquela parte do nosso pé que não encosta no chão e não fica marcado na pegada, você sabe qual é propósito dela? Sim, permitir o bipedalismo e melhorar nosso andar. Esse espaço que não deixa marcas no chão é chamado de arco pronunciado, ou arco plantar, e é uma das principais características que deixa seu pé com cara de pé humano. Enquanto nos primatas arborícolas a sola do pé é chata (plantígrados) e apresentava um dedão forte, capaz de realizar um movimento de pinça, o pé humano desenvolveu esse arco, que, com a ajuda de tendões, ligamentos, músculos e diversas outras estruturas, possibilita o andar bipedal. O mais incrível desse complexo ósseo-muscular é que ambas as estruturas trabalham juntas para, além de manter o pé rígido, também fornecer uma alavanca de força propulsiva, nos permitindo caminhar e correr de forma mais eficiente e sem gastar muita energia. Ou seja, todas essas estruturas, juntas, funcionam, guardadas as devidas proporções, como um tênis de placa que corredores utilizam para alcançar a alta performance.

PELVE

Ainda em frente ao espelho e subindo da sola do seu pé, passando por tornozelo, canela, joelho, coxa, chegamos à sua primeira cintura. Sim, você tem duas cinturas. A primeira é a que todo mundo conhece, a chamada cintura pélvica, a segunda fica próxima ao pescoço, é a cintura escapular. Bom, essa informação por si só já pode até soar como uma grande novidade para você, mas é um mero detalhe perto da importância que a região da pelve tem na nossa história evolutiva. Muito mais do que você pode ter imaginado. Ela fornece, por exemplo, indícios do sexo do seu portador. Vale deixar bem claro aqui que esses indícios podem servir de comprovações, dependendo da idade do humano estudado, mas, via de regra, são apenas indícios. Tanto é que alguns arqueólogos, quando vão classificar um esqueleto, podem usar "masculino" e "feminino", como também "provável masculino", "provável feminino", ou mesmo "desconhecido". E é exatamente nas diferenças estruturais ósseas da pelve de ambos os sexos que mora o grande chamariz da nossa segunda estrutura.

Para avaliarmos a segunda característica que nos torna ótimos exemplares de hominídeos, e mais especificamente dos *H. sapiens*, precisamos olhar com calma o conjunto de ossos que define nossa cintura. Lembrando que a cintura que será debatida aqui não fica localizada no local onde os estilistas colocam a fita métrica para medir a circunferência. Cintura, para a anatomia, a morfologia, a evolução e, mais importante, para nós, fica na linha do seu quadril. Se você ficou confuso, fique calmo e observe as figura a seguir.

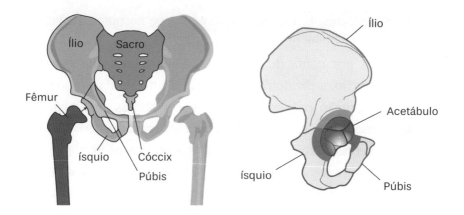

Esquema de anatomia do quadril (esquerda) e visão lateral
dos ossos que compõem a pelve (direita)
CRÉDITOS ESQUERDA: ANNA BERGBAUER/ ISTOCK | DIREITA: JYLL/ ADOBESTOCK

Antes de olharmos a fundo a anatomia de uma pelve, vale gravar a seguinte informação: ossos maiores e mais largos permitem a inserção de mais músculos. Poucas pessoas sabem essa informação. Para ilustrar o que estou dizendo, imagine um frango de padaria. Independentemente de ser do time peito ou do time sobrecoxa, coxa[3] e asa, você já deve, alguma vez, ter reparado no osso que fica na base dos músculos do peito do frango. Essa estrutura é chamada de quilha/carena e se assemelha ao nosso esterno, aquele osso que liga algumas costelas e fica mais ou menos na altura do coração. Nas aves, essa estrutura óssea tem o crescimento vertical, aumentando sua superfície e possibilitando uma maior área de inserção de mús-

---

[3] A título de curiosidade, você já foi ensinado que não existe esse lance de sobrecoxa e coxa, né? A sobrecoxa na verdade é a coxa, e a coxa que você conhece, na verdade é a canela do animal. Até porque, pare e pense, acima da sua coxa já é o seu tronco, certo? Sobrecoxa não existe.

culos peitorais. É o mesmo que acontece na nossa pelve. O que quer dizer que músculos na região não vão faltar. Portanto, por conta de a cintura pélvica apresentar essa configuração, a primeira grande função dela é dar suporte à locomoção, pois consegue fornecer pontos de fixação para uma série de músculos, tendões, ligamentos e o que mais for preciso para dar muita força às suas pernas.

A cintura pélvica, esse conjunto ósseo estranho visto na imagem anterior, é uma grande estrutura formada pela união de três ossos. O ílio é o maior deles e parece uma asa de borboleta, o púbis e o ísquio são menores e formam uma estrutura que, de certos ângulos, assemelha-se a uma máscara de super-herói. Com a configuração básica da pelve exposta, vamos visualizar uma estrutura que é originada justamente em uma região que é composta pela união dos três ossos e serve como base para o maior osso do nosso corpo: o fêmur. Essa região, que recebe a cabeça do fêmur e permite todos os movimentos incríveis que conseguimos realizar com nossas pernas, é chamada de acetábulo.

Vale ressaltar que esses três ossos são duplicados, espelhados e apresentam duas ligações importantes para compor a sustentação inteira da região. Na parte ventral (ou seja, da frente do seu corpo), os dois púbis realizam uma união chamada de sínfise púbica, bem parecida com a que temos no nosso queixo e que é responsável por tornar nossa mandíbula uma coisa só. Já na parte dorsal (ou seja, de trás do seu corpo), o que liga os nossos dois ílios são os ossos fusionados que compõem o sacro, finalizando, assim, um complexo de ossos com uma grande abertura no meio.

Agora, vamos falar das duas grandes funções dessa estrutura, começando pela já alertada influência no bipedalismo. A região da pelve é mais uma estrutura da nossa lista que tem papel indispensável na capacidade humana de andar bipedal. Aquela história de aumentar a área de superfície é fundamental nesse ponto, até porque, se você parar para pensar, quando estamos andando em uma marcha reta e damos um passo, o peso inteiro da parte superior do corpo fica acumulado exatamente na cabeça de um único fêmur. Para dar a você uma ideia do que a área pélvica precisa aguentar, estima-se que mais da metade do peso corporal de um bípede seja sustentado pelos músculos e ossos dessa região. Se essa estrutura não fosse forte, rígida e sustentada por uma enorme quantidade de músculos, tendões e articulações, nossos ancestrais, e propriamente nossa espécie, não teriam a capacidade de se locomover usando apenas os dois membros posteriores.

Além de fornecer mobilidade e força para a locomoção, temos um último detalhe anatômico importante da pelve: a parte dorsal, que liga os dois ílios, composta pelo sacro, estende-se formando o que conhecemos como coluna vertebral, a principal estrutura que conecta a região pélvica com os ossos da cabeça, do pescoço e dos membros superiores. Portanto, além da mobilidade, a nossa cintura pélvica ainda funciona como uma espécie de conjunto de raízes firmes e fortes que propicia o crescimento do tronco de sustentação de uma gigantesca árvore.

Agora que terminamos de falar sobre a estrutura da pelve, chegou a hora de correlacionar esse conjunto de ossos com a inteligência humana. Dedicaremos uma parte inteira para falar sobre inteligência, mas aqui daremos o pontapé inicial nesse tema, e, antes de mais nada, preciso deixar claro que para a próxima função da pelve teremos uma diferença entre os sexos biológicos. Portanto, atente-se aos fatos.

Você sabe o que significa dilema? Segundo a definição do dicionário *Caldas Aulete*, dilema é uma "situação problemática para a qual há duas saídas, contraditórias e igualmente insatisfatórias, gerando indecisão". Ou seja, um dilema não é uma situação agradável. Se você escolher um caminho, será prejudicado de um lado, porém, se escolher o outro, também será prejudicado. E, infelizmente, a pelve viveu e vive assim. O dilema, nesse caso, pode ser entendido como um "dilema obstétrico", já que, por ter um corpo adaptado ao bipedalismo, houve uma consequente diminuição das dimensões da região pélvica de seus indivíduos. Para os homens, essa redução das proporções pélvicas foi mais acentuada e não gerou muitos problemas, porém, em se tratando do corpo das mulheres, as reduções foram em menores escalas pela situação ser mais delicada. Essa diminuição das dimensões da região pélvica acarretaram uma redução no canal de parto, o que, por conseguinte, gerou maior dificuldade para a passagem da cabeça do bebê na hora do nascimento. A seguir, temos uma famosa representação que nos permite comparar o tamanho da entrada pélvica de diversos primatas com o tamanho do crânio dos bebês de seus respectivos gêneros. Perceba pela imagem por que, fisicamente, a conta na nossa espécie simplesmente não fecha.

Agora fez um pouco de sentido o motivo do parto normal das mulheres da nossa espécie ser um procedimento tão delicado, não? Se sua mãe colocou você no mundo pelo parto normal, se possível, dê um abraço nela e agradeça o esforço, porque agora você tem uma mínima noção do que

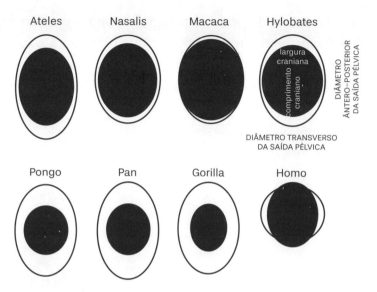

Comparação do diâmetro da pelve em relação à cabeça dos bebês entre alguns primatas

ela deve ter passado. E, se tratando da biologia do nosso corpo, para tentar driblar um aumento considerável nas taxas de natimortos (morte de fetos) e de suas mães com cinturas pélvicas estreitas, algumas formas de adaptação acabaram surgindo em nossos ancestrais. Quando a última característica da história do nosso organismo for aqui debatida, tenho certeza de que tudo fará sentido para você.

COLUNA

Tendo em vista tudo que já falamos sobre a cintura pélvica servir quase como uma base de sustentação para a coluna, em tese, a parte final dessa estrutura já foi minimamente vista. Por esse motivo, vamos focar agora na nossa estrutura óssea central como um todo e no seu início. Antes de seguir para a leitura do próximo parágrafo, minha sugestão é que você olhe bem a figura a seguir, que compara a coluna de um humano com a de um primata e tente sentir no seu corpo as curvaturas que tornam sua coluna diferente da deles.

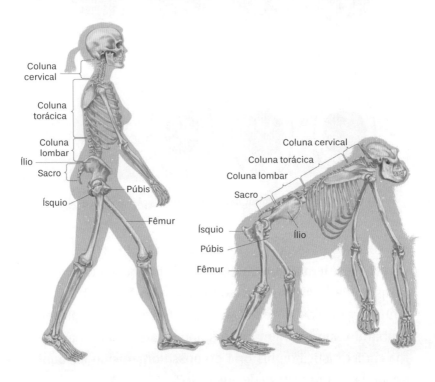

Esqueleto de um humano e de um gorila
UNIVERSAL IMAGES GROUP NORTH AMERICA LLC/ ALAMY/ FOTOARENA

Começaremos olhando com um pouco mais de atenção para dois pontos específicos da nossa estrutura óssea: a cifose torácica e a lordose lombar, que nada mais são do que as curvaturas presentes na coluna humana. A primeira se caracteriza pela posição das vértebras torácicas e lombares superiores em posições mais ventrais, realizando uma curvatura para trás, enquanto a segunda é ocasionada pelas posição das vertebras lombares inferiores em uma posição mais dorsal, realizando, consequentemente, uma curvatura para a frente. A soma de ambas as curvaturas propicia uma coluna em formato de "S", que contrasta de forma bem acentuada com a coluna dos grandes símios, que é descrita em um formato de "C". E antes que associe de forma errônea esses nomes a problemas de coluna, como a escoliose, é necessário que você saiba que ambas as curvaturas presentes na coluna dos *H. sapiens* são fundamentais para permitir a postura ereta, sobretudo por proporcionarem estabilização da parte superior do corpo. Para enfatizar ainda mais a importância dessa formação óssea em uma perspectiva biomecânica, devemos frisar que a coluna com o formato clássico de "S" ainda é fundamental para absorver as cargas aplicadas ao corpo humano de forma eficiente.

Agora, para entender nossa próxima estrutura, queria propor um exercício mental bem simples. Algo que vai fazer você sempre se lembrar da importância da parte inicial da sua coluna, como ela se liga com seu crânio e como essas duas estruturas facilitaram o bipedalismo. Imagine que você tenha dois pirulitos de cores diferentes e eu lhe peça para desenhar um rosto em cada um deles. No primeiro, preciso que você desenhe os olhos e a boca desse rosto na lateral do pirulito, em uma posição que faça um ângulo de 90 graus em relação à haste do doce, como no desenho a seguir. Agora, com o rosto devidamente desenhado, imagine se eu te pedisse para olhar diretamente nos olhos dessa carinha, qual seria a maneira certa de segurar o pirulito? Bom, para isso você teria que segurar o pirulito da forma tradicional, certo? Seus dedos ou mãos segurando a haste do doce na vertical e olhando para o rosto desenhado.

Perfeito, agora passando para o outro pirulito, eu gostaria de pedir que a carinha fosse desenhada em uma posição diferente. Dessa vez, vamos desenhar o rosto de forma que ele fique "no topo" do pirulito, na parte oposta da ligação com a haste de plástico, como no desenho a seguir. Agora a dúvida é: como devo segurar o pirulito para olhar diretamente no rosto desenhado? Dessa vez, eu precisaria segurá-lo com a mão em uma posição horizontal, como se eu estivesse deitando o pirulito, certo? Assim consigo emparelhar meu rosto com o rosto desenhado. Se ficou difícil visualizar o experimento, a imagem a seguir facilitará sua vida.

Agora a pergunta que não quer calar: qual é o intuito de desenhar rostos em pirulitos? O que isso agrega ao nosso debate? Esse exemplo tem como objetivo explicar justamente como a parte inicial da nossa coluna e o nosso crânio possibilitaram uma postura bípede mais confortável. A grande virada de chave do exemplo acontece quando você descobre que ambos os pirulitos descritos no exemplo nada mais são do que representações de animais que seguem duas formas distintas de postura. O doce redondo representa nosso crânio, enquanto a haste de plástico é uma forma um pouco diferente de vermos a coluna. No primeiro exemplo, com o rosto desenhado na lateral do pirulito, estaríamos falando de uma estruturação bípede, na qual o ponto de conexão do crânio com a coluna está posicionado em uma região mais basal da estrutura, quase na base do crânio. Agora, quando olhamos para o segundo pirulito, estaríamos vendo o exemplo clássico de um animal quadrúpede, justamente porque para olhar o rosto dele precisaríamos deitar o pirulito na horizontal. O mais importante sobre esse exercício mental é demonstrar a diferença da localização da estrutura que serviu de ponto de ligação entre crânio e coluna nos dois pirulitos. Em um doce, o ponto de conexão entre as estruturas estava posicionado na parte de baixo do crânio, exemplificando nosso caso, e no segundo pirulito, em um ponto lateral, teríamos a exemplificação dos quadrúpedes.

Quando nos damos conta dessas diferenças marcantes de posição estrutural é que entendemos muitas consequências práticas na nossa vida. Por exemplo, se você não se posicionou em frente a um espelho por algum motivo específico e priorizou ficar deitado de bruços em uma cama, pode ter certeza de que o incômodo de estar nessa posição lendo este livro em algum momento virá, e nem é por eu estar rogando praga por você não ter seguido minha sugestão do espelho, é porque a evolução não preparou sua coluna para ficar durante horas nessa posição. Apesar de sua coluna ser uma construção óssea forte e resistente, desenvolvida para permitir uma gama de movimentos e aguentar grandes cargas, existem posições que, sem dúvida, vão contra seu manual de instruções. Agora, coloque um cachorro deitado de bruços para você ver se ele não fica superconfortável por horas.

Apesar de estarmos falando de um assunto que tem um caminho, em partes, obscuro entre os debates científicos, entender de verdade como a ligação do crânio com a coluna nos hominídeos sofreu essas alterações de posições, quando comparado aos quadrúpedes, é entender como a parte inicial da coluna, junto a essa estrutura do crânio, deu o toque final na, vamos dizer, "permissão ao bipedalismo". Trazendo tudo o que já foi explicado no exemplo do pirulito para um linguajar mais técnico, a região exata do doce que se conecta com a coluna/haste é chamada de *forame magno*, ou "grande orifício". Essa abertura na base do crânio, além de conectar nosso eixo ósseo central com nossa cabeça, ainda permite, de quebra, a ligação da medula com o cérebro. Portanto, se a conexão da coluna com o crânio não fosse desenhada de forma perfeita pela evolução, e os processos de curvatura não permitissem um equilíbrio da parte superior do tronco e cabeça de maneira tão eficiente, o bipedalismo, talvez, não seria possível, assim como muitas outras habilidades promovidas pela coluna.

POLEGAR (DO PÉ E DA MÃO)

Pare por um minuto e pense em como um único dedo pode fazer muita diferença no seu cotidiano. O anelar, por exemplo, carrega uma mística social a seu redor; o indicador, como o nome já diz, é ótimo em indicar direções; o do meio, muitas vezes, precisa ser contido; até o mindinho pode ter sua importância, porém, sem qualquer um desses, sua vida não seria tão impactada assim. Mas se você perder o dedão... Vamos fazer um teste. Enrole seu dedão com um esparadrapo ou com qualquer material que o imobilize e tente viver um dia normal. Tente escrever um texto utilizando uma caneta, escovar os dentes ou até mesmo fazer um comentário, pelo celular, em um vídeo meu. Faça todas as suas obrigações diárias tentando, ao máximo, não encostar o polegar em nenhum objeto. No final, pergunte-se: o que seria da sua vida sem os dedões da mão?

Porém, o dedão não é importante apenas para as tarefas atuais do nosso corpo, também foi essencial para nossa evolução. Entre as habilidades que o dedão ajudou nossos antepassados a desenvolver, estão segurar uma lança, afiar uma pedra, tirar a pele de um animal, retirar parasitas da pele, colher uma fruta e por aí vai. De certa forma, das cinco características que tornam nossos corpos mais humanos que prometi detalhar para vocês, o dedão é a que apresenta funções mais fáceis de visualizar.

Ahhhh, e o tal do polegar oponível, hein? Quão mágica é tal estrutura? Pensou em evolução, pensou em dedão. Acho que essa última frase daria uma bela camisa. Entretanto, uma informação precisa ser dada aos meus peixinhos, algo que, talvez, tire toda a mística em torno de um dedão mágico que existe apenas na nossa espécie. Você sabia que todos os outros macacos que conhecemos também apresentam o polegar oponível? Sim, é a mais pura verdade. Esse grupo bem diverso tem um conjunto enorme de habilidades motoras aprimoradas, justamente por conta da função de preensão desses dedos, o famoso movimento de pinça.

Entretanto, existem alguns fatores que tornam nossos polegares um pouquinho mais especiais com relação ao dos outros primatas. Em suma, são duas características que explicam essa potência aumentada em nossas mãos: o número e o tamanho dos músculos envolvidos nesse movimento. Esses músculos diferenciados que deveriam ganhar os verdadeiros créditos por termos essa extensa capacidade de realização de movimentos bastante fortes, como empunhar uma lança contra um predador, e ao mesmo tempo sutis, propiciando a realização de movimentos delicados o suficiente para costurar um cesto ou até mesmo retirar a pele de um animal por completo, sem rasgá-la.

Assim como as características citadas por mim aqui neste capítulo e outras dezenas que poderíamos debater na perspectiva da "anatomia humana", o exato momento cronológico do surgimento desse polegar com mais força e grande capacidade para movimentos complexos é incerto. Alguns pesquisadores acreditam que remonta há dois milhões de anos, quando houve um aumento nos registros arqueológicos da utilização de ferramentas. E essa dependência do uso de ferramentas para a caça teria levado a mão dos nossos ancestrais a caminhar para essa evolução. Entretanto, não há muitos indícios para a afirmação.

Na verdade, o que precisamos enxergar quando olhamos para nosso dedão é uma ponte entre o passado e o futuro. Das cinco características aqui citadas, essa será a menos debatida, porém, sua importância na evolução humana segue uma inversão extremamente proporcional acerca do avanço da nossa espécie. Sem a sutileza dos movimentos que esses dedos possibilitaram nem a força que eles nos proveram, não há como prever onde nossa espécie estaria agora.

Ao longo do livro, muitos exemplos que tradicionalmente são apontados como humanos podem estar intrinsecamente correlacionados com as capacidades promovidas pelos dedos oponíveis. Se estivermos falando de cuidados médicos, o movimento de pinça é de suma importância. Se estivermos debatendo sobre arquitetura ou algo próximo do universo da construção civil, teremos os dedões sendo essenciais para movimentar ferramentas, como um martelo, por exemplo. Até se pensarmos na criação de um filho, os dedões serão fundamentais. Segurar a mamadeira, trocar a fralda, tirar o bebê do carrinho, apertar o tubo do creme de assadura para passar no bumbum do seu filho, todas essas ações, mesmo que possam ser realizadas sem a ajuda dos dedões da mão, tornam-se mais fáceis com eles. E vejam como são as coisas: se analisarmos os pés dos hominídeos, a perda do dedão lateralizado – que era importante para um hábito arborícola – foi eficiente para a evolução dos nossos ancestrais. Já nas mãos dos indivíduos desse mesmo grupo, o eficaz foi justamente o movimento morfológico dos ossos, músculos, tendões que, em vez de levarem à perda da estrutura, tornaram-na mais forte e mantiveram a posição "original" oponível. Ou seja, sinta-se privilegiado por ter esse dedão, porque, da forma única que ele se fez nos *H. sapiens*, é bem raro ver em outras espécies por aí na atualidade.

MOLEIRA

Antes de falarmos sobre mais uma característica interessante do nosso corpo e que carrega consigo grandes histórias, você pode sair da frente do espelho e retornar para o conforto do seu canto de leitura. Isso porque, se você não for uma criança de 1,5 ano, 2 anos, sentir ou visualizar a estrutura que agora será debatida não irá rolar. Portanto, se conseguiu ler as últimas páginas na frente do espelho, verificando as estruturas descritas por mim e que nos tornam humanos, saiba que você fez um pelicano feliz.

De todas as estruturas aqui citadas e que geraram grandes histórias sobre a evolução do nosso corpo, a única que sofre grande alteração ao longo dos anos iniciais de nossa vida é a última de que falaremos aqui: a moleira. Se alguma vez na sua vida você já passou pela situação de tentar fazer um carinho na cabeça de um bebê e algum adulto chamar sua atenção, você provavelmente nunca mais esqueceu o que é a moleira. E digo isso pois o pelicano aqui já sofreu esse trauma na pele.

Aquela minibronca direcionada a uma criança que não sabia que havia um problema no que estava fazendo tem raízes em um conhecimento corporal humano que pode ser resumido a: ao nascer, a cabeça dos bebês ainda não está totalmente formada. Quando um novo *Homo sapiens* vem ao mundo, as cinco estruturas ósseas que compõem o que chamamos de crânio ainda não estão fixadas entre si por completo. Na verdade, estão conectadas, mas por uma ligação frouxa, chamada de sutura craniana. Essas suturas permitem que os ossos tenham certa plasticidade para se movimentar e lentamente chegarem à configuração ideal, sem que percam o contato uns com os outros. Dessa forma, são essas áreas específicas da cabeça de um bebê, em que existem algumas lacunas entre os ossos, que são conhecidas como moleiras, mas o nome oficial dessas "aberturas" é fontanelas.

"Calma aí, Yago, me diz uma coisa: por que raios a evolução concordaria com a ideia de gerar filhotes com crânios fracos e vulneráveis? Não teria sido mais eficiente gerar filhos humanos com um crânio mais forte e rígido, que protegesse nosso cérebro de forma eficaz?" Bom, existem muitas formas de responder a essa pergunta de uma perspectiva evolucionista, mas um "sim" e ao mesmo tempo "não" resume bastante as coisas. Para evidenciar a necessidade de gerar filhos com os ossos da cabeça frágeis e ainda não totalmente fixados entre si, devemos recuperar as problemáticas associadas à região pélvica das mulheres, apresentadas algumas páginas atrás, e esmiuçar as formas que nosso corpo encontrou para resolvê-las.

Em 1960, Sherwood Larned Washburn, um famoso antropólogo americano, criou o mundialmente conhecido termo "dilema obstétrico". Sim, eu já expliquei o que esse termo significa, mas agora iremos entender como ele é resolvido na prática. Como vimos, conquistar um andar bipedal gerou várias consequências para o corpo dos humanos, sendo uma delas, mais marcante no corpo masculino, um quadril mais estreito. Se a evolução do corpo da mulher tivesse colocado a importância da boa locomoção acima do parto mais fácil, a região pélvica e, consequentemente, o quadril das mulheres seria tão estreito quanto o dos homens. Porém, a reprodução dos seres vivos é, sem sombra de dúvida, o filho favorito da evolução.

Com a região da pelve mais estreita e, portanto, o canal do parto menor, a passagem de bebês com cérebros grandes gerou, e continua gerando, problemas durante o nascimento. A solução para esse dilema, sem gerar consequências drásticas e fatais para os filhos e/ou para as mães e ainda manter a linha dos hominídeos em constante aprimoramento do bipedalismo e de cérebros grandes e complexos, foi justamente dar à luz um filho em um estágio mais prematuro. Independentemente de nossos bebês nascerem nos noves meses padrão, eles ainda assim nascem prematuramente. E entenda "bebês prematuros" como bebês que ainda não se desenvolveram por completo. Dessa forma, a presença das fontanelas seria totalmente justificável. Estruturas que ainda não foram assentadas em suas posições definitivas, que completarão o desenvolvimento meses após o parto e permitem que os ossos do crânio do bebê sofram alterações em suas posições durante o parto, facilitando, assim, a passagem pelas reduzidas dimensões pélvicas. É como se a cabeça deles fosse maleável, podendo ser apertada para atravessar o canal do parto e diminuir as chances de uma morte prematura tanto do bebê quanto da mãe.

Esse problema de cabeças neonatais proporcionalmente grandes demais foi visto nos nossos primos neandertais. Uma espécie de hominídeo bem próxima evolutivamente da gente e que vivia em regiões frias do globo, como no continente europeu. Os *Homo neanderthalensis* receberam esse nome em homenagem à região onde foram encontrados os primeiros registros fósseis, na caverna de Feldhofer, na Alemanha, que fica no Vale de Neander. A afirmação de que a espécie também sofreu com as grandes cabeças de seus bebês ganha força quando um trabalho realizado com registro fósseis de *H. neanderthalensis* evidencia uma majoritária quantidade de indivíduos com mais de 40 anos do sexo masculino. Apesar dessas amostras não serem conclusivas para realizarmos grandes afirmações e ser necessária a busca por mais evidências que reforcem essa linha interpretativa, a "ausência de fósseis femininos com 40 anos nessa coleta" fez com que alguns pesquisadores construíssem uma narrativa envolvendo altas taxas de mortalidade entre mulheres de 20 a 40 anos, decorrentes de dificuldades ao dar à luz seus filhos. É óbvio que a falta de registros fósseis de fêmeas neandertais nessa amostragem pode ter diversas motivações, mas como a problemática do dilema obstétrico também estava minimamente presente nessa espécie, a morte dessas mulheres poderia estar relacionada ao trabalho de parto, inclusive a uma causa em particular, que é chamada de "trabalho de parto obstruído". Causa essa que acontece quando o feto é incapaz de progredir através do canal do parto, em sua maioria, devido à incompatibilidade da cabeça fetal com o espaço da pelve.

Agora, voltando à nossa espécie: a partir do momento em que nascer se tornou algo viável – ao lado do bipedalismo, dos cérebros maiores, das pélvis mais estreitas e dos bebês prematuros –, quando os pequenos nasciam, surgia outro problema. Se você já viu algum documentário de vida animal que mostre os animais parindo, deve ter notado que a segurança dessa nova forma de vida, muitas vezes, depende muito mais dela mesma do que de indivíduos que estão à sua volta, sendo mais preciso, de seus pais. Por exemplo, ao nascer, uma girafa, apesar de apresentar longas, finas e frágeis pernas, precisa ficar em pé e aprender a andar em horas. Cavalos, gnus, cervos e diversos outros animais precisam aprender em questão de horas a se equilibrar e seguir os pais se quiserem sobreviver ao ambiente hostil. Agora, um bebê humano jamais conseguiria realizar tais façanhas em tão pouco tempo. Qual é a grande consequência disso? A evolução "resolveu" muitos pontos delicados do nosso corpo como ela podia, porém, o resto ficou a cargo dos pais, e isso significa cuidar de filhotes frágeis e prematuros.

Em resumo, aquela chamada que um pequeno menino levou por passar a mão na cabeça de um bebê faz todo sentido. Agora, ter noção de que a cabeça de cada um de nós tem cicatrizes que provam uma batalha inédita para continuar no rumo da evolução é quase que impensável. Hoje em dia, depois de adultos, são apenas as marcas desse processo que ficam no nosso crânio. Para você ter uma ideia, o tempo médio para o fechamento da fontanela anterior é de 13 a 24 meses, e o da posterior é de 6 a 8 semanas após o parto. Entretanto, essas marcas de um passado frágil carregam consigo uma incrível história de pura biologia adaptativa.

Existem diversas outras estruturas que poderiam gerar uma série de contos e debates sobre a história evolutiva do nosso corpo? Sem sombra de dúvida. Nossos dentes falam muito sobre nossa forma de alimentação, nossa mandíbula carrega consigo uma história íntima ligada ao domínio do fogo, nossa visão binocular prova uma grande dependência de um hábito arborícola, de saber exatamente a distância entre os galhos, porém, ficamos por aqui. Essa foi uma sucinta história do seu corpo. Porém, é importante frisar que minha expectativa, peixinho, é que, da próxima vez que você estiver na frente de um espelho, todas essas histórias voltem à sua mente e, como cenas de um filme que replicam a batalha pela vida, possam propiciar a você um vislumbre de uma *Natureza* bem *Humana.*

Bom, agora que você conhece um pouco mais do próprio corpo, acho que já é possível dar continuidade à nossa história central, certo? Por estar escrevendo uma jornada que pode alcançar diversos tipos de pessoas, com diferentes níveis de conhecimento e escolaridade, é meu dever como professor explicar alguns conceitos biológicos fundamentais para que o entendimento das futuras análises e discussões não fique tão impossível de ser acompanhado por todos. Obviamente que conceitos mais simples serão explicados no decorrer de suas aparições, mas há dois deles que devem ganhar uma atenção prévia.

Para apresentar esses pilares que serão importantes para nossa história, vamos expor e explicar os dois de maneira organizada, mas com didáticas bem distintas. Seguindo a ordem cronológica da apresentação, devemos começar pela "taxonomia", a área da Biologia que divide os organismos que a compõem em grupos distintos, tornando-se um ramo essencial da ciência para potencializar o estudo da vida. Mas o que exatamente é taxonomia? É o campo responsável por identificar e classificar todos os seres vivos que já andaram por nosso planeta. A origem do nome vem de *táxon*, palavra grega que significa "arranjar", mas pode ser entendida como "grupos".

Para contextualizar a importância da taxonomia na hora de estudar a natureza como um todo, imagine entrar em uma biblioteca gigantesca com milhares de livros e não os encontrar divididos e organizados por seções?! Imagine entrar nessa biblioteca e ter que procurar um único volume no meio desses milhares de livros? Concorda comigo que seria quase impossível encontrar a leitura que busca, se ela não estivesse muito bem organizada?

Agora, imagine como seria para encontrar dados dos seres vivos mais próximos filogeneticamente, ou seja, que apresentam maior número de características em comum entre si? Por exemplo, imagine encontrar um livro sobre uma espécie de tigre da Ásia, uma samambaia do Brasil e de uma espécie de fungo da África, um ao lado do outro. Concorda comigo que essa organização não faz muito sentido? Qual é o ponto de convergência entre esses organismos para eles terem sido colocados próximos uns dos outros?

Desde a Antiguidade, os grandes filósofos já haviam vislumbrado o valor de organizar as informações e agrupar o conhecimento existente. Apesar de algumas pesquisas indicarem que a China de 3 mil a.C. deveria receber crédito pela iniciativa, a maior parte das fontes apontam os gregos e os romanos como aqueles que iniciaram a prática de organizar os seres vivos em grupos. Nomes como Aristóteles, Teofrasto, Dioscórides, Plínio e muitos outros são relacionados a estudos e interesses acerca do tema.

Após bons séculos sem muitos novos entusiastas pelo assunto surgirem, apenas no século XVI a ciência voltou a dar atenção à "importância de classificar os seres vivos". Esse novo foco é, por muitas linhas de pesquisas, creditado ao surgimento das primeiras estruturas de visualização microscópica, que permitiam justamente a melhor observação de estruturas que ampliaram as diferenças entre as espécies. A partir desse ponto, dessa forma inédita de enxergar os organismos, novos nomes surgiram, como Andrea Cesalpino, os irmãos Bauhin, John Ray e outros, entretanto, nenhum deles alcançou o reconhecimento e a importância de um tal sueco: Carl von Linné, ou, como chamamos em uma versão "abrasileirada" e mais íntima, Lineu.

Amante da botânica e da zoologia, Lineu utilizou de suas vivências e experiências de viagem para criar uma das maiores contribuições que um pesquisador, com os recursos limitados da época, poderia realizar para a ciência. Tanto é que o pesquisador, após publicar seu livro *Systema naturae* e ter as ideias difundidas dentro da comunidade científica, foi considerado o pai da taxonomia.

No século XVIII, Lineu propôs em sua obra que, seguindo alguns critérios biológicos, como os morfológicos, fisiológicos e reprodutivos, cada um dos seres vivos fosse alocado dentro de sete categorias taxonômicas, que são: Reino, Filo, Classe, Ordem, Família, Gênero e Espécie. Com essa base, qualquer novo indivíduo que fosse identificado precisava ser classificado em cada um desses grupos.

Vamos pegar um dos maiores seres vivos que já viveu e ainda vive no nosso planeta, a baleia-azul, como exemplo prático dessa organização. Por ser um indivíduo multicelular (várias células), apresentar células eucariontes (com organelas citoplasmáticas) e nutrição heterotrófica (se alimenta da matéria orgânica de outros seres vivos), a baleia-azul está presente dentro do grupo dos animais, então, pertence ao reino Animalia. Por conta de algumas características embriológicas envolvendo a notocorda, ela foi, junto a outros indivíduos, inserida no filo Chordata. Em se tratando do hábito de mamar e a intrínseca relação com o leite materno, as baleias-azuis são agrupadas dentro da classe Mammalia, ou seja, mamíferos. Entre os mamíferos, existe uma ordem de indivíduos que apresentam membros anteriores modificados em nadadeiras peitorais e membros traseiros praticamente inexistentes para deixar o corpo mais hidrodinâmico, esses são os chamados cetáceos. A família Balenopterídeos parece ser distinguida das outras por apresentar animais com pregas ventrais que se estendem do queixo até a barriga, e por aí vai.

Note, esse caminho longo e trabalhoso é para identificar apenas uma única espécie, a *Balaenoptera musculus*. Note também que, para cada indivíduo que existe ou já existiu neste planeta, há um percurso de organização distinto, que ajuda os profissionais da Biologia a entenderem quem ele é e de onde veio. Vale ressaltar ainda que, embora já tenhamos essas divisões para agrupar os indivíduos, ainda existem casos específicos em que subgrupos entre esses sete que eu mencionei podem precisar ser criados. Ainda usando o exemplo da baleia-azul, os zoólogos marinhos precisaram criar uma subordem para dividir a ordem dos cetáceos. De um lado, temos os odontocetos, cujos dentes são uma das características que os diferem, enquanto do outro lado temos os misticetos, cetáceos que não apresentam dentes, e sim fibras de queratina que chamamos de barbas. É nesse segundo grupo que estão agrupadas as verdadeiras baleias.

Ou seja, a taxonomia, como você pôde ver, não é algo simples. Mas sem essa organização proposta por Lineu há quase trezentos anos, a Biologia seria uma bagunça sem tamanho. Entretanto, tudo que é complicado na Biologia arruma um jeito de ser facilitado por um bom professor. Se você é do meio biológico ou tem uma memória boa da época da escola, provavelmente quando começou a ler sobre taxonomia se lembrou da expressão "reficofage". Caso seu professor de Biologia nunca tenha lhe ensinado esse nome esquisito, pode ser que ele não gostasse da sua turma. Para quem nunca ouviu essa palavra, ela é composta pela união das letras ou sílabas iniciais de cada um dos sete táxons principais da Biologia. Além de facilitar a memorização dos nomes dos principais grupos taxonômicos, o termo "reficofage" ainda demonstra a ordem de grandeza dos grupos. Começando por "re" de reino; "fi" de filo; "c" de classe; "o" de ordem; "fa" de família; "g" de gênero; "e" de espécie.

Com todos esses grupos criados e possíveis de serem preenchidos, os animais, vegetais, fungos, protozoários, bactérias e todos os outros seres ganham seus respectivos espaços no festival da vida. *"Beleza, Yago, mas eu ainda não entendi como a taxonomia se tornou um pilar extremamente útil para entender a* Natureza Humana.*"* A partir daqui, daremos início a uma série de exemplos diversificados da natureza que, para serem entendidos, precisam de uma mínima noção de organização biológica. Em alguns momentos, posso estar falando de uma espécie, em outros, de um gênero, e para que todos os peixinhos possam acompanhar o raciocínio, entender os nomes se torna essencial.

Para trazer a grande relevância do trabalho do Lineu e, ao mesmo tempo, expor uma situação problemática com a qual poderíamos ter que lidar se não tivéssemos essa padronização da nomenclatura, vamos pensar em um cenário hipotético. Imagine que peixinhos nascidos na Alemanha, Inglaterra, Brasil, China e França decidissem realizar uma viagem além dos seus atuais mares do conhecimento. Logo no começo da jornada, o pelicano que os guia inicia a busca por cada um dos peixinhos, enche a boca de água e parte para a viagem inicial. Chegando na savana africana, local da primeira grande história, durante um rasante próximo a uma planície com poucas árvores, o peixinho alemão avista algo nas sombras e diz que gostaria de aprender sobre a incrível capacidade que um *Löwe* tem de se camuflar no meio dos arbustos. Entretanto, o peixinho inglês nunca ouviu falar desse animal e, na verdade, gostaria de debater sobre essa mesma capacidade, mas de outro animal que ele havia visto, um *lion*. O peixinho brasileiro, sem entender qual era o animal citado por ambos os colegas, disse ao pelicano que só havia reparado tal capacidade de se camuflar em leões. O chinês disse a mesma coisa, só que mudou o nome do tal animal misterioso para *shishi*. O único que chegou perto de entender o que era debatido antes de comentar foi o francês, já que o *lion* do inglês soou familiar ao *lion* que ele conhecia.

Mas um zoólogo, independentemente do idioma que fale, ao escutar o nome em latim, *Panthera leo,* sabe de primeira que aquele trabalho, pesquisa, artigo, tese, o que for, trata de leões. E é justamente a padronização dos nomes o segundo grande legado do trabalho de Lineu. Por exemplo, se eu lhe perguntasse qual é o nome da sua espécie, é provável que você responderia *Homo sapiens,* né? Se sim, você já conhece um pouco do trabalho de Lineu.

Padronizado em latim, com o primeiro nome representando o gênero (epíteto genérico) e o segundo representando a espécie (epíteto específico). Essa forma de classificação, somada às suas regras de escrita, é chamada de nomenclatura/sistema binomial e vai ser muito importante na nossa jornada.

Um pequeno parêntese para quem não é muito entendido na área biológica e possa ficar confuso: gênero na Biologia, no quesito de taxonomia, não tem nada a ver com o sexo biológico dos organismos, OK? Gênero, nesse caso, nada mais é do que mais um táxon. Assim como nós somos do gênero *Homo*, algumas abelhas estão presentes no gênero *Apis,* e o leão citado antes é do gênero *Panthera.* Vale lembrar ainda que mais de uma espécie pode estar no mesmo gênero. Assim como nós estamos dentro do gênero *Homo*, os *Homo neanderthalensis* também estão, junto aos *Homo habilis*, aos *Homo denisovensis* e outros.

Para finalizar o primeiro grande pilar biológico da nossa jornada, uma curiosidade que vale a pena compartilhar é que as ideias de Lineu foram divulgadas mais de cem anos antes de Darwin lançar o livro *A origem das espécies*, em 1859. Porém, o trabalho de Lineu não levava em conta o conceito da evolução. Com a aceitação do modelo de Darwin, uma série de críticas foram feitas ao trabalho de Lineu por não considerar os dados evolutivos e defender que as espécies eram imutáveis, criadas por um ato divino. Ainda em decorrência da aceitação da teoria evolucionista, o sistema para identificar e classificar os organismos proposto por Lineu precisou sofrer uma série de alterações. A mais impactante e recente foi a adição de mais um táxon localizado acima dos reinos, que são os domínios. Apesar de tal adição não ser totalmente aceita por alguns cientistas, os nomes desses domínios são: Bacteria, Archaea e Eukarya.

SELEÇÃO NATURAL

Independente das críticas, a organização proposta por Lineu está vigente até os dias de hoje e precisa ser respeitada por todos nós. Embora a última sugestão de alteração no trabalho de Lineu, a inserção dos domínios, tenha sido realizada apenas em 1990, com o trabalho do microbiologista norte-americano Carl Woese, ela abre uma discussão enorme, que não acrescenta nada ao nosso objetivo aqui. Portanto, precisamos dar um passo além da taxonomia e focar em um dos nomes mais importantes para a Biologia moderna e como suas ideias se tornaram o segundo pilar biológico da nossa jornada.

O segundo pilar de que vamos tratar é a evolução. Não quero parecer exagerado, mas eu realmente acredito que se você iniciar nossa jornada sem entender o que significa evolução, parte da leitura não terá o mesmo sentido. Meu intuito aqui não é apresentar apenas uma curiosidade de mais um campo da ciência, longe disso. A evolução é muito mais complexa e significativa que qualquer outro conceito que eu apresente neste livro. Muito mais do que um pilar da nossa jornada, a evolução é nosso passado, presente, e talvez o sentido da vida. Tudo o que você faz no seu dia tem uma base na evolução. Todos os comportamentos, hábitos, vontades, tudo foi escrito pela evolução. Se você come doce de forma desenfreada, a evolução pode explicar esse comportamento. Se você protege seus filhos frente a um perigo, a evolução explica essa coragem. Se você tem a capacidade de carregar sua bolsa no shopping enquanto passeia e olha vitrines, a evolução também explica. Sem forçar a barra, a evolução é a alma da Biologia.

E não há como iniciar uma jornada que tem como objetivo comparar comportamentos, estruturas, hábitos e o que quer que seja entre a natureza e a humanidade, sem entender como a evolução funciona. Pensando nisso, com o objetivo de expor o real significado da evolução, não utilizarei a mesma didática histórica vista na taxonomia. Para contextualizar o segundo pilar biológico, precisamos mirar no sentido mais profundo do conceito e entender, na prática, como a evolução pode ter alcançado um papel tão determinante na ciência da vida.

Antes de qualquer passo na direção da evolução, precisamos conhecer a genética. Portanto, vamos lá. Se um dia você estivesse sentado à minha frente e eu perguntasse: "Peixinho, por que você tem o olho dessa cor?", ou então: "Peixinha, por que seu cabelo é cacheado e loiro desse jeito?". Tenho certeza de que 99% das respostas para perguntas sobre características naturais morfológicas seriam respondidas no âmbito hereditário. De forma mais direta, a resposta estaria relacionada aos genitores dos peixinhos. "Meu olho é verde porque meu avô tinha olhos verdes" ou "Meu cabelo cacheado é igual ao da minha mãe, então deve ter vindo dela".

Apesar de parecerem respostas óbvias, elas não são. E digo isso porque essas explicações que apontam para os pais ou avós como os possíveis culpados pelos entrevistados serem como são demonstram uma base em conhecimentos genéticos que, talvez, esses peixinhos nem sabiam que tinham. Mesmo que essas pessoas não soubessem da existência dos cromossomos, como eles se enovelam, como as cromátides-irmãs são divididas e como os fusos acromáticos são fundamentais para a divisão da carga genética equilibrada, elas têm noção de que suas características vieram dos pais e que há algo importante em seus genitores que se juntam para formar seu organismo. E, para felicidade de um professor de Biologia, isso já é um grande feito.

Perceber que algo que séculos atrás não era conhecido por nenhuma pessoa no mundo, independentemente do grau de escolaridade, tornou-se uma informação comum, é de uma alegria sem tamanho. A ciência se esforçou por centenas de anos para entender e explicar como duas simples células se uniam e misturavam seus materiais genéticos para construir um ser complexo quase do zero. Portanto, essa é a base que eu preciso que vocês tenham para explicar a evolução de maneira compatível com meu exemplo. Ou seja, célula A + célula B = célula C, ou, em outras palavras, espermatozoide + ovócito secundário = zigoto.

Maravilha, se você me acompanhou até aqui, chegamos a um ponto interessante. Ao perceber que você já conhece a maneira como nos reproduzimos, vamos colocar um pé no lago do conhecimento da evolução. Para explicar essa visão evolucionista que eu gostaria que vocês tivessem, vou usar um dos exemplos mais intrincados que costumo utilizar nas minhas aulas sobre esse assunto. Portanto, respirem fundo e sigam o ritmo.

Vamos imaginar que existia uma tribo de pessoas azuis que viviam em uma floresta também azul, OK? Todos os homens, mulheres, idosos e até as crianças eram azuis. As cabanas, as roupas e os objetos da tribo eram todos feitos a partir de árvores e folhas da mesma cor, portanto, tudo era azul. Para a alimentação, as mulheres e os homens mais velhos costumavam colher bananas, morangos, abacaxis e, quando davam sorte, os homens mais jovens e fortes conseguiam caçar algumas aves, cervos e porcos. E adivinha a cor de todas essas fontes de energia química? Sim, azul. As construções da tribo foram erguidas em uma clareira – diversas cabanas protegidas por uma cerca feita de estacas azuis de madeira. Uma única cabana se diferenciava das demais, e era justamente o lar do grande ancião, um homem com quase 90 anos e detentor dos conhecimentos da tribo. A estrutura era a mais alta e com maior área e ainda apresentava um local onde eram realizadas as grandes reuniões. Bom, com essa estrutura básica explicada, podemos seguir para o único e primordial problema com o qual os habitantes dessa tribo precisavam lidar.

Tirando a idade e as doenças, o único grande perigo para essa comunidade eram os tigres que moravam na região. Os animais eram muito ferozes, apresentavam grandes garras, caninos afiados e uma agilidade que dava medo só de observar de longe. Toda vez que algum homem ou mulher se deparava com um dos felinos no meio da selva, era um desespero só. Porém, a população azul havia descoberto uma maneira de se safar com vida dos encontros com os grandes carnívoros. Sempre que um dos animais se aproximava, a pessoa se deitava lentamente no chão da mata e prendia a respiração. Essa estratégia havia sido concebida graças à experiência dos habitantes de gerações anteriores, que tinham percebido que o tigre não conseguia encontrar os humanos que seguiam essa técnica. Os mais experientes comentavam que os tigres não tinham uma boa visão em ambientes com uma única cor. Portanto, quando os homens azuis se deitavam na vegetação também azul, os animais não os enxergavam e se afastavam sem nem notar que havia alguém ali.

Um belo dia, durante uma tarde, um casal dessa comunidade estava pronto para o nascimento do seu primeiro filho. Quando a parteira puxou o menino, algo surpreendeu não somente a experiente parteira, mas também os pais do bebê. O bebê era vermelho. Não era ruivo, ele tinha pele, olhos e cabelo vermelho, resumindo, era todo vermelho. Assim que os três viram aquela criança, logo pensaram nos tigres. *"Meu Deus, os tigres vão conseguir vê-lo"*, disse a mãe. O pai afirmou: *"Esse menino vai colocar em perigo toda nossa população"*. Mas a parteira ponderou: *"Calma, não se desesperem! Vamos levá-lo até o velho ancião e entender o que faremos com ele"*.

Era a primeira vez que, no meio da população azul, uma criança vermelha nascia, então era justificável a reação das pessoas. Com uma agilidade tremenda, a parteira embrulhou o menino em uma manta e o levou, correndo, até o ancião. O velho homem, ao abrir a manta e ver a criança vermelha, ficou desesperado. Começou a imaginar que aquela criança era um mau presságio, que seria o fim da tribo, e muitos outros cenários igualmente caóticos. Todas as visões do homem em relação ao bebê vermelho estavam relacionadas aos tigres e ao provável caos que o menino poderia causar, atraindo os animais até a casa das pessoas. *"Livrem-se dessa criança. Só assim estaremos em segurança"*, justificou o velho ancião. No momento em que suas últimas palavras eram proferidas, a mãe e o pai da criança entraram na cabana.

Os pais, apesar de assustados com toda a situação, saíram em defesa do filho e disseram para o ancião que aquela não era uma escolha sábia. *"O menino nasceu diferente e ele apenas precisa ser protegido por conta da sua vulnerabilidade"*, disse a mãe. O pai completou: *"Talvez ele seja diferente, mas não pior do que a gente"*. Depois de horas em uma discussão fervorosa, o ancião concordou que o menino vermelho poderia viver, entretanto, com uma única condição: *"O menino nunca sairá da nossa vila, pois o risco de ele atrair algum tigre para cá é enorme"* e ainda completou: *"A vida desse homem será dos portões azuis para dentro até o dia em que ele morrer"*. E assim foi feito.

Após 18 anos vivendo dentro da vila, o bebê vermelho se tornou um homem. Com o tempo, todos se acostumaram com o menino e se adaptaram à sua companhia. Apesar de ele não poder sair da vila por conta dos tigres, o cotidiano da população não mudou em nada com o nascimento e a vida da tal criança vermelha. Porém, numa manhã nada especial, a vida daqueles humanos mudou de forma abrupta para todo o sempre. Durante a colheita dos morangos azuis, o pai do menino vermelho notou que o tempo fechara e que uma baita tempestade estava prestes a cair. O homem, já acostumado com isso, não se abalou e continuou colhendo os morangos na maior tranquilidade do mundo. A chuva começou a cair em um ritmo leve e foi se acentuando. Em um momento de confusão e com a vista embaçada pela água, o homem notou algo estranho em um morango. Parecia que a cor do fruto estava desbotando. Segurando-o por alguns minutos na mão, o homem percebeu que o morango, antes azul, estava, aos poucos, se tornando vermelho, como num passe de mágica. Ao observar ao redor, percebeu que toda a floresta estava ficando vermelha, com uma única exceção: seu corpo. O corpo daquele homem, mesmo embebido pela água da chuva, continuava azul.

No desespero de imaginar o que pudesse estar acontecendo, ele largou todos os morangos que havia colhido e correu em direção às casas. Na corrida angustiante, repleta de sentimentos e sensações ruins, o homem notava o estrago que o temporal fazia. Tudo o que ele conhecia gradualmente se tornava vermelho. Apesar de ser uma gota transparente, parecia que alguma reação transformava a cor de tudo. Os troncos, as folhas, as gramíneas estavam se tornando vermelhos. Ao chegar na cerca, mais uma cena devastadora: as estacas do portão, antes azuis, já estavam todas vermelhas.

Ao entrar na vila, o homem viu o caos instaurado entre os habitantes. Todos corriam, desesperados, sem rumo, gritando: "*Os tigres estão vindo*", "*Eles vão nos matar*", "*Seremos extintos*". Ao correr até a cabana do ancião, onde quase toda a população da tribo se reunia, o velho sábio andava de um lado para o outro. Ele resmungava para si mesmo "*Não pode ser, não tem como essa lenda ser verdade*", "*Como isso pode ter acontecido justamente com a gente?*". Em alguns minutos e com a situação um pouco mais calma, o ancião pediu, enfim, a palavra. Quando o silêncio se instaurou na gigantesca cabana que agora cintilava em um potente vermelho, o único homem vermelho entrou com sua mãe na cabana de forma silenciosa e se sentou ao lado do pai.

O ancião, com expressão assustada, olhou para todos ao redor e, encarando fixamente cada um, disse: "Nosso momento chegou. Eu guardei isso comigo por décadas, mas agora é a hora de compartilhar com vocês. Uma vez, muito tempo atrás, estava em uma roda com antigos anciões, e contaram a lenda de uma chuva diferente. Uma chuva que mudaria a história da nossa população. Os antepassados diziam que essa chuva reagiria com tudo que é feito de vegetais e traria fim à paz que lutamos bravamente para conquistar".

E, com um olhar desapontado, o homem finalizou a fala: "Desculpem por não ter acreditado".

Pronto, essa é a minha história da evolução. Sei que você esperava algo mais curto, talvez algo mais clichê, mas ela precisava ser contextualizada, afinal, que tipo de professor que pretende chamar a atenção de seus alunos não usa das melhores estratégias possíveis para alcançar seu objetivo? Se você está se perguntando o que um grupo de humanos, plantas e animais azuis, um tigre com visão ruim e uma chuva especial podem nos ensinar sobre evolução, eu respondo: tudo, tudo mesmo. Vamos aos fatos.

Se essa história que acabei de contar fosse um filme, o que você apostaria que aconteceria depois? Os tigres dariam um jeito de acabar com todos os humanos azuis? O ancião encontraria uma forma de reverter o efeito da chuva? A população pintaria toda a floresta, as casas e a cerca da aldeia de azul novamente? A resposta para o que aconteceu na aldeia não tenho, nunca pensei nisso porque não é o foco aqui. O que precisamos mesmo é pensar no futuro da espécie, não nas próximas semanas e meses, mas centenas de anos à frente. Se as coisas não puderem ser revertidas, ou seja, se o vermelho não puder voltar a ser azul, quem poderá salvar essa população de ser extinta pelos tigres que agora conseguem ver os humanos? Bom, se na sua cabeça o único indivíduo dessa história toda que poderia salvar o futuro da população é o homem vermelho, parabéns, você já entende um pouco de evolução.

O que aconteceu nesse caso, seguindo os ensinamentos biológicos, foi, como dito antes, uma ótima exibição da evolução em ação, ou, pelo menos, o início promissor dela. A característica em xeque durante a história toda é a cor da pele dos indivíduos: é exatamente ela que determina as chances de viver, de morrer, de se reproduzir ou de acabar com a linhagem genética. Um grupo apresenta a cor azul e o outro grupo, composto por apenas um indivíduo, a vermelha. O casal da história, assim como muitos habitantes daquela população, tinha a informação genética para a produção de filhos de pele vermelha, porém essa característica não era a mais forte (dominante), portanto, a característica azul sempre vencia e persistia. Por uma ironia do destino, ou até mesmo da genética, uma característica aleatória surgiu na população, e esse é o primeiro passo no caminho da evolução.

Se a tal chuva não tivesse alterado o ambiente em que a tribo vivia, o menino vermelho provavelmente corria grandes riscos de morrer antes de arrumar uma namorada. O ambiente não era nada favorável a ele, e, como chamamos na Biologia, não estava a favor da pressão seletiva. A qualquer momento fora dos limites de sua aldeia, um tigre à sua frente era sinal do fim de sua vida e, consequentemente, da probabilidade de um novo filho vermelho nascer.

Entretanto, assim que o ambiente inteiro se transformou em vermelho, o menino se tornou a nova esperança da tribo. Agora ele era o único que poderia sair da aldeia para colher as frutas vermelhas e se camuflar dos tigres com baixa acuidade visual.

Se fôssemos seguir o real sentido da evolução, sem pensar em animais extremamente inteligentes, como os humanos, os habitantes da tribo azul continuariam a sair pelos muros da aldeia e realizar suas tarefas como se nada tivesse acontecido, e a consequência direta disso é que a população de machos jovens, velhos e mulheres mais velhas da espécie se tornaria cada vez menor. Em compensação, o menino vermelho poderia agora começar a circular por todos os ambientes sem se preocupar com os tigres. Qual seria o impacto dessa inversão de papéis na reprodução da tribo?

Na natureza, seguindo os padrões naturais da evolução, apenas o macho vermelho sobreviveria e apenas ele se reproduziria com as pouquíssimas fêmeas azuis restantes. A consequência disso é que a população, que durante séculos foi dominada por indivíduos azuis, com o passar das gerações, daria lugar a indivíduos vermelhos. *"Mais uma criança vermelha nasceu, dessa vez uma menina"*, *"Agora já temos um casal vermelho para se reproduzir, graças aos deuses"*. Apesar de parecer óbvio, lembre-se de que do mesmo modo que um filho vermelho nasceu de ambos os pais azuis em um momento em que a pele azul era fundamental, nesse instante de inversão das pressões ambientais, também poderíamos ver indivíduos azuis nascendo do cruzamento entre pais vermelhos. Chega a ser engraçado notar que aquela reação de desespero que a mãe, o pai e a parteira tiveram quando viram um menino vermelho agora aconteceria quando uma criança azul nascesse.

Essa historieta ilustra algo muito discutido quando se fala de evolução: o ambiente determina quem é o mais adaptado e merece ou não se reproduzir. Dessa maneira, você acabou de aprender como a evolução funciona e o que o grande Charles Darwin quis dizer quando definiu a tal "seleção natural". A seleção natural diz que características morfológicas que aumentam as chances de sobrevivência e reprodução dos indivíduos tendem a se manter em uma população, enquanto características que diminuem as chances de sobrevivência e reprodução de um grupo tendem a sumir da genética dele.

É assim, entendendo quais características surgem e quais somem junto aos organismos que a apresentam, que eu gostaria que você se lembrasse da evolução. Entender que nenhum comportamento, característica ou estrutura encontrados nos organismos da natureza são sem sentido é um ponto extremamente importante para concretizar o conceito de evolução na sua mente. Portanto, a partir deste momento da nossa jornada, note que, sempre que uma característica for apresentada, quase 100% dela estará relacionada a algum tipo de ganho nas chances de sobrevivência e consequente reprodução.

Dessa forma, apesar de ter usado uma abordagem totalmente diferente para expor a taxonomia e a evolução, espero que ambos os conceitos tenham ficado fáceis de digerir. Depois de falar sobre esses dois pilares biológicos mais importantes para os próximos capítulos, me sinto à vontade para dar início às nove histórias surpreendentes que iremos conhecer.

Para finalizar este capítulo das grandes narrativas do nosso universo e darmos, enfim, continuidade a essa viagem insana a que me dispus a levar meus caros peixinhos, preciso explicar a rota que decidi seguir. O planeta do conhecimento é bem complexo. Ele apresenta diversos continentes, oceanos profundos, muitos biomas únicos e uma biodiversidade sem igual. Mas, para que essa viagem seja organizada, eu, como guia, preparei um roteiro com muito carinho para vocês.

Para trazermos à tona diversos casos surpreendentes da natureza e guiar as nossas comparações entre diferentes comportamentos humanos e animais, vamos começar analisando as escalas mais amplas de organização da natureza e, aos poucos, enxergar cada vez mais profundamente as estruturas dos organismos existentes neste planeta. Portanto, seguindo essa linha de organização, iniciaremos tratando das sociedades do ponto de vista biológico. Focaremos em organismos que vivem com individualidade, mas que estão inseridos em um universo coletivo. Olhando o comportamento de cada um deles de forma isolada, veremos algumas atitudes que não fazem o menor sentido. Porém, quando ampliarmos as ações dos personagens desses grupos e encaixarmos suas funções com as desempenhadas por outros indivíduos, perceberemos uma máquina composta por milhões de unidades funcionando de modo genial.

Logo em seguida, focaremos nossas análises em um só organismo e utilizaremos como base um de seus sistemas corporais mais importantes: o nervoso. Embora tenha importantes funções na natureza, esse campo da anatomia presente em diversas espécies de seres vivos é comumente aceito por uma grande parcela de humanos como o pedestal que nos coloca acima de todos os outros seres vivos. Se perguntássemos para algumas pessoas que estão a nosso redor o que nos difere de uma bactéria, por exemplo, elas poderiam fazer uma lista. Se perguntarmos sobre as plantas, essas divergências ainda seriam enormes. Quando colocamos um cachorro nessa análise, as coisas se tornam cada vez menos distantes, porém ainda é fácil expor as diferenças. Talvez a falta de pelos cobrindo todas as partes dos nossos corpos, a falta de uma cauda e o fato de andar sobre quatro patas possam ser alguns exemplos de características que nos afastam de comparações morfológicas com os cães. Mas quando colocamos um primata bem próximo a nós nessa análise, aí sim as coisas começam a ficar difíceis.

Tirando esse número exclusivamente da minha cabeça, acho que mais de 99,9% das respostas que ouviríamos acerca da nossa diferença, quando comparados a qualquer outro organismo vivo da Terra, traria a inteligência como argumento fundamental e mais profundo de qualquer análise. *"Bactérias são compostas por uma única célula e não têm 1% da nossa inteligência"*, *"Vegetais não se movem e não têm um mísero neurônio"*, *"Cachorros até podem ser mamíferos, mas o cérebro deles é pequeno"*, *"Chimpanzés apresentam um DNA extremamente parecido com o nosso, têm um andar bípede em certos momentos igual ao nosso, também utilizam polegares oponíveis, mas o cérebro deles não se compara ao nosso"*. Um cérebro avançado, mais complexo, com imaginação, facilidade em resolução de problemas e outras vantagens é o argumento mais difundido e utilizado para nos diferenciar dos *outros*. Portanto, precisamos focar nessa noção superior de inteligência que temos enquanto humanos e buscar na natureza, quem sabe, alguns sinais de comportamentos inteligentes que, talvez, nunca tenhamos notado. E alguns deles, mesmo na ausência de neurônios.

Para finalizar, a terceira e última parte abordará o sexo. Se na primeira parte falaremos de um quintilhão de células somadas de todos os organismos de uma sociedade, na segunda abordaremos bilhões de neurônios que compõem o sistema nervoso de um único indivíduo, na terceira falaremos de uma única célula. Sim, a reprodução representada pelo sexo trará uma lista de argumentos pautados em uma quantidade de células infinitamente menor. Ou você esqueceu que, obrigatoriamente, em um momento da vida, todos nós fomos uma célula? Quando seus genitores uniram os gametas que deram origem a você, tudo começou com uma gigante, porém única, célula. Dessa forma, se conseguirmos encontrar semelhanças entre processos em escalas celulares humanas e os presentes nas outras espécies, a *Natureza Humana* ganhará uma forte evidência na sua busca por existência.

Segurem-se bem, peixinhos, chegou a hora de conhecer um mundo à parte que vocês nunca sonharam que existisse.

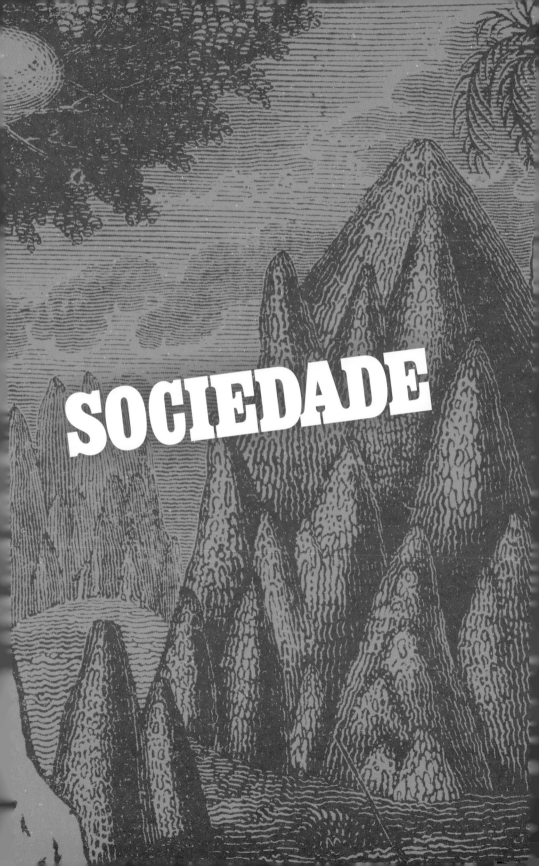

2 Estamos voando para Londres, mais especificamente para a casa de Jonathan Frostick, um gerente de regulação do banco britânico HSBC. Peixinhos, fiquem bem atentos, pois aquele homem ali de 45 anos que vocês estão vendo em frente ao computador vai, nos próximos minutos, iniciar uma batalha inesquecível contra a morte. E, como cicatriz dessa terrível batalha, terá uma reflexão sobre o real valor e o impacto de um trabalho estressante e exaustivo em sua saúde.

Mesmo em pleno domingo, Frostick havia acabado de se sentar à sua mesa de trabalho para adiantar algumas pendências para a semana que se iniciaria. Entretanto, não conseguiria finalizá-las. Isso porque, depois de alguns minutos sentado em sua cadeira, ele começou a sentir um grande aperto no peito, uma forte palpitação na garganta, mandíbula e braço, além de uma dificuldade gigantesca para inspirar. No mesmo instante e com certa dificuldade, o homem usou as forças que ainda tinha para chegar até sua cama e pediu à esposa que ligasse para a emergência.

79

Após ser levado para o hospital e ter a confirmação médica de que tivera um ataque cardíaco, a relação com o trabalho se transformou definitivamente. Depois do susto e em um estado mais estável, Frostick foi até uma de suas redes sociais, o LinkedIn, e fez um desabafo comovente. Algumas frases que resumem o post: "Não vou mais passar o dia todo no Zoom", "Estou reestruturando minha abordagem de trabalho", "A vida é muito curta", "Quero passar mais tempo com minha família".

Em menos de uma semana, essas palavras sinceras e contundentes de Frostick receberam cerca de duzentas mil curtidas e dez mil comentários. Desses milhares de comentários, muitos eram de leitores que enxergavam no caso de Jonathan um aviso sobre a própria vida, e outras centenas eram relatos de sobrevivência parecidos com o do inglês, episódios de encontro com a morte associados a uma reflexão posterior sobre "para qual caminho estamos guiando nossas vidas com esses trabalhos tão esgotantes".

Todo esse incidente desesperador ocorreu durante a pandemia do coronavírus. Um dos períodos modernos mais difíceis para toda a humanidade, em que milhões de pessoas morreram devido à infecção pelo vírus SARS-CoV-2 e suas complicações. Esse período também gerou grandes impactos secundários na vida das pessoas, e um deles foi nas estruturas trabalhistas. Devido às rápidas mudanças necessárias para que muitos serviços não fossem interrompidos e o cotidiano dentro de casa não fosse impactado, uma gama de trabalhadores viram suas funções se alterarem de forma drástica. Sem contar as horas de trabalho, que sofreram um crescimento exponencial repentino. Minha mãe, por exemplo, professora do ensino fundamental de um colégio, viu-se obrigada a utilizar ferramentas de aula on-line das quais ela tinha zero domínio. Coitada, vivia estressada, desesperada com as plataformas, foi um período realmente tenebroso para nós. Agora, imagine quantos milhares de mães, pais, avós, avôs espalhados pelo mundo não se viram na mesma relação com as novas obrigações trabalhistas.

Aonde quero chegar com isso? Jonathan Frostick foi realmente um grande aviso de como o trabalho pode ser danoso para nossa vida. Eu mesmo, anos depois da pandemia, revendo todas as aulas que eu precisava ministrar, todas as aulas da faculdade a que eu precisava assistir, todos os vídeos que precisava fazer, toda a ajuda que eu precisava dar a uma professora de mais de 50 anos que nunca tinha preparado um slide... Dá para notar que minha vida precisava de um freio. Não há necessidade de detalhar muito além do que foi feito, até porque cada humano que manteve seu emprego durante esse período também deve ter um relato parecido envolvendo trabalho e saúde.

Estresse, dores de cabeça, dores na coluna, tendinites, palpitações e outros sintomas já são suficientes para nós criticarmos o atual modelo de trabalho. No entanto, como eu costumo falar, não há situação que ainda não possa piorar. E, infelizmente, existe um número assustador de trabalhadores que não ficam apenas nesses "leves" sintomas e sofrem com danos ainda maiores, pagando até mesmo com a vida.

Para darmos início à primeira grande análise de acontecimentos da natureza humana, teremos que voar de

Londres direto para o Brasil e fazer uma avaliação de um conjunto de vinte incidentes de trabalho. Não direi a localidade exata nem a identidade dos trabalhadores, em respeito às vítimas e suas famílias. O que é importante para nós, nesse caso, é a relação que muitos brasileiros têm com o trabalho.

Assim como acontece diariamente pelo mundo, temos vinte pessoas que sonhavam com uma boa oportunidade de emprego para alcançar melhor qualidade de vida para elas e suas famílias. A pobreza e a instabilidade financeira, que são a realidade em muitos lares humildes do nosso país, forçam alguns de seus integrantes a aceitarem ofertas de emprego absurdas e que flertam com os diversos desequilíbrios fisiológicos em seus organismos.

O trabalho científico, que estuda as vinte histórias envolvendo excesso de trabalho e prejuízos para a integridade física, expõe a morte de todos eles durante um intervalo de três anos, entre 2004 e 2007. Homens e mulheres que eram forçados a uma exaustiva jornada de trabalho igual ou superior a doze horas diárias, com metas incompatíveis com uma realidade aceitável de velocidade e força humana, baixa remuneração e até retenção de carteira de trabalho durante o período determinado pelos chefes. Levantando até a hipótese de, talvez, estarmos analisando um trabalho análogo à escravidão.

Conforme citado, essas pessoas infelizmente não tiveram a mesma sorte que o gerente de banco inglês. Os vinte brasileiros não tiveram a oportunidade de sobreviver a um susto e a repensar as longas jornadas de trabalho. Eles não conseguiram ter mais um sopro de vida para fazer um post sincero e reflexivo para todos nós. Vale deixar bem claro que nos atestados de óbito das vítimas foram encontrados diagnósticos como Acidente Vascular Cerebral (AVC), paradas cardiorrespiratórias, pancreatite, infarto do miocárdio e até mortes por causa desconhecida, sem explicação médica plausível. Porém, depois de todos os casos terem passado por uma análise minuciosa, envolvendo tempo de trabalho, condições das jornadas e outros quesitos mais detalhados coletados em relatos das famílias, foi constatado que, apesar dos diagnósticos, as mortes foram consequências de um contínuo e danoso trabalho excessivo.

"Mas, Yago, o que seria o diagnóstico de uma morte 'causada pelo trabalho'?" Apesar de no Brasil esse tema não ser muito debatido, no Japão existe até um termo para definir a "morte por excesso de trabalho": *karoshi*. O primeiro caso japonês documentado de *karoshi* aconteceu em 1969, com um homem de 29 anos que trabalhava embarcado em um dos navios da maior empresa de jornais do país. Segundo um artigo publicado no *International Journal of Health Services*, a morte apenas é considerada um típico caso de *karoshi* "se a vítima trabalhasse continuamente por 24 horas ou pelo menos dezesseis horas por dia durante sete dias consecutivos antes da morte". Ou seja, em tese, já existe, pelo menos, uma nação que classifica a morte de um humano como causada por excesso de trabalho. Armazene essa informação porque vai ser importante para nossa história logo mais.

É desolador notar que vinte vidas humanas tenham aparecido no início deste capítulo de forma tão horrível. Ter sua história encerrada por participar de um ciclo vicioso imposto a nós é incompreensível. Não vou mergulhar em profundas críticas associadas ao sistema em que vivemos, até porque não cabe ao propósito central deste livro. Mas sei na pele o que é trabalhar demais, de uma forma nada saudável (mentalmente) e ainda ganhar pouco. Até porque sou professor, né, acho que dava para imaginar isso.

O que eu também sei e preciso compartilhar com meus peixinhos, neste momento, para darmos continuidade à nossa análise é a função que as vítimas brasileiras desempenhavam no emprego. Diferentemente de rotinas vinculadas a reuniões on-line, os vinte brasileiros que não aguentaram suas pesadas rotinas trabalhavam em plantações de cana-de-açúcar. O setor sucroalcooleiro é um ramo da agroindústria bastante potente no Brasil e é responsável pela produção de açúcar, álcool e derivados, como o etanol e solventes, para o mercado interno e o externo. Não que o setor seja o vilão das mortes aqui debatidas, até porque muitos outros setores levantados na minha pesquisa tiveram cenários ainda piores de organização e também podem ser responsabilizados por ceifarem a vida de muitos outros brasileiros. Porém, o trabalho direto com a cana-de-açúcar foi o grande escolhido, sobretudo por facilitar a entrada do nosso primeiro exemplo da *Natureza Humana*.

Que animal vem à sua mente quando falamos de açúcar? Que animal vem à sua mente quando você deixa restos de comida em algum lugar da sua casa? Qual animal evitamos atrair quando limpamos todas as migalhas de bolo em cima da mesa da cozinha? Que animal precisa ser retirado do pote do açúcar antes de adoçar o café? Já tem um palpite? Agora deixe eu fazer outras perguntas antes de responder. Que animal você julga ser o mais trabalhador?

Que animal vem à mente quando você pensa em trabalho na natureza? Qual animal faz uma fila ultraorganizada para carregar a maior quantidade possível e impossível de açúcar para sua casa?

Acredito que a maioria dos leitores cogitou citar as formigas. Se não foi no fim da primeira pergunta, da segunda e nem durante a terceira, talvez a quarta tenha sido determinante para chegarmos à unanimidade. Então, entenda: o inseto que dominará as próximas páginas é uma trabalhadora nata e pode nos ensinar algo bastante útil sobre a visão de trabalho duro na nossa sociedade. Entretanto, antes de explicarmos o que um gerente de banco londrino, vinte trabalhadores brasileiros e as formigas têm em comum e podem agregar à nossa história, trarei um breve histórico de um dos insetos mais famosos do mundo.

Formigas são artrópodes do subfilo Hexapoda, inseridos na subclasse Insecta e alocados na ordem Hymenoptera, junto a abelhas e vespas. Traduzindo para o bom português: formigas apresentam um esqueleto externo, um conjunto de três pares de pernas, uma boca alongada e modificada para ingestão de néctar e mandíbulas funcionais. Além dessas classificações, elas também pertencem a mais um grupo, o Apocrita, que é justamente o dos himenópteros (levam esse nome por pertencerem à ordem Hymenoptera) que apresentam aquela cintura mais fina bem característica das formigas e vespas.

As características anatômicas descritas ainda recebem a adição de alguns detalhes comportamentais já muito bem sabidos pela ciência, que são, resumidamente: a grande diversidade ecológica e de estilo de vida. Apesar de ser comum associarmos esses insetos apenas ao açúcar, as formigas apresentam uma vasta composição nutricional em sua dieta. Existem espécies que se alimentam basicamente de carne animal, espécies onívoras, que comem de tudo, e até formigas herbívoras, que preferem sementes como fonte de energia. Essa ampla diversidade é corroborada pela incrível variação de espécies, algo em torno de nove mil. Algumas curiosidades citadas em artigos científicos elucidam a proporção de formigas que existem espalhadas por quase todos os ecossistemas que conhecemos. Como a de que as formigas presentes na Floresta Amazônica, juntas, podem alcançar uma biomassa quatro vezes maior do que a soma de todos os vertebrados terrestres da localidade. Ou seja, se pegarmos todas as onças, capivaras, primatas, caititus, serpentes, lagartos e outros animais que compõem a fauna da Floresta Amazônica, retirarmos a água de seus corpos e compararmos com o total de formigas, depois do mesmo processo, os insetos ganhariam essa disputa de goleada. E, para esse exorbitante número ficar ainda mais assustador, podemos somar a biomassa de todos os insetos sociais (formigas, cupins e abelhas) do mundo e teremos cerca de 80% da biomassa do planeta Terra. Ou seja, haja formiga neste gigantesco planeta.

Apesar de estarmos dentro da primeira parte do nosso livro, que lidará diretamente com exemplos que evidenciam uma Natureza muito mais Humana do que nos foi ensinado, precisamos ampliar a definição de uma palavra-chave: "sociais". Dizer que as formigas, cupins e abelhas são insetos sociais é de suma importância para o principal argumento deste e dos próximos dois capítulos. Formigas são insetos sociais e, consequentemente, vivem em verdadeiras sociedades. Mas qual é o grande peso dessa informação para nós? Bom, se eu fosse para uma praça no centro do Rio de Janeiro e perguntasse para as pessoas o que é uma sociedade, aposto que não ouviríamos uma resposta repetida. Nem se eu perguntasse para diversos estudantes de Biologia ou mesmo professores da área. A definição de sociedade é algo tão amplo para os humanos que acaba sendo distorcida quando olhamos para as sociedades na natureza. Por exemplo, segundo uma busca rápida no dicionário on-line Dicio, sociedade pode ser: "Cada um dos diversos períodos corresponde à evolução da espécie humana: sociedade primitiva, feudal, capitalista". Em outra acepção no mesmo verbete: "Reunião de homens e/ou animais que vivem em grupos organizados".

Agora, me diga, qual das duas definições se aproxima mais do contexto deste livro? Devemos utilizar algo mais amplo, que abranja mais conceitos históricos, geográficos, monetários para definir uma sociedade? Ou o ideal para nosso momento se encaixaria melhor na segunda definição, a mais simples? Quando meu irmão, professor de Geografia, estiver lendo esta parte da nossa história, provavelmente escolherá a primeira definição. Uma forma mais humanizada, entrelaçada a muitos conceitos do campo da Sociologia, Economia, vinculado às Ciências Humanas. Entretanto, quando a minha namorada, mestre em Biologia, tiver que escolher uma, é provável que siga com a segunda.

Isso porque para nós, amantes de Biologia, o conceito de sociedade segue alguns aspectos bem definidos. Se você assistisse a uma aula do pelicano que o guia, talvez escutasse frases como: "Sociedade, para a Biologia, é um tipo de relação ecológica harmônica e intraespecífica", "Para que uma sociedade funcione bem, assim como a nossa, precisamos ter uma eficiente divisão de trabalho", "Os melhores exemplos na natureza do que é uma verdadeira sociedade são as formigas, as abelhas e os cupins".

Essas três frases funcionam como base para o aprendizado do que é uma sociedade para a Biologia. "Uma relação ecológica harmônica e intraespecífica" significa que os indivíduos que a compõem necessitam ser da mesma espécie e se beneficiar dessa organização. Essa ajuda em conjunto está associada à segunda frase. Para funcionar bem, precisamos ter uma divisão de trabalho. Temos uma rainha que trabalha incessantemente no setor de maternidade, no qual ela mesma gera os filhotes; os machos haploides (que apresentam apenas um conjunto cromossômico – nesse caso, doado apenas pela rainha) ficam responsáveis por serem o banco de esperma; as operárias, como o próprio nome já diz, são um tipo de "faz-tudo", e temos também as soldadas. Devido a essa divisão de funções, os indivíduos são, de forma natural, inseridos em diferentes castas. Às vezes, até exibindo um polimorfismo (diferença anatômica) marcante, dependendo de suas obrigações diárias. Até porque faz bastante sentido imaginar que o corpo de uma operária e o de uma soldada apresentam estruturas diferentes. Assim como um maratonista e um velocista humanos, provavelmente, têm os próprios polimorfismos.

De forma geral, "sociedade", para nós, pode ser entendida como um grupo de organismos da mesma espécie que vivem juntos, participam de algum tipo de coopera-

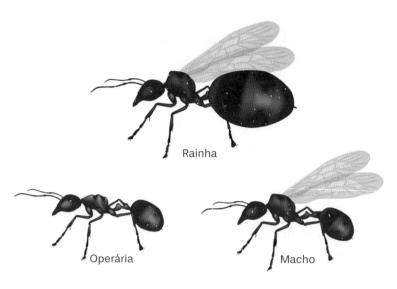

Representação do sistema de castas em algumas sociedades de formigas
SAKURRA/ ISTOCK

ção, dividindo tarefas e mantendo uma mínima independência de mobilidade e comunicação. Esses dois últimos pontos ainda não foram citados, mas precisam ser levantados, mesmo que de forma breve.

Diferentemente de uma colônia, outra relação ecológica também envolve interação harmônica, intraespecífica e com indivíduos responsáveis por diferentes funções, na sociedade, os animais têm liberdade para se movimentar de forma independente. Uma formiga batedora pode ir na frente de suas irmãs, encontrar os restos de um delicioso hambúrguer de frango empanado em um prato em cima da mesa e avisar para toda a família que o jantar está garantido. Em uma colônia, isso nunca poderia acontecer. Uma caravela-portuguesa (*Physalia physalis*) que está flutuando pelas águas quentes da costa da Ilha da Madeira não consegue enviar seus organismos de reprodução para um lado e seus guerreiros para outro. Todos os indivíduos presentes naquele grande conjunto vivo necessitam estar ligados fisicamente uns com os outros. Sim, pode parecer uma completa insanidade para você, mas uma caravela-portuguesa não é um animal, e sim centenas deles vivendo em um "conjunto habitacional". A melhor forma de explicar isso, sendo o mais claro possível, é que esse cnidário é basicamente um Megazord.

Agora que a "independência de mobilidade" foi explicada e, portanto, aprendemos, também, o que é uma colônia, a comunicação dentro da sociedade precisa seguir o mesmo caminho. Com certeza, muitos leitores já tiveram a oportunidade de assistir às formigas andando uma atrás da outra. Elas seguem um caminho muito bem demarcado, como se um trilho as guiasse para qualquer que seja o destino. Esse trilho não é enxergado por nós nem pelas formigas, até porque muitas espécies apresentam uma visão bem abaixo do que poderia ser considerado ruim, em se tratando da qualidade da imagem.[4] Na realidade, a mágica desse trilho ou rastro é que ele é de origem química. Ou seja, não depende da visão.

O grande trunfo dessa comunicação foi detectado quimicamente pela primeira vez por nós, humanos, em 1959. O pesquisador alemão Adolf Butenandt foi responsável por isolar e identificar a primeira substância química utilizada na comunicação entre os animais, os já conhecidos

---

4 Vale lembrar que os olhos das formigas, assim como de outros artrópodes, são chamados de olhos compostos. Aqueles que são divididos em várias pequenas estruturas chamadas omatídeos. Lembra-se dos olhos de uma mosca? Então, esses são os olhos compostos.

As formigas marchando em fila, seguindo um rastro bem demarcado
por feromônios secretados
ALLGORD/ ISTOCK

feromônios. Esses sinais químicos secretados por diversos seres permitem uma vasta transmissão de informações que são muito importantes para a sobrevivência e outras necessidades desses animais.

Os relatos sobre essa descoberta dizem que Butenandt e sua equipe precisaram sacrificar cerca de quinhentas mil mariposas para produzir apenas 1g do feromônio buscado. Para provar que tinha encontrado essa substância química capaz de transmitir informações para outro indivíduo da mesma espécie (outra característica dos feromônios), o grupo de cientistas liderados pelo alemão precisou criar um experimento que, utilizando a substância certa, pudesse ativar uma mudança de comportamento visível como resposta. O feromônio produzido por mariposas fêmeas maduras gerava nos machos um comportamento de vibração das asas. Portanto, apenas reproduzindo esse comportamento específico em machos isolados, os pesquisadores poderiam comprovar sua brilhante criação química. E assim foi feito. Após usar diversas fêmeas e machos para testar as substâncias, Butenandt encontrou o primeiro feromônio descoberto pela humanidade.

Hoje, a ciência já comprovou que diversas espécies utilizam algum tipo de feromônio para comunicação. Ratos, peixes, lulas, salamandras, abelhas, vespas e nossas queridas formigas são alguns exemplares que podemos apontar. Em diferentes animais, os feromônios transmitem mensagens completamente distintas. Por exemplo, existe um feromônio produzido por peixinhos-dourados fêmeas que alertam um macho próximo sobre seu momento reprodutivo. Nesse caso, estamos falando de um feromônio exclusivo para reprodução. A natureza também permite que os feromônios sejam utilizados com o objetivo de alertar contra uma possível invasão, uma forma de distinguir quem é uma rainha ou uma operária em insetos sociais, e até mesmo impedir o desenvolvimento de ovários em operárias, para que não pulem o muro das suas funções e invadam o território procriador da soberana.

Se esse assunto envolvendo feromônios e comunicação despertou uma grande curiosidade em você, fique tranquilo! No próximo capítulo, viajaremos para uma grande história de guerra, regida justamente por essas substâncias químicas.

Pois bem, agora chegou a hora de misturar todos os elementos que vimos neste capítulo em um relato único e horripilante.

Para começar a contar o caso mais triste de todo este livro, precisaremos alçar voo mais uma vez e viajar para a América Central. Além de a história por si só seguir um enredo angustiante, o local que conheceremos segue a mesma linha do conto. Darién fica entre a Colômbia e o Panamá. Uma região com mais quinhentos mil hectares, vista por muitos sul-americanos como uma oportunidade de passagem da América do Sul para a América Central, e um possível ponto de partida para o árduo trajeto para entrar nos Estados Unidos de forma ilegal. Mas não pense que é algo simples de fazer, até porque o caminho contém diversos perigos. A região tem um clima extremo, com altas temperaturas e umidade. O clima por si só, para quem não está acostumado, é um convite para o cansaço e até eventuais desmaios. Mas não para por aí. Na realidade, se o clima da região fosse a única adversidade, estava supertranquilo. Porque além de pessoas buscando uma vida melhor por meio da passagem pela floresta, alguns itens valiosos e proibidos utilizam o mesmo percurso para alcançar outros países. A trilha por Darién é usada pelos cartéis para realizar o mesmo movimento que os imigrantes buscam, só que, nesse caso, para transportar drogas para o mercado estadunidense. Dá para imaginar que para proteger cargas de alto valor comercial, armas e violência extrema sejam comumente utilizadas.

Afora o clima e o narcotráfico, Darién apresenta outros perigos ocultos, como o risco a doenças, como dengue e febre amarela. Resumindo, não é nem de perto um bom local para se iniciar uma jornada. Porém, é na "selva mais perigosa do mundo" que conheceremos a primeira estrela da nossa história. É sob as folhas secas do solo úmido que nossas personagens se movimentam: as formigas-correição (*Eciton burchellii*), ou formigas-legionárias.

93

Certo dia quente e abafado de verão, um esquadrão de formigas operárias de Darién captou o odor de carne fresca. As batedoras, mais próximas do alimento, correram até a origem do cheiro e se certificaram de que ele vinha de um recipiente. O pacote era de isopor e continha os restos do almoço de alguém. Logo que os insetos identificaram a nova fonte de alimento, a notícia começou a se espalhar por meio dos feromônios. Os sinais químicos foram captados por cada uma das operárias e, em poucos minutos, um grande banquete estava prestes a se iniciar. Milhares de formigas famintas tomavam conta da contrastante embalagem branca e despedaçavam com seus aparelhos bucais os restos de alimento que ali estavam.

Acredito que uma cena como essa não deve ser muito difícil de visualizar, né?! Até porque, se você deixar o prato do jantar com restos de macarrão na pia, depois de algum tempo uma trilha de formigas poderá ser formada, com uma operária atrás da outra marchando e levando consigo uma amostra grátis daquele alimento. Na mesma trilha de feromônio das formigas se movendo até seu ninho, outras seguem no sentido inverso, indo buscar a sua parte. Aí eu levanto um questionamento: e se, por acaso, no meio do caminho daquela trilha composta por substâncias químicas o odor sumir? Imagine seguir uma trilha de pegadas no solo encharcado de Darién e notar que ela simplesmente desapareceu. Concorda comigo que o cenário ficaria desesperador? Qualquer pessoa nessa situação começaria a olhar para os lados, buscando alguma resposta para aquele fim abrupto. Essa resposta-padrão, de girar, olhar ao redor, procurar onde o sujeito se meteu se torna padrão justamente por estarmos nos guiando por estímulos visuais. E se essa mesma situação fosse guiada por odores, e os indivíduos que estivessem na trilha fossem quase cegos, o que fazer quando a trilha sumisse?

Essa é a grande questão que assola o mundo das formigas-correição. Por diversos motivos, alguns indivíduos que seguem a trilha perdem a sequência do feromônio. A situação começa a ficar bem drástica quando a formiga perdida roda para reencontrar a trilha e acaba gerando um novo caminho circular. Quando outras formigas se aproximam do ponto em que o rastro de feromônio principal cessa e captam o caminho circular, a armadilha começa. Os indivíduos, tão cegos pelo trabalho, entram em uma armadilha circular de feromônios difícil de sair. A cada segundo, minuto, hora que se passa, mais formigas entram naquele que é um dos fenômenos mais tristes de serem vistos na natureza selvagem: a espiral da morte.

É exatamente nesse ponto da história que a tristeza toma conta. As formigas ficam presas em uma trilha circular de feromônios e, anestesiadas pela necessidade de seguir seu trabalho, esgotam, aos poucos, suas forças. Os animais que estavam rodando havia mais tempo começam a cair sem energia e têm os corpos empurrados para o centro ou para fora da roda. Dependendo das condições do ambiente, a vida dos insetos pode ser ceifada de forma mais lenta ou rápida. Se estivermos em um local ensolarado, sem cobertura vegetal e com baixa umidade, os animais morrerão mais rapidamente por causa da dessecação de seu corpo, ou seja, os corpos ressecam. Até porque, em condições extremas como essa, mesmo o exoesqueleto dos insetos não resiste. Como estamos em Darién e a umidade é alta, talvez a morte em conjunto seja ainda mais lenta e agonizante de se presenciar.

Agora, pense comigo: indivíduos inseridos em uma sociedade, que precisam trabalhar duro para adquirir recursos para sua sobrevivência e a de seus parentes, sofrem as consequências diretas das longas jornadas de trabalho em sua saúde. A quem estou me referindo? O gerente de banco londrino pode se encaixar nesse resumo? E os brasileiros que cortavam cana-de-açúcar sem descanso? Talvez, as formigas-correição no meio de uma espiral da morte? Entenda, cada um deles pode ser relacionado com todos os casos que vimos neste capítulo. Isso mostra que, sob determinada perspectiva, a natureza e a humanidade não apresentam barreiras. As formigas-correição surgiram há cerca de 105 milhões de anos e conheceram a realidade árdua por trás de um trabalho exaustivo muito antes de os humanos pensarem em associar uma coisa a outra. Muito antes de os japoneses cogitarem a criação de *karoshi*.

Em 2024, foi publicado um artigo de revisão de cunho sociológico que dissertava intensamente sobre a linha argumentativa dessa comparação. Para termos uma ideia da amplitude desse trabalho, ele envolveu profissionais de Medicina, Epidemiologia e Saúde Populacional, Ciência de Dados Biomédicos, Estatística e até História da Filosofia. Pesquisadores da Universidade de Groningen, na Holanda, uniram força com pesquisadores de Stanford, na Califórnia, para chegar a um consenso sobre como a famosa espiral da morte das formigas pode ser comparada com o que vivenciamos no nosso trabalho. E sabe o que eles concluíram? "Tal como um exército de formigas [...] indivíduos, grupos e até sociedades inteiras são, por vezes, apanhados numa Espiral da Morte, um ciclo vicioso de comportamento disfuncional que se autorreforça, caracterizado por tomadas de decisão contínuas e erradas, foco míope e obstinado em uma (um conjunto de) solução(ões), negação, desconfiança, microgestão, pensamento dogmático e desamparo aprendido."

Fica evidente para você que temos muito em comum com as formigas? Desde que eu fui trabalhar, aos 18 anos, na churrascaria do meu avô, no centro do Rio de Janeiro, e vi a realidade dos trabalhadores amontoados dentro do metrô, exaustos antes e depois de longas e maçantes jornadas de trabalho, ficou claro que nós estamos cada vez mais mergulhando em um looping angustiante. Acorda cedo, trabalha, come, trabalha, come de novo e dorme. Isso quando o plano segue a linha perfeita, porque erros podem interferir nessa lógica de modo inesperado e culminar em outros erros. Pequenos deslizes que podem se transformar em erros maiores; esses grandes erros individuais podem se tornar erros coletivos, a ponto de um grupo inteiro de pessoas sair prejudicado. Essa é a lógica da espiral da morte. Frostick, vinte brasileiros e as formigas de correição sabem bem o que é sofrer na pele as consequências dessa roda eterna e potencialmente fatal.

Saindo do lado humano, das Ciências Humanas, e retornando à Biologia raiz, pense só: durante a análise biológica do caso das formigas, você viu algum erro pontual? Pode pensar: "Espera, você não tinha explicado aquele lance de evolução e seleção natural no capítulo anterior? Como uma característica ou fenômeno que mata centenas de indivíduos pode ser mantida na genética da população das formigas-correição depois de milhões de anos de seleção natural?". Se você pensou isso, eu me identifico com você! Assim que fui a fundo nas pesquisas sobre o cenário caótico desses insetos sociais, me fiz exatamente a mesma pergunta. Entenda, não há como comprovar o real motivo da espiral da morte ter sido mantida como algo tão comum nesses animais, mas um estudo, publicado em 2003, traz uma reflexão superinteressante sobre essa questão biológica: existe um lado compensatório que transforma o fenômeno em uma mera casualidade irrisória. Formigas-correição buscam novas fontes de alimento como um grande exército. As movimentações acontecem com batalhões compostos por numerosas operárias dispostas a dar a vida pela boa alimentação do seu ninho. Outro ponto é que essa espécie é nômade, o que significa que os insetos apenas constroem os ninhos onde há comida. Além disso, a rainha dessas espécies também tem suas particularidade: produz uma quantidade gigantesca de ovos por ciclo de criação. Aonde quero chegar com esses argumentos? Que a espiral da morte é vista por alguns pesquisadores como o preço evolutivo pago pelas formigas-correição para manter uma estratégia ecológica de procura bem-sucedida e estável por comida. Ela é péssima olhando em uma escala micro, mas os benefícios associados a essa forma de buscar alimento, se proteger e sobreviver sob uma ótica macro é tão brilhante. E, acreditando nessa linha argumentativa, entendemos por que esse comportamento ainda é mantido depois de aproximadamente 105 milhões de anos de evolução dessa linhagem.

O ponto é: os integrantes da nossa sociedade também estão rodando em uma duradoura espiral da morte, porém com algumas especificidades. A primeira é que nós, na maioria dos casos, temos total noção do que estamos vivendo, mas não sabemos ou não conseguimos sair. Segundo, assim como as formigas, nossa estratégia-padrão está rendendo bons lucros. Essa vida imersa no trabalho gera lucros financeiros para a sociedade, proporciona um crescimento constante das metrópoles, gera acúmulo de bens, avanços em conhecimento científico, bélico etc. Porém, quem de fato está aproveitando esse lado positivo? E mais, qual é o custo a ser pago por tantos avanços? A morte de vinte brasileiros é algo irrisório para o avanço da nossa sociedade? Um gerente de banco a menos é um preço justo? Alguns podem até (infelizmente) dizer "sim" para essas perguntas. Mas imagine se um desses vinte brasileiros fosse seu pai, seu filho ou até mesmo você. Você pagaria o preço mesmo sabendo que outros humanos continuariam suas vidas sem se abalar, enquanto sua família estaria desolada?

Se você titubear nessa resposta, saiba que essa é a principal diferença entre nós e as formigas. Elas responderiam "sim" antes mesmo de escutar a pergunta inteira. O que eu gostaria que ficasse de mensagem neste capítulo? Que existe uma imensa e complexa reflexão a ser feita sobre como a sociedade das formigas pode nos ensinar a enxergar o mundo em que vivemos, qual é o limite saudável que devemos impor aos nossos corpos frente a um trabalho exaustivo e qual é a forma correta de enxergarmos nosso verdadeiros papéis nas sociedades da qual fazemos parte. Entretanto, sob a perspectiva central deste livro, uma coisa é certa: uma sociedade caótica, assolada e devastada por causa do trabalho não é nem de perto uma novidade para a natureza.

3

Guerras, batalhas brutais, muita violência, soldados feridos, um reino sendo invadido, uma monarca sendo deposta, o rei provavelmente seguindo o mesmo destino de sua amada, muito sexo, herdeiros nascendo... Isso poderia ser a sinopse de uma nova série épica que seu amigo chamou você para assistir, mas, na verdade, é a descrição do que acontece várias vezes em uma única tarde na natureza selvagem. E posso dar um spoiler chocante dessa série? Digo, dessa tarde? Toda essa barbárie, essas cenas de devastação, uma população inteira dizimada deste planeta, aconteceu graças às trabalhadoras formidáveis que você conheceu no capítulo anterior: as formigas.

Para entender a matança, precisamos conhecer o cenário por trás de uma das rivalidades mais famosas do continente africano. Sim, além de leões e hienas, crocodilos e zebras, guepardos e antílopes, existe também outra rivalidade bem intensa, só que em escala de tamanho bem menor. As formigas chamadas de Matabele (*Megaponera analis*), ou formigas mergulhadoras africanas, podem ser consideradas grandes guerreiras do mundo dos insetos. Elas vivem em grupos que podem conter mais de vinte milhões de membros e sempre são vistas em marcha. A organização de seu exército é puro deleite para os olhos e se torna ainda mais formidável quando você consegue distinguir as pequenas operárias no meio, protegidas por gigantescos soldados.

Na maioria das vezes que o grupo se desloca com essa formação é para procurar comida. Assim que o alimento é localizado por uma batedora, ela volta até o ninho e recruta entre duzentas e quinhentas companheiras para começar a coleta dos alimentos. Logo que o exército chega ao destino, a batalha se inicia. Mas, péra, que batalha? Não era simplesmente se alimentar da comida que encontraram? Acontece que as formigas são onívoras: elas comem vegetais, mas também podem obter energia por meio da matéria orgânica (corpo) de outros seres vivos – como acontece com muitas outras espécies na natureza, inclusive a humana. Porém, como citei uma grande rivalidade africana e até agora conhecemos apenas um lado da disputa, tenho que introduzir quem está defendendo seu território e também sua vida. E, entrando em um momento extremamente conturbado da nossa história, temos as estrelas do Capítulo 3: os cupins.

Vamos ao que acontece dentro do cupinzeiro: a primeira linha de defesa dos cupins é dizimada por formigas enormes, depois as invasoras menores avançam por essas aberturas para matar os soldados inimigos. Os cupins até tentam se defender, mas o poderoso aparelho bucal das formigas não lhes dá oportunidade. A rainha dos cupins é morta, junto com seu amado parceiro reprodutor, e a monarquia desaba como um todo. Até os milhares de herdeiros que estavam dentro dos ovos, prestes a nascer, e todos aqueles que já haviam nascido, mas ainda eram ninfas (como se fossem os bebês de alguns insetos) serão levados para serem comidos depois.

Uma curiosidade muito relevante aqui é que os cupins não são presas assim tão fáceis como posso ter feito parecer. Por serem atacados ao longo de milhões de anos por vários inimigos, esses animais desenvolveram maneiras de se proteger e revidar aos ataques de forma mais eficaz e contundente. Os grupos de cupins (ou castas) responsáveis por dificultar as invasões, por exemplo, desenvolveram cabeças mais fortes e mandíbulas poderosas. Consequência disso é que, da mesma maneira que os cupins são exterminados, muitas formigas precisam de resgate. E, para sua surpresa, ele vem.

As formigas Matabele contam com uma rede de apoio aos feridos que daria inveja a muitos médicos durante situações de guerra. Pelo menos foi algo muito próximo a isso que pesquisadores da Universidade de Würzburgo, na Alemanha, descobriram há alguns anos. Em experimentos em um parque na Costa do Marfim, eles averiguaram que as formigas Matabele liberam, através de glândulas na mandíbula, um sinal de socorro composto por substâncias químicas. Essas substâncias, quando detectadas pelas combatentes saudáveis nas proximidades, fazem com que elas se movam até o inseto ferido e o carreguem de volta para casa.[5] Se você já viu o filme *Até o último homem*, com Andrew Garfield, consegue imaginar muito bem essa cena.

---

5 Essa hipótese da liberação, pela glândula mandibular, de agentes químicos para ativar o resgate se tornou ainda mais palpável quando os cientistas cobriram formigas saudáveis com essas substâncias. Sabe qual foi o resultado? Formigas saudáveis sendo carregadas de volta ao ninho.

Exército de formigas Matabele após atacar um cupinzeiro
JUDY GALLAGHER

Como resultado do resgate, a taxa de sobrevivência dos insetos feridos no combate e que voltavam para o campo de batalha chegou a chocantes 95%. É isso mesmo! Noventa e cinco por cento de todas as formigas que foram retiradas do campo de batalha SOBREVIVERAM e VOLTARAM para a batalha, às vezes menos de uma hora após a lesão. Agora, imagine se as estatísticas médicas na época da Segunda Guerra Mundial, por exemplo, fossem tão excelentes assim?

Mas uma ressalva precisa ser feita, até porque você pode estar se perguntando: "Que milagre é esse que o formigueiro possui, que simplesmente deixa os feridos curados e prontos para voltar ao combate?". Segundo o mesmo time de pesquisadores, a medicina das formigas pode ser considerada avançada. Além do serviço de resgate, há também um cuidado médico administrado por outras formigas. Os insetos que estão no ninho, ao receberem as vítimas da guerra contra os cupins, começam a remover alguns desses insetos que podem estar presos ao corpo das formigas feridas. Os outros indivíduos que apresentam lesões diferentes, como a falta de um apêndice (uma perna), basicamente voltam para descansar e reaprender a se movimentar com um ou dois membros a menos.

Além desses tratamentos já comprovados, os pesquisadores debatem outros meios de recuperação e medidas médicas realizadas pelas formigas nos ninhos, como segurar o restante de um membro perdido em combate para cima enquanto outras formigas lambem o ferimento por alguns minutos ininterruptos e a aplicação de substâncias antimicrobianas na ferida para evitar infecções. Esses dois últimos procedimentos ainda precisam ser mais estudados e entendidos, mas, se forem comprovados, colocariam as habilidades médicas das guerreiras Matabele em uma posição de destaque. Ainda maior do que têm hoje.

Cuidados médicos entre formigas Matabele
ERIK T. FRANK

Existe até um debate altruísta associado a essas formigas, no qual os indivíduos que têm feridas mais graves possivelmente não produziriam as tais substâncias de resgate ou se debateriam como forma de impedir que as combatentes saudáveis os carregassem de volta para casa. Muitas dessas formigas atingidas continuariam a atacar mesmo com ferimentos fatais. Isso permitiria que as combatentes com feridas menos graves tivessem maiores chances de sobreviver, recebendo cuidados médicos e impedindo que um tempo fosse perdido com um paciente sem salvação.

A cena de uma guerreira dando sua vida para o bem das outras é algo bem romantizado. Ela foi antropomorfizada ali como "altruísta" de propósito, apenas para deixar o caso mais fácil de entender. Apesar de conceitualmente não ser o termo mais coerente, em se tratando de ciência para esse caso, existe um trabalho publicado em 2014, e muitos outros parecidos, que debatem o surgimento do comportamento altruísta em alguns grupos de formiga que dão a vida para construções de estruturas que podem ser usadas como pontes para suas companheiras se movimentarem, evidenciando que, talvez, o termo altruísta não seja tão incorreto assim quanto parece. Pois bem, ainda não há um consenso para explicar o comportamento de permitir que uma companheira menos ferida e com mais chances de salvamento seja levada em seu lugar, apenas reflexões, e deixo aqui duas: as formigas Matabele realmente são avançadas em seus sensos conscientes ou isso é um exemplo claro de substâncias químicas controlando um comportamento inato da espécie por um bem maior? Fato é, esse debate sobre altruísmo em insetos sociais não invalida a visão da "medicina" como algo não exclusivamente humano.

Porém, além de ter exposto esse lado de resgate de feridos, dos cuidados que os pacientes recebem no ninho e o retorno dos curados para o campo de batalha, precisamos tocar em outro ponto importante dessas formigas antes de mergulharmos de vez nos cupins. Preste atenção nisto aqui: o nome Matabele lembra alguma coisa? Se não lembrar, tá tudo bem.

Acontece que na África do Sul existe um povo chamado Ndebele. Pertencente ao grupo etnolinguístico Bantu, tem um enorme histórico de batalhas e conquistas no século XIX. Seus guerreiros lutaram bravamente contra os exércitos britânicos que desejavam tomar a região. E quando digo "bravamente", estou me referindo a um grande exército, maior em número, mas que guerreava com lanças e escudos contra armas de fogo trazidas da Europa. Deixando mais claro o porquê de os guerreiros desse povo serem tão especiais, segundo algumas fontes históricas, os Ndebele foram os primeiros guerreiros a se defender de um ataque contra metralhadoras na história dos confrontos humanos armados.

Apesar do número gigantesco de mortes do povo natural da África do Sul, esses guerreiros ganharam diversos combates contra os ingleses. Embora esta seja uma breve exposição de um povo africano repleto de cultura e conhecimento, uma curiosidade sobre esse povo, do ponto de vista dos ingleses, precisa ser trazida à tona: sabe como os britânicos chamavam essa tribo de guerreiros que deram um baita trabalho para eles nos campos de batalha africanos? Matabele.

Eu até poderia entrar em uma profunda análise etimológica de quem recebeu o nome primeiro ou demonstrar qual espécie adquiriu antes o comportamento de batalha, mas essa análise só nos afastaria do real intuito da conexão dos dois grupos. Na realidade, o que importa demonstrar para meus caros peixinhos, neste ponto, é que não são os animais que estão tendo comportamentos que nós cremos serem humanos, e sim humanos tendo comportamentos que poderiam ser classificados como de animais. Mostrando de forma clara que, assim como o exemplo da medicina, do cuidado com outros indivíduos de uma mesma sociedade, os ímpetos dos guerreiros de defenderem seu território e sua fonte de alimento podem estar mais correlacionados com a natureza selvagem do que propriamente com os humanos.

Mas, fora essas características únicas das formigas, temos que combinar que, se analisássemos todas as questões citadas no início do capítulo, teríamos que ficar algumas páginas passando ponto a ponto, para dar conta de tudo. E como as formigas não são o exemplo principal aqui, vamos focar em conhecer outro inseto social e sua forma de nos provar que há muitos outros pontos "humanos" não tão exclusivamente humanos assim. No entanto, se a medicina das formigas já surpreendeu você, aguarde para se impressionar ainda mais com a arquitetura dos cupins.

Para explorarmos o universo por trás de mais um comportamento que se assemelha muito ao nosso, precisamos, antes, contextualizar. Para isso, iremos observar a estrutura subterrânea dos cupinzeiros da África do Sul e analisar a física avançada por trás deles. Mas, para a nossa viagem, peixinhos, é preciso colocar uma roupa bem fresca, porque as coisas vão ficar quentes por lá.

Você acha que só nós, humanos, sofremos com o calor extremo, como o que fez aqui no Brasil em 2024, um dos anos mais quentes da história? Os cupins da África do Sul sofrem tanto ou até mais do que a gente com as altas temperaturas. Sim, esses insetos sabem bem qual é a sensação de um dia sem uma única nuvem no céu e com os raios solares queimando seus exoesqueletos. Vale lembrar que, muito diferente de nós, o corpo deles tem baixíssima resistência à perda de água. E é por conta dessa realidade dolorosa que, ao longo de milhões de anos de evolução, os cupins precisaram se adaptar às condições extremas de seus hábitats.

Além das alterações fisiológicas adaptativas, ou seja, as mudanças no funcionamento do corpo dos cupins para lidar com altas temperaturas, também existem alterações comportamentais bastante importantes de serem analisadas. Entretanto, apesar de os cupins, assim como uma grande parcela de outros insetos sociais, precisarem sair da segurança e conforto de suas casas para se alimentar e realizar outras tarefas fundamentais para o bom funcionamento de sua sociedade, é na sua casa, no seu lar, ou no mundialmente famoso cupinzeiro, que ocorrem as tais alterações. E é nelas que vamos focar nossa atenção.

Ainda que grande parte das formações dos cupinzeiros das espécies africanas esteja localizada abaixo do solo, as construções acima dele, visíveis para nós, apresentam uma das mais interessantes funções de regulação de temperatura em toda a natureza. As estruturas chamadas montes, aquelas típicas das planícies africanas, na verdade, são estruturas ocas e porosas que são construídas bem acima do ninho subterrâneo habitado por cupins e, às vezes, por muitos fungos também. Sem os montes, a vida de organismos tão pequenos e tão sensíveis ao calor não seria possível.

Embora os túneis subterrâneos e os montes sejam configurações espaciais estudadas com frequência, a forma como a *arquitetura dos cupins* auxilia esses insetos no enfrentamento das temperaturas extremas é alvo de debates entre os cientistas até hoje. O que se sabe até o momento, e de forma bem simplificada, é que os cupins utilizam-se de suas altas habilidades arquitetônicas para construir uma ampla e complexa cidade subterrânea. Tudo isso para que tenham um lar estável e com condições ambientais ideais para sua sobrevivência. Porém, como tudo na vida, essas habitações subterrâneas também apresentam prós e contras. Como são milhões de pequenos organismos vivendo em reduzidos túneis no subsolo, sem ventilação, as coisas podem ficar bem extremas e, se não forem feitas mudanças drásticas, escalar para uma grande morte coletiva.

Uma informação crucial que você precisa ter em mente para entender o perigo da vida sem ventilação é que os organismos acabam produzindo grandes quantidades de gases muito prejudiciais para o próprio corpo. Assim como nós, humanos, não conseguimos respirar em um ambiente com muito gás carbônico concentrado, os indivíduos do cupinzeiro também não conseguem. Em alguns casos, o cenário pode ser ainda mais delicado, por exemplo, se os cupins fizerem associação com fungos para construírem suas casas, já que esses organismos também podem gerar gases prejudicais para a atmosfera das construções, embora não pelos mesmos processos fisiológicos.

Dessa forma, para que esses animais pudessem viver no subterrâneo, protegidos das escaldantes temperaturas da savana africana e de todos os outros problemas associados a esse formato de vida, eles precisaram desenvolver algo ainda mais excepcional do que seu atual conjunto de dutos e túneis. Para o problema dos gases ser resolvido, esses insetos sociais necessitaram encontrar uma maneira de permitir que houvesse uma troca dos compostos de dentro do cupinzeiro com o ar externo. Para ser mais claro: eles precisaram arejar suas construções com ar reciclado. E essa troca é realizada a partir de pequenos poros – os buraquinhos tão característicos dos cupinzeiros – na parede externa dos montes.

Algumas espécies de cupins constroem essas estruturas nas extremidades dos ninhos e permitem que uma série de forças físicas correlacionadas aos montes carregue o excesso de gases tóxicos. Resumindo, esses poros funcionam basicamente como chaminés. Só que, em vez do gás carbônico produzido pela queima de madeira seca, o que sai por elas são gases oriundos dos processos metabólicos dos cupins e dos fungos, quando presentes, que vivem no interior do cupinzeiro.

Porém, mesmo com os dutos subterrâneos sendo uma alternativa para fugir do calor da superfície, os cupins ainda precisam se preocupar com as altas temperaturas dentro de sua casa. Existem algumas estratégias utilizadas por eles, e já largamente estudadas pelos cientistas, que diminuem a temperatura interna dos ninhos e permitem que haja homeostase termal, ou seja, equilíbrio de temperatura. A maioria delas está relacionada com a troca de calor entre o cupinzeiro e o ambiente externo. Só não está claro ainda qual é a força física mais importante para isso acontecer. Poderia ser o vento que passa ao redor dos cupinzeiros, algum mecanismo realizado pelos cupins, talvez uma bomba construída pelos insetos que empurra os gases mortais para fora? Calma, os cupins ainda não estão tão avançados assim. Dentre as possibilidades reais encontradas pelos pesquisadores, uma que chamou minha atenção foi a ventilação controlada pelas próprias oscilações diurnas de temperatura.

Em um estudo interessante, publicado em 2017, no *Journal of Experimental Biology*, os cientistas propuseram uma atualizada visão, em que foi demonstrado que a própria variação da temperatura durante o dia já produz uma corrente de convecção que naturalmente ventila os montes de cupinzeiros de algumas espécies africanas. É como se os raios solares durante o dia aquecessem a superfície dos montes de forma irregular e, contrastando com a própria temperatura do interior dos cupinzeiros, fizessem esses gases se movimentarem em círculos no interior da estrutura. Algo bem parecido com o que acontece com uma panela de pressão, por exemplo, mas supondo que o fogo do seu fogão mudasse de posição (como o Sol) ao longo do tempo. Facilitando não só a manutenção da temperatura, como também ajudando no problema anterior, do excesso de gases respiratórios. E, para que você não fique tão perdido com esse conceito físico, vamos relembrar as aulas de Física e Química.

Corrente de convecção nada mais é do que um fenômeno químico e físico. Gases e líquidos mais quentes ou mais

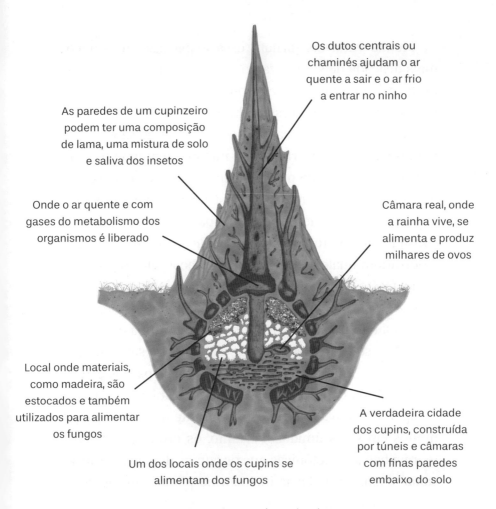

Estrutura interna do cupinzeiro
DORLING KINDERSLEY LTD/ ALAMY STOCK PHOTO

frios têm diferentes densidades e, quando esses materiais entram em contato, trocando calor, eles se movimentam justamente por conta das diferenças de densidade, fazendo o ar ou líquido quente subir e o frio descer. Por isso, a água da piscina é sempre mais fria no fundo, todos os freezeres deveriam ficar localizados na parte inferior da geladeira e um temporal pode cair durante a chegada de uma frente fria.

Muitas variáveis tornam essa explicação um pouco mais delicada de ser aceita por completo, muito por conta de sua aplicabilidade em todas as espécies de cupins que precisam refrescar seus dutos e caminhos subterrâneos. Mas, apesar dessa dificuldade, uma coisa é certa: nenhuma dessas incertezas, ou melhor, nenhuma dessas hipóteses apaga tudo o que a ciência já evidenciou sobre a arquitetura dos cupins. A construção perfeita dos poros e aberturas, que permitem a passagem dos gases e consequentemente do calor, já explicados, são incríveis e deixariam qualquer arquiteto orgulhoso. Outro ponto a destacar é o poder de drenagem dos cupinzeiros. Apesar de ser essencial para a sobrevivência de muitos organismos, quando presente em abundância em uma estrutura abaixo do solo e repleta de vida, a água pode ser bastante perigosa. No entanto, a própria estrutura da parede externa de alguns cupinzeiros já auxilia na rápida drenagem da água da chuva e até mesmo durante a expansão dos ninhos em solos úmidos. Portanto, os projetores dessas maravilhas arquitetônicas que os cupins das savanas africanas chamam de lar já incluem na planta um rápido e extremamente eficiente sistema de drenagem.

Fazendo uma inversão da estrutura padrão dos nossos capítulos antes de uma rápida comparação das noções de arquitetura dos cupins com as dos humanos, vamos fazer um breve raio X desses indivíduos enquanto organismos singulares. Cupins são insetos englobados na ordem Isoptera. Vale ressaltar que a maioria dos estudos citados sobre cupins e sua arquitetura são referentes à família Termitidae. Tal grupo é o mais diversificado dentre todos os outros cupins. Esses indivíduos vivem em verdadeiras sociedades e, entre suas castas, temos as operárias, os soldados e também os reprodutores. Esses últimos, inclusive, são aqueles famosos bichinhos da luz que, em determinadas épocas do ano, saem em enxames da colônia para a reprodução. Apesar de sua grandiosidade, esses insetos são vistos como pragas. Tudo porque constroem suas novas colônias em madeira e a digerem com uma ferocidade incomparável. Uma pena que, às vezes, seu sofá, sua mesa ou qualquer outro bem precioso feito de madeira pode ir para o lixo por conta da ação desses animais.

Uma curiosidade sobre esses insetos é que eles precisam de microrganismos, como protistas flagelados e bactérias, em seus corpos para digerir a madeira. Cupins também estão entre os seres vivos com maior biomassa da Terra. E biomassa, no contexto em que estamos falando aqui e de forma bem resumida, significa a quantidade de organismos que existem, tá? Para termos uma ideia, estipula-se que, para cada humano no planeta, exista cerca de três quartos de tonelada de cupins. Ou seja, haja arquiteto nesse mundo. Para apresentar um panorama ainda mais completo da história desses animais, em 2010, um trabalho que utilizou genomas mitocondriais de algumas espécies de cupins estimou que as primeiras linhagens que levam aos cupins e baratas teriam surgido há aproximadamente 150 milhões de anos. Sendo que o grupo Termitidae em específico, responsável pelas tais construções citadas até aqui, surgiu há 54 milhões de anos.

Esse número gigantesco destoa em grandes escalas dos 6 mil anos atrás, ou algo próximo disso, quando os humanos utilizavam seus ainda rasos conhecimentos da termodinâmica, aerodinâmica e da transferência de calor para melhorar a vida em regiões desérticas. As construções persas, por exemplo, eram projetadas para tentar oferecer proteção do Sol escaldante e da atmosfera seca do país, onde hoje é o Irã. Mas, mesmo no interior dos edifícios, o calor não deixava de ser um problema para os habitantes. Para isso, foi desenvolvido o que ganhou o nome de torre de vento. Para lidar com as altas temperaturas, essas torres eram criadas com o intuito de refrigerar as áreas internas. Eram estruturas altas, construídas de acordo com a direção do vento e tinham janelas no topo. Essas janelas eram a porta de entrada dos ventos mais frios. E, como você deve se recordar das aulas de Física, e conhece o motivo de o aparelho de ar-condicionado ser instalado na parte de cima da parede e não no chão, sabe que o ar frio é mais denso (pesado) do que o ar quente. Dessa forma, o ar quente de dentro dos edifícios subia até as janelas e o ar frio de fora era empurrado até o interior das casas, tornando o ambiente interno muito mais fresco e agradável do que antes. Construir ligações com canais subterrâneos de água também era uma maneira de resfriar a casa, mas essa estratégia não é tão central para a gente nesse momento. Enfim, deu para entender aonde eu quis chegar aqui?

As torres de vento e os montes de cupins não são quase a mesma coisa? A arquitetura dos persas em 4.000 a. C. é melhor do que a dos montes das savanas? Consegue enxergar que a arquitetura, como algo complexo, não é tão humana assim quanto parece? Os cupins já faziam isso há milhões de anos, e os persas há "apenas" seis mil. Será que podemos dizer que os humanos são mesmo os criadores da arquitetura? E, me diga, você conhece alguma civilização humana capaz de alterar tão drasticamente o

Comparação entre a Sagrada Família, templo católico idealizado pelo arquiteto Antoni Gaudí, e um cupinzeiro no Território do Norte da Austrália
CRÉDITOS SAGRADA FAMÍLIA: ALEXANDARILICC/ SHUTTERSTOCK
CRÉDITOS CUPINZEIRO: SHUTTERSTOCK

microclima de seu hábitat como os cupins fazem? Tirando o aquecimento global liderado pelos humanos desde os anos 1990, eu não conheço nada parecido.

Vale ressaltar também que, além da funcionabilidade dos montes dos cupins em relação às temperaturas, os gases tóxicos e a filtração da água da chuva, esses insetos igualmente se destacam pela beleza de algumas de suas construções.

Na primeira foto, vemos um monte feito por cupins, na segunda, está a Sagrada Família, em Barcelona. Vale enaltecer e admirar a beleza estonteante do primeiro cupinzeiro. Observe a sutileza e a beleza dessa construção. Se a arquitetura magnífica da Sagrada Família é reconhecida pela humanidade como um dos maiores projetos arquitetônicos de toda a história, como devemos nos referir ao monumento construído pelos cupins?

Resumindo, se pudesse simplificar este capítulo inteiro em uma única frase, ela seria: os cupins inventaram a arquitetura. E se você é um arquiteto lendo essa frase, desculpe, mas a verdade, às vezes, pode doer. Enfim, seguimos para o próximo tópico. Até agora, peixinhos, fizemos longas viagens e aprendemos a enxergar como o trabalho exaustivo, a medicina e a arquitetura não são exclusividade dos humanos. Precisamos seguir em frente e aprender mais comportamentos que nos aproximam de outras sociedades antigas da natureza. Sendo assim, a pergunta que fica é: quais outros comportamentos presentes em nossas sociedades sempre existiram na natureza e nossos olhos não estiveram aptos a percebê-los? A *Natureza Humana* é magnífica, e nós só estamos no início da nossa jornada para aprender verdadeiramente a admirá-la.

4 Na primeira grande parte da nossa história, os insetos sociais nos ensinaram bastante sobre conceitos rotineiramente entendidos apenas como humanos – como sociedade, arquitetura e medicina. Para a surpresa de muitos, é bom deixar claro que vimos apenas uma gota do oceano de conhecimento por trás das sociedades da natureza. Poderíamos muito bem expandir nossos horizontes e fazer diversas jornadas diferentes para dar conta dessas organizações altamente complexas. Mas, para que meu argumento ganhe ainda mais força, precisamos diversificar nossas frentes de ataque.

Para isso, vamos viajar para São Paulo, o estado economicamente mais importante do Brasil, situado no Sudeste do gigantesco país sul-americano. Nossa história começa a ser contada em 2020, na cidade de Rio Claro. Sendo assim, além de nos deslocarmos do ponto de vista físico, faremos também uma viagem temporal, mesmo que tenhamos que voltar apenas cinco anos no tempo.

O caso em questão ganhou notoriedade no país inteiro pela forma que se iniciou, como se encaminhou e finalizou. Apesar de a história que irei compartilhar agora com meus peixinhos ter sido muito divulgada, omitirei a identidade dos envolvidos, por respeito às famílias. Portanto, vamos lá.

Os dois personagens centrais desse caso se conheceram em um restaurante em Rio Claro, em 2015, aproximaram-se, começaram a namorar, moraram juntos e se relacionaram até 2023. Durante a fase do namoro, um deles ficou sabendo que os primos, ainda crianças, seriam retirados temporariamente dos pais biológicos, os motivos não foram divulgados. Depois da ação na Justiça, esse humano de coração gigante passou a visitar os pequenos com frequência no abrigo em que viviam. Ao descobrir que as crianças, quatro ao todo, seriam colocadas para adoção e, muito provavelmente, separadas, ele teve um estalo: por que não adotá-las? Ao compartilhar a ideia com o parceiro, ela foi recebida com surpresa e um pouco de receio. Apesar da reação inicial do companheiro, ele não desistiu e, por ser parente das crianças, a Justiça acatou o pedido da guarda e permitiu que os irmãos fossem morar com o casal.

Esse movimento aconteceu no meio da pandemia, quando tudo estava de cabeça para baixo. Porém, as dificuldades do período não permitiram que o casal desanimasse. Quatro crianças, quatro primos, quatro filhos de uma hora para outra não é para qualquer um. Mas lá estavam eles, cortando um dobrado para fazer tudo acontecer. Fazer tudo dar certo.

Para completar a história, mais uma ironia do destino, outro irmão nasceu. Agora filho biológico do casal?

Não! Na realidade, a mãe biológica das crianças ficou grávida durante o processo da perda da guarda e posterior adoção e, quando o quinto filho nasceu, adivinhe o que aconteceu? Como era de se esperar, o casal quis receber o quinto primo nesse processo. Manter todos unidos era o objetivo, lembra?

Eu sei, essa história deveria ter mais parágrafos. Sei quanto esse relato poderia ser expandido para conhecermos cada detalhe. Como pode, dois seres, dois humanos fazerem um movimento tão nobre, tão grandioso, tão gentil em prol do bem coletivo. Salvar cinco irmãos de uma provável separação. Nem as dificuldades do período pandêmico foram suficientes para frear esse casal obstinado em sua missão, em seu propósito. Às vezes, sei que sou um crítico ferrenho da nossa espécie, mas tenho que admitir que exemplos como esse me dão um fio de esperança na humanidade.

Guarde esse caso que você acabou de conhecer e vamos viajar para o condado de Santa Clara, na Califórnia. A NBC News, entre outros veículos, compartilhou o surpreendente caso do fotógrafo de vida selvagem, Doug Gillard, que presenciou uma águia-careca (*Haliaeetus leucocephalus*), animal-símbolo dos Estados Unidos, carregando, com cuidado, entre as poderosas garras, um filhote de falcão-de-cauda-vermelha (*Buteo jamaicensis*). Segundo Doug, um experiente profissional na área, aquele registro era claramente a documentação de um lanche sendo levado para o ninho. Ele sabia que, por perto, havia um ninho com um filhote e fez em sua cabeça o único link biológico aceitável para a cena que estava à sua frente: teremos um bebê falcão de papinha para o café da manhã.

Porém, como de costume, a natureza fez questão de surpreender até o mais experiente.

Como num passe de mágica, o pai, a mãe e o filhote de águia-careca não transformaram o filhote de falcão-de-cauda-vermelha em refeição. O que aconteceu foi algo totalmente improvável: o filhote da outra espécie foi adotado por aquela família. Bom, pelo menos foi o que circulou em várias manchetes estadunidenses com um tom fofo e amoroso. A cena foi tão mágica, tão diferente, que até alimentação do filhote postiço rolou por parte dos pais. Quatro vezes ao dia, essa era a quantidade de refeições do falcão. E sabe o que acontece quando um animal selvagem tem um comportamento diferente do comum? Ele ganha um nome. Sim, aqui vemos o nascimento de Tuffy, o falcão-de-cauda-vermelha adotado por uma família de águias-carecas.

Entretanto, vale a pena registrar dois pontos dessa história. O primeiro é que ela não é isolada. Diversos outros animais, selvagens e domésticos, já foram avistados lidando com diferentes indivíduos, às vezes até de outras espécies, em uma forte relação parental. A motivação para isso é incerta. Por se tratar de um comportamento multifatorial, que envolve dezenas de pontos fisiológicos e, também, ecológicos, levantar certezas para acontecimentos como esse é um grande erro. E o segundo ponto tem a ver com o final da história de Tuffy, ele morreu. Sim, infelizmente, de acordo com algumas fontes, após algumas semanas tratando o filhote como seu, a matriarca do ninho se rendeu a seu instinto e disparou diversas bicadas em seu filho adotivo.

"Como assim, Yago, que história triste! Para que contá-la se não deu certo?" Não deu certo? Como assim não deu

certo? Baseado em que evidência podemos dizer que não deu certo? Independentemente de qual seja sua resposta, meu objetivo com essas duas histórias, tanto a brasileira quanto a das águias-carecas, é um só: demonstrar a diversidade da vida. A adoção, um comportamento reconhecidamente admirável de nossa sociedade, também ocorre na natureza. Existem milhares de casos de espécies diferentes vivendo em conjunto, em algo que vai além de uma relação mutualística da natureza. É uma relação de cuidado, como se uma família totalmente nova tivesse sido criada. E as diferenças entre os dois casos não foram apenas para mostrar a diversidade do que é humano e do que não é. Na verdade, vai muito além disso, foram pontuadas com o objetivo de provar a pluralidade desse tipo de comportamento.

Porém, apesar de termos visto dois casos incríveis sobre adoção – uma humana e uma selvagem –, quero introduzir um novo comportamento que pode ser encontrado na natureza: a troca consciente de filhotes.

Antes de exemplificar o que estou dizendo, preciso relembrar algo que você aprendeu na escola: as duas estratégias principais que os organismos utilizam para colocar os descendentes neste planeta. Uma delas é a "estratégia R". Os indivíduos que a praticam investem em uma grande prole com pouquíssimo ou zero cuidado parental. Isso significa dizer que esses indivíduos "produzem" uma grande quantidade de filhotes para o mundo e praticamente os deixam seguir seu caminho. Essa estratégia é colocada em prática em um ambiente não tão estável e pensando que, quanto maior for o número de filhos produzidos, maior será a chance de eles chegarem à idade adulta. Consequentemente, seguindo essa lógica, serão poupados tempo e energia para assistir ao crescimento da prole e os pais poderão retornar logo para o período reprodutivo.

O problema desse método é que muitos filhotes ficam pelo caminho. Predação, interferência ambiental, competição. Muitos são os riscos que eles vivenciam, sozinhos, no ambiente nada estável que é a natureza. Se, às vezes, com a assistência de uma mãe, ou até mesmo um pai, as coisas são difíceis, imagine sem ela. Porém, se uma pequena parcela desses verdadeiros guerreiros sobrevive às adversidades, a genética dos seus genitores será propagada. E é exatamente na genética dos vencedores que essa estratégia é mantida na natureza. Os maiores exemplares dos chamados estrategistas R são os invertebrados, mas algumas espécies de vertebrados também seguem essa tática reprodutiva, como a maioria dos peixes, anfíbios e répteis.

E existe outra forma de planejar e lidar com a prole, a "estratégia K", que é o contrário da R. Os indivíduos que seguem esse método produzem proles menores e cuidam dos filhotes de forma mais intensa. O ponto positivo é que essa pequena prole tem maiores chances de chegar até a fase adulta, já que recebe proteção de seus pais, comida e, às vezes, outros recursos indispensáveis para a sobrevivência, como é o caso do leite nos mamíferos. Mas os pontos negativos caminham lado a lado com alguns benefícios compensatórios.

Uma mamãe elefante, por exemplo, pode ficar quase dois anos gestando seu bebê. E, se você não deu importância para esse número, repito: quase dois anos para gerar um elefantinho. Depois do nascimento do filho, serão mais alguns anos de cuidado diário. Desse jeito, levando em conta o início da gestação até o amadurecimento do filhote, o corpo dessa fêmea demorará de quatro a cinco anos para estar disponível para outra gestação. Esse é um dos maiores ônus da estratégia K.

Bom, não preciso mencionar que nós, humanos, seguimos a estratégia K, certo? Mas tenho uma pergunta: você conhece alguma espécie que não faz uma coisa nem outra? Alguma que não tenha uma prole grande e mesmo assim não oferece nenhum cuidado parental? Um organismo que segue esse padrão não tão usual, mas tenha um ótimo aproveitamento evolutivo?

O exemplo a seguir trata exatamente desse caso. Poucos filhos e pouca atenção da mãe. Essa história específica não pertence a uma sociedade do ponto de vista biológico, mas utilizaremos uma técnica fundamental e encravada na biologia de algumas espécies, como a simbologia de uma sociedade. Como se fosse um hábito apresentado por um grupo de pessoas da mesma localidade, mas essa união de indivíduos não obrigatoriamente entra nos parâmetros de uma sociedade verdadeira. Apesar de ser um exemplo bem esdrúxulo, posso citar algo que acontece em um dos contextos em que estou inserido. No Rio de Janeiro, cidade onde nasci e vivo até hoje, usar chinelo em diversas ocasiões é bastante normal e aceitável. Quando vemos um homem de chinelo no shopping, ao lado da namorada toda produzida, não achamos estranho. É totalmente, como eu disse, incrustado na sociedade carioca. Porém, se você for a um shopping de São Paulo usando um chinelo, pode ser que as pessoas o olhem diferente ou você não se sinta à vontade. Aonde quero chegar com isso? Que andar de chinelo é um comportamento replicado por anos nos indivíduos que fazem parte de uma das "sociedades" da qual faço parte, porém, não é uma característica que compõe os requisitos básicos para definir uma do ponto de vista biológico. É como se, nesse exemplo, eu usasse a definição de sociedade do ponto de vista mais humano em detrimento da mais aceita.

Agora vamos ao tal comportamento importante para nossa análise. Mas, como de praxe, nada melhor para uma grande nova história de aprendizagem do que vê-la desde sua origem. Peixinhos, preparem-se, pois vamos fazer uma longa viagem. Sairemos do continente norte--americano e atravessaremos todo o oceano Atlântico. Faremos como a andorinha-do-mar do Ártico (*Sterna paradisaea*) e migraremos para o continente europeu. Apesar de o caminho ser bem menor do que essas aves têm capacidade de cruzar, iremos até Viseu, distrito que fica ao norte de Portugal.

O local que sediará o caso principal deste capítulo é composto por uma única e simples árvore. Mas vale ressaltar que ela não é, de forma alguma, uma árvore qualquer. Não dá para dizer que se ela fosse derrubada não faria diferença. Sua espécie não é essencial para nós, mas o que cresce em algum de seus galhos é importante para a vida. Ela está situada exatamente entre um bonito e revigorante campo lotado de margaridas bem branquinhas e uma boa e tradicional padaria portuguesa. As flores trazem beleza ao lugar, enquanto o cheiro das fornadas de pastéis de nata desperta sensações em nosso cérebro. É nessa paisagem incrível, no meio desse choque do que é natural para o que não é, que a vida floresce.

No alto da copa dessa árvore, uma espécie de rouxinol construiu seu ninho e botou ali três ovos. Infelizmente, neste instante da jornada que busca evidenciar uma *Natureza* cada vez mais *Humana,* nós conheceremos outro conto nada agradável. A partir deste instante, toda a beleza do cenário que descrevi, que envolvia um belo campo florido e o aroma de um maravilhoso doce português, será assolada por uma ave que não tem o menor escrúpulo com a vida alheia: o assustador e sem coração cuco-canoro (*Cuculus canorus*).

Antes de detalharmos por que o cuco pode ser entendido como o vilão desta história, vou apresentá-lo. Para quem não conhece, o cuco é uma ave de coloração acinzentada com linhas pretas. O animal pode chegar a 35 cm de comprimento e ter uma envergadura de 60 cm. Pessoas leigas podem confundi-lo com um gavião por causa das pequenas semelhanças físicas entre os dois. Apesar de raro, algumas fêmeas podem apresentar uma plumagem diferenciada, em um tom mais puxado para o marrom avermelhado. O nome dado a essa ave deve-se à vocalização, que é algo bem próximo de um "cu-cu". Os cucos costumam se alimentar de pequenos invertebrados, como insetos, mas também podem consumir alguns frutos, sementes e, quando disponíveis, pequenos vertebrados, como répteis e anfíbios.

Embora sejam os invertebrados que mais sofram com o grande impacto causado pela necessidade metabólica (a famosa fome) dos cucos, são os vertebrados que rezam muito para que essas aves não apareçam.

Para ser mais exato, as mamães aves de determinadas espécies. Além da definição padrão que vimos sobre os cucos, poderíamos anexar um apêndice de fatos assustadores, sendo que o principal deles é justamente a relação dos cucos com os filhotes de outras aves. De forma resumida, os cucos são classificados como aves parasitas. E não é qualquer tipo de parasita: são parasitas de ninho. O que significa dizer que as mamães cucos, em vez de construírem o próprio ninho e ficarem horas chocando os filhotes, procuram um ninho já pronto, com os ovos de outra mãe e os trocam pelos seus.[6] E, se você não conhecia esse lado dos cucos e ficou espantado com tamanha audácia dessa mãe, posso dar certeza de que as coisas ainda conseguem piorar. O primeiro passo é encontrar um ninho compatível com suas exigências, como de tamanho dos ovos. Depois, a mamãe cuco espera até que os pais e protetores do ninho-alvo saiam para, por exemplo, conseguir comida. Com o caminho livre, a fêmea voa até o ninho sem proteção e retira os ovos que ali estavam. Para completar, instantaneamente, ela coloca o próprio ovo no lugar. Sim, é cruel, concordo. Mas não para por aí.

É importante dizer que a mamãe cuco pode tirar todos os ovos, um ovo apenas ou nenhum ovo do ninho hospedeiro, varia demais. Além disso, uma informação adicional é que, nessa ação da mãe parasita, o "instan-

---

6 Nem todas as espécies de cuco são parasitas obrigatórios; algumas constroem ninhos e chocam a própria prole. Outras, incluindo algumas da Europa, perderam essa capacidade de construção e acionam, obrigatoriamente, os ninhos de outras aves.

taneamente" se refere ao processo todo. Já que invadir o ninho, retirar ou não os ovos e substituí-los pelos seus, na maioria das vezes, não leva mais do que dez segundos. No fim, temos um embrião de cuco disfarçado entre os de outra espécie de ave.

Foi exatamente esse curto período de tempo que a mamãe cuco precisou para invadir o ninho da árvore em Viseu e colocar seu ovo no ninho do rouxinol. A mamãe rouxinol teve de sair e abandonar a casa e os filhotes indefesos. E não a julgue, pois ela não tem culpa. Alguém precisa ter energia para manter o ninho em perfeitas condições, proteger os ovos contra predadores e produzir calor suficiente para produzir um efeito de incubadora natural. Agora diga para mim: como essa fêmea consegue disposição para realizar tudo isso com excelência? Sim, se alimentando. E, para isso acontecer, ela precisa deixar seu posto de guarda.

A primeira parte do fundo do poço de toda essa prática vocês já conheceram, a segunda delas é exposta quando as pessoas descobrem que os cucos podem parasitar ninhos que já foram previamente parasitados por outros cucos. As aves parasitas se esforçam para reconhecer se ali, naquele ninho, tem um filhote de um parente de espécie para expulsar. Lembre-se, as mamães cucos não querem outros impostores, além dos próprios, naquela incubadora. Obviamente, a evolução não tinha como deixar barato essa bagunça e fez questão de "promover" uma disputa entre as aves parasitas para que novas estratégias fossem criadas. E deu certo. Em um estudo financiado por órgãos chineses de ciências naturais e publicado em 2021, foram detalhadas, pelo menos, duas estratégias de burlar o parasitismo do ponto de vista de um novo parasita. Um deles foi o mimetismo, ou seja, imitação dos ovos. Consiste em produzir ovos o mais parecidos possível com os do hospedeiro, para dificultar a ação de um novo invasor. Usando termos mais simples: a evolução permitiu que a mãe parasita coloque ovos que se misturem com os dos hospedeiros e deixem outra mãe parasita sem saber distinguir a origem dos ovos. Outra tática, que visa evitar se tornar uma ladra roubada por uma segunda ladra, postula a ideia de que colocar ovos mais escondidos no ninho hospedeiro dificulta a escolha e a retirada futura daqueles ovos por novos parasitas. Assim como acontece com aquelas máquinas de bichinho de pelúcia que encontramos em shoppings.

Mas, deixando de lado essa linha de debate que envolve a competição intraespecífica entre parasitas x e y, precisamos seguir os acontecimentos sob o viés do hospedeiro. Se não bastasse todo o impacto que é gastar tempo e recursos chocando um ovo que não é seu, a situação se agrava ainda mais quando o filhote parasita nasce. Isso porque a segunda parte do pesadelo do rouxinol recai agora mais sobre os filhos biológicos que sobreviveram à primeira batalha. Os filhotes de cuco, assim que nascem, carregam consigo um lema, que podemos resumir da seguinte maneira: "para crescer mais forte, não devo ter irmãos".

Assim como acontece com os filhotes de atobá-de--pés-azuis (*Sula nebouxii*), águia-negra-africana (*Aquila verreauxi*), águia-pesqueira (*Pandion haliaetus*) e garça--branca (*Casmerodius albus*), os bebês cucos praticam algo chamado de siblicídio. O conceito vem do termo inglês *sibling*, que significa irmão, mais o sufixo -cídio, indicando "ação de quem mata ou o seu resultado", justamente como homicídio, feminicídio e infanticídio. Ou seja, em um português claro, estamos falando sobre o ato de matar os próprios irmãos.

Essa disputa entre irmãos, que podem ser biológicos ou postiços, remete-nos a uma reflexão interessante sobre as estratégias de criação de filhos que comentei anteriormente. Porque, apesar de todas as espécies citadas até aqui, em tese, realizarem a estratégia K, elas demonstram que, mesmo dentro de uma dessas estratégias, temos particularidades. Então, mesmo com uma prole pequena, mas com um elevado cuidado parental, é possível visualizar uma forma ainda mais drástica de estratégia K.

No caso, por exemplo, das águias-negras-africanas, a mamãe costuma colocar dois ovos. Porém, por conta de um intervalo de três dias entre o nascimento do primeiro filhote e do segundo, o mais velho fica consideravelmente maior e mais forte que o caçula. Sabe o que pode acontecer quando temos uma diferença temporal e anatômica grande entre irmãos? Podemos, por exemplo, ter uma série incessante de bicadas, como no caso das águias-negras e suas irmãs, ou algo parecido com o que o cuco faz, que coloca um irmão que ainda não voa para praticar essa habilidade antes do momento certo. O que, meu amigo, não é uma cena muito fácil de assistir não! Os filhotes protagonistas deste capítulo e invasores do ninho do rouxinol, em Portugal, simplesmente lançam os irmãos postiços "ribanceira abaixo". Você se lembra de Scar e Mufasa? Então, é bem desse jeito.

Assim como acontece em outros casos de morte entre irmãos biológicos, a maioria dos ovos parasitas em ninhos alheios leva tempo diferente para chocar. E adivinha qual é o ovo que vai nascer primeiro no ninho hospedeiro e ficar maior e mais forte? Sim, se você pensou no parasita, ou mais precisamente no cuco, acertou em cheio. Os filhotes da espécie invasora saem dos ovos e expulsam o que quer que esteja ocupando um lugar semelhante ao seu. Se forem os ovos do rouxinol, adeus ovos. Se forem pequenos e frágeis filhotes de rouxinol que conseguiram sair dos ovos antes, até logo filhotes. Os cucos levam a sério a tarefa de expulsar os irmãos postiços do próprio ninho. Eles empurram seus competidores contra a parede do ninho e, com as pernas, levantam-nos até a borda da estrutura. Depois disso, é o fim da competição. Os ovos obviamente se quebram ao se chocar com o solo e os filhotes, se não seguirem o mesmo caminho, serão comidos pelo que estiver passando lá embaixo.

Sabendo dos detalhes de como os cucos e outras aves se tornam ativamente filhos únicos em alguns dos comportamentos mais insanos da natureza, uma pergunta básica: quais são as vantagens dessa estratégia insana do ponto de vista biológico? Esse comportamento é alvo de diversos debates pelos cientistas que procuram possíveis razões para ele. Que fique claro que existe uma grande diferença entre aves que matam os irmãos hospedeiros e as que matam os irmãos verdadeiros. Porém, a razão para ambas acontecerem é a mesma. Uma das hipóteses mais utilizadas para explicar esses comportamentos passa por um tipo de "economia de recursos". Sabendo que a natureza dá oportunidades extras a filhotes que recebem um tratamento VIP de seus genitores, ela possibilitou que esse "siblicídio" se tornasse algo comum em muitas espécies, fazendo de um dos filhos "a grande aposta" para carregar a genética da família adiante. Muito diferente do que acontece com os cucos, que se autointitulam o futuro de uma família que nem é da mesma espécie ou genética que a dele.

Uma outra hipótese que normalmente é levantada sobre essa estratégia de parasitar ninhos alheios pode ter a ver com a nutrição da própria mãe cuco. Até porque existe uma linha argumentativa que defende que a mãe parasita ainda aproveita os ovos originais do ninho para repor o cálcio perdido com sua própria ovoposição. Quem já teve hamster vai ter um miniestalo mental nessa parte, afinal, as mamães hamsters costumam adicionar alguns de seus bebês na própria dieta. Motivo para isso? Existem várias respostas para esse hábito, que não é raro. Entre elas, destacam-se estresse, incapacidade de cuidar de todos os bebês e, pasmem, falta de comida. Sim, acredita-se que a mamãe hamster usa um dos filhotes para alimentar os irmãos.

"Ahhh, Yago, mas voltando para os cucos, me diz uma coisa aqui: com os ovos parecidos, eu até entendo, os filhotes recém-nascidos, também aceito, agora, como os pais hospedeiros não percebem que os filhotes de cuco, já grandes, não são seus verdadeiros filhos?" Esse é o tipo de pergunta que me faço e fico chateado por saber que a ciência não tenha resposta definitiva para acalmar nossos corações. Por isso, sobre esse assunto específico, se a cena a seguir causa em você uma gigantesca estranheza, fique tranquilo que estamos juntos nessa.

Filhote de cuco (esquerda) sendo alimentado por família hospedeira
WANG LIQIANG/ SHUTTERSTOCK

Agora, se por parte dos parasitas existiu o surgimento de estratégias para aumentar o sucesso de seus ovos invasores, a natureza também não mediu esforços e possibilitou um "olhar" um pouco mais aguçado nas espécies rotineiramente parasitadas. Essa tática de defesa foi amplamente estudada em um trabalho publicado em 2011, na *Proceedings of The Royal Society B,* no qual os pesquisadores demonstraram dois vieses de segurança que são seguidos para aumentar o crivo de três espécies parasitadas pelo tecelão-parasita (*Anomalospiza imberbis*). Em suma, o cerne do aumento da defesa contra a espécie parasita consiste em aumentar o nível de variação (polimorfismo) de seus próprios ovos, além de um olhar mais refinado para diferenciar ovos impostores dos originais. O que em palavras ainda mais claras e unindo os conceitos pode ser resumido pelo aumento na diversidade dos ovos das espécies hospedeiras para dificultar o tecelão de inserir um ovo parecido e aumentar a discriminação visual dos dois tipos de ovos seguindo pistas como as cores e os padrões existentes nas cascas dos ovos.

Agora, se você não está familiarizado com o confronto entre estratégias evolutivas, saiba que esse fenômeno na Biologia é chamado de coevolução. Como o nome já diz, são processos evolutivos que acontecem de forma correlacionada. Falamos em coevolução, de fato, quando dois processos evolutivos específicos são impulsionados por uma mínima resposta de um ao outro, como o exemplo do tecelão e suas espécies hospedeiras. A evolução selecionou positivamente os parasitas que tinham ovos mais parecidos com os de seus hospedeiros e, como resposta, os hospedeiros foram selecionados para a capacidade de produzir ovos diferentes dos que os tecelões produzem. É realmente uma batalha pela vida bem guiada pela evolução.

Porém, voltando à árvore em Viseu, podemos notar que as mamães cucos são bem espertas e audaciosas. E os filhos são tão ousados quanto as mães, e essa prática de parasitar ninhos é bem insana. Aonde quero chegar com essa longa e intrincada história de parasitismo de ninho em Portugal? Que existem casos conhecidos desse comportamento em nossa sociedade. Apesar de a maior parte das explicações para essas trocas humanas envolverem erros técnicos, não configurando em si uma troca proposital, existem casos na *Natureza Humana* que detalham situações que seguem especificamente esse viés. Porém, para não ser desrespeitoso com as histórias reais de famílias envolvidas em casos de trocas de bebês, não aprofundarei as comparações.

Fato é, independentemente de como ocorreu, da organização, do propósito, da intenção dos participantes, do início, da duração, da estrutura, da quantidade de indivíduos que a protagonizaram, as técnicas que facilitam ou dificultam, das formas de burlar a vontade dos envolvidos, adotar um outro ser não é, nem de perto, algo exclusivamente humano. Esse ato de conviver com um indivíduo que não faz parte da sua árvore genealógica, e ainda disponibilizar recursos para sua vida continuar do melhor modo possível, já existe muito além da nossa espécie. Agora, o que devemos concordar, é que a adoção é, de fato, mais um argumento para nos encaminhar para uma humanidade, muito mais natural. Ou, em outras palavras, uma *Natureza* mais *Humana,* justamente por compartilhar pontos em comum. Portanto, por favor, retire a ideia de que o hábito de adotar é algo que define nossa espécie, pois você acabou de aprender, peixinho, que não é.

Assim chegamos ao fim da primeira grande parte da nossa jornada, porém, concomitantemente a isso, damos as boas-vindas a uma nova grande análise. Entraremos em uma caminhada cada vez mais minimalista, mais detalhada e, portanto, em menor escala biológica e ecológica da vida. Se você ficou admirado pelo incrível lado social da natureza e as façanhas inacreditáveis que a interação dos organismos pode proporcionar, note que não estamos sozinhos enquanto organismos que funcionam de maneira conjunta. E não se disperse, pois há muito mais para ser visto.

Para a segunda parte deste livro, e acumulando uma pilha cada vez maior de argumentos que defendem uma natureza bem parecida com o que chamamos de humanidade, quem sabe mergulhar em uma das características de que os humanos mais se gabam em comparação aos outros seres do nosso planeta... E já adianto que, para muitas pessoas, aceitar que a próxima habilidade é tão natural para outros seres quanto para os humanos será um grande choque. Portanto, esteja a postos e preparado para reconhecer na natureza sua forma mais clara e transparente de inteligência.

5 Bem-vindos à segunda parte da nossa jornada. A partir desta linha, iniciaremos uma série de análises que tem como objetivo central demonstrar os diversos tipos de comportamentos inteligentes na natureza. Antes mesmo da nossa primeira grande viagem para relatar um caso bastante interessante da natureza, é meu dever pontuar algumas observações importantes sobre o que é ser inteligente. E vale ressaltar que isso será feito do ponto de vista do pelicano que o está guiando nesta incrível viagem pelo mundo do conhecimento.

Se pudéssemos promover uma pesquisa em alguma praça do Rio de Janeiro, ou de qualquer outra cidade do Brasil, escutaríamos um universo de respostas diferentes sobre o que é inteligência. E, de fato, é essa variedade de respostas que torna minha tarefa muito delicada.

Quando nos referimos aos humanos, costumamos utilizar o adjetivo "inteligente" quando a pessoa é capaz de atingir determinados resultados. Isso significa dizer que é bem comum medirmos a inteligência de um indivíduo de acordo com comparações numéricas. Por exemplo: "Meu filho atingiu dez de média em Língua Portuguesa, é um menino excepcional e muito inteligente". Ou talvez: "Minha namorada é demais, conseguiu passar em uma das faculdades mais difíceis do estado sem estudar tanto quanto os outros candidatos. Sem sombra de dúvida, ela é um crânio". São comentários assim que direta ou indiretamente vinculam nosso grau de inteligência a meros números – seja a média da sala ou a nota de corte de uma universidade.

Agora, alcançar uma nota em uma prova ou em um concurso realmente define se você é inteligente ou não? Um exemplo que marcou minha infância, e também me ajudou a encontrar o caminho que seguiria na faculdade e me traria até aqui, aconteceu quando eu tinha aproximadamente 14 ou 15 anos. Na época, eu me identificava bastante com as aulas e os conteúdos de dois professores de Matemática. Lembro-me de sentar nas primeiras fileiras da classe, participar das aulas, ter um caderno completo e, o mais raro, gostar de aprender o que era ensinado. Certa vez, duas das minhas melhores amigas da escola me procuraram para que eu pudesse estudar com elas para uma prova que estava por vir. Aceitei o convite de cara e me coloquei à disposição para ajudá-las com o que precisassem. Na semana seguinte, marcamos de estudar juntos e lembro-me bem desse momento, pois estávamos estudando Geometria no laboratório de Ciências do meu colégio, rodeados por animais mortos em potinhos e aquele cheiro forte de formol que penetrava no nosso nariz.

Ficamos horas estudando. No dia seguinte, na prova, tudo correu bem. Não sei exatamente como me senti depois da prova, mas tenho certeza de que não era algo muito negativo. Na semana seguinte, quando as notas foram entregues, a surpresa caiu no meu colo. O menino que ensinou e ajudou suas duas colegas a estudar para a prova tirou a nota mais baixa entre os três. Onde eu enfiaria minha cara? O que fazer em uma situação dessas?

Foi nesse dia que confirmei algo que já suspeitava havia muito tempo: eu não era bom em fazer provas. Eu estudava e me dedicava, mas as notas nunca eram compatíveis com meu esforço. E não pense que Biologia fugia dessa regra, não. Na época do colégio, tanto no ensino fundamental quanto no médio, eu não tinha as melhores notas nem na disciplina que eu viria a escolher como carreira. Então, mesmo nas provas de Biologia, o cenário não era muito favorável. Em compensação, quando a avaliação era um trabalho, eu sempre me destacava. Fazia as melhores cartolinas, tinha ideias mirabolantes de apresentação, adorava fazer uma maquete e as notas sempre ficavam lá em cima. Mas como sabemos que nosso sistema de ensino é fã de uma prova, o ciclo de notas baixas sempre voltava.

Qual é a moral dessa história? Eu era menos inteligente do que minhas amigas? Mas como isso seria possível se fui eu quem ensinei a elas todos os conceitos e dei dicas de como resolver as questões? Será que sou melhor ensinando do que fazendo uma prova? Foi com essa enxurrada de dúvidas que me dei conta de que não existia apenas uma definição sobre o que é ser uma pessoa inteligente. Entender que existem diversas formas de evidenciar ou demonstrar traços de inteligência foi muito importante para que eu me tornasse mais autoconfiante e pudesse enxergar em mim virtudes que antes não enxergava.

Além do meu objetivo central neste livro, demonstrar que existem diversos tipos de inteligência tornou-se um dos meus desejos secundários. Até porque, particularmente, eu gostaria que alguém com experiência no assunto tivesse me mostrado, quando precisei, que um número até pode evidenciar um sinal de dominância de um tema, porém, ele não era o único dado que definia se eu era bom ou não. Então, se alguma vez durante sua vida alguém o colocou, ou até mesmo você se colocou, em xeque sobre se você é inteligente ou não, as próximas páginas lhe darão alguns exemplos para refletir.

Para começarmos esse primeiro capítulo sobre inteligência, que tal eu trazer um dos casos mais incríveis vistos na natureza? Vamos falar sobre uma interação rústica e clássica, mas ao mesmo tempo atual entre dois indivíduos. Uma interação que beira o inacreditável por ser difícil de ser observada pelos humanos. Para conhecer essa história, vamos precisar viajar para um dos países mais desenvolvidos que existem, o Canadá, que faz fronteira com os poderosos Estados Unidos e traz consigo uma avalanche de pontos positivos quanto à qualidade de vida.

Como vocês já estão acostumados com nossa rotina, para tudo ficar mais claro, precisamos e devemos alçar voo. Deixaremos Portugal e voltaremos para a América do Norte. Vale ressaltar que o país, além de ser destaque na economia e na saúde pública, é referência mundial na educação, por excelência e qualidade. Reflexo ou consequência disso é o Canadá sempre circular entre os dez melhores países ranqueados no PISA (Programa Internacional de Avaliação de Estudantes). E, apesar de não ser fã de os números definirem a noção de inteligência, não é à toa que o país se tornou um dos mais procurados por estudantes do mundo todo.

Baseado nisso, e para chegar cada vez mais perto dos protagonistas deste capítulo, precisamos ir ainda mais fundo na potência intelectual e mirar em uma de suas dez províncias. Entenda províncias como estados, OK? Nesse caso, vamos focar, talvez, a mais famosa: Ontário. Além de ser conhecida por abrigar as cidades mais relevantes, ricas e a atual capital do Canadá, Ontário hospeda, sem dúvida alguma, algo ainda mais importante do que qualquer economia e civilização poderiam pedir, e esse tesouro se chama conhecimento. Um conhecimento que transcende barreiras físicas, temporais e até limitações entre diferentes reinos. Entretanto, não são reinos construídos por humanos, como os medievais, monárquicos ou até mesmo feudais. Se já debatemos interações até aqui na nossa jornada entre indivíduos da mesma espécie ou entre espécies diferentes, dessa vez vamos ampliar nosso horizonte. O conhecimento biológico tão rico e natural que faz o simples parecer algo grandioso será analisado entre indivíduos de diferentes reinos. A maravilha da natureza que é gerada a partir da relação central das próximas páginas não tem um traço de mão humana e também não depende de qualquer ação animal para ser expressa. De certa maneira, mesmo com a ausência dessas influências, podemos classificar o conhecimento que veremos agora como uma verdadeira "joia da vida". Porém, seguindo a lógica anteriormente debatida, esse "conhecimento", ou forma de inteligência, é algo figurado demais para que possamos localizá-lo ou até mesmo vê-lo. Entretanto, se não vemos, não significa que não existe.

Talvez você já tenha escutado muitas pessoas classificando os grandes lagos canadenses como as belezas naturais mais incríveis do país. Além da vista de tirar o fôlego, esses corpos hídricos possibilitam a existência de diversas florestas em seu entorno. Dos cinco grandes lagos que existem na fronteira entre Canadá e Estados Unidos, um vai ser nosso destaque: o Lago Ontário, o menor deles. É ao redor desse lago e em alguns outros lugares específicos do mundo que a natureza decidiu trazer à tona uma perspectiva de inteligência que me encantou quando a conheci. Uma linda arte trabalhada e esculpida por dois artistas talentosos. Uma relação única de dois organismos que mal são citados pela grandeza "intelectual", mas que já dão início ao capítulo de uma forma brilhante.

Antes de tudo, preciso alertar que o nome dos dois personagens dessa união pode soar um pouco aleatório. Você pode até achar que cometi um erro. Porém, seguindo meu entendimento, uma boa comunicação é uma das habilidades mais necessárias, favoráveis e úteis que os organismos, que dependem um dos outros, poderiam apresentar. Até porque o acúmulo e a transmissão de conhecimento por gerações humanas, seja de forma oral ou escrita, foram alguns dos pilares mais importantes para o avanço da humanidade até o patamar em que nos encontramos hoje.

Certa vez, lendo o *The Guardian,* me deparei com uma matéria sobre inteligência no mundo animal que citava René Descartes. Ao pesquisar o envolvimento do filósofo do século XVII com a pauta inteligência x mundo animal, me vi diante de uma série de trabalhos que buscavam formas distintas de interpretar as opiniões e textos do francês. De um modo bem geral, até porque trabalhos filosóficos são bem complexos, o pensador se sentia bastante à vontade para correlacionar a falta de inteligência em animais não humanos com o fato de eles apresentarem uma ausência na capacidade de se comunicar. Por exemplo, um trabalho intitulado *Animais, homens e sensações segundo Descartes*, de Ethel Menezes Rocha, da Universidade Federal do Rio de Janeiro, debate como uma forma de interpretar o discurso do filósofo poderia defender que "os animais não pensam, já que são incapazes de usar uma linguagem".

Nesse mesmo trabalho ainda é levantada a hipótese de que "Descartes não só defende a tese bizarra de que os animais não humanos não têm sensações, mas também a tese, ainda mais bizarra, de que os outros homens, que não eu, tampouco sentem". Se essa interpretação é fiel ao que Descartes acreditava, devo afirmar que sou totalmente contra o grande filósofo. Não acreditar que, sob diferentes ópticas, a natureza é provida de muito mais que apenas mecanismos de estímulo-resposta é um pensamento muito raso e limitado. Entendo que o pensamento comum tende a sofrer grandes alterações com o passar das décadas e séculos, mas me surpreende que ainda hoje, em pleno século XXI, homens e mulheres continuam defendendo a existência de seres inferiores e desprovidos de quaisquer habilidades e capacidades que nos aproximam enquanto vida.

Fazendo um gancho sobre a questão do intelecto dos animais não humanos e comportamentos comumente não associados à inteligência, temos situações ainda mais particulares. Isso porque, mesmo sabendo da complexidade corporal de alguns organismos e tendo noção da existência de um sistema nervoso avançado, muitos ignoram as capacidades cognitivas de seres complexos, imagina o que não acontece com seres desprovidos de uma rede nervosa complexa ou, então, até mesmo os seres que não apresentam tais estruturas.

Nesse instante, preciso alertar que, mesmo tratando-se de inteligência, os dois seres vivos que protagonizarão o caso a seguir sequer apresentam um sistema nervoso. Você verá que aquele cérebro grande e complexo que citamos lá no Capítulo 1 obviamente não existe na anatomia desses seres, assim como gânglios, células gliais e muito menos neurônios, todas essas estruturas presentes em sistemas nervosos mais complexos.

Mas será que inteligência necessariamente precisa ser algo consciente? Já debatemos que existem diversas formas de enxergar traços inteligentes nas formas de vida. Porém, elas precisam envolver um raciocínio lógico? Se reações químicas que foram testadas, desenvolvidas e aprovadas pela seleção natural, durante milhões de anos, gerarem uma reação fisiológica com função comunicativa e de alerta para possíveis ameaças, talvez não fosse o caso de classificá-las como inteligência? Como algo brilhante?

Para entendermos o brilhantismo intelectual da natureza sem precisar citar exemplos humanos, podemos recorrer às árvores e aos fungos. Até mais do que ensinamentos, eles irão nos dar uma verdadeira visão de tecnologia distinta do que já conhecemos. Não sei se é novidade para você, mas saiba que existe uma rede de informação que conecta diversos organismos simultaneamente, parecida com a internet, mas numa escala muito menor e que foi inventada há mais de quinhentos milhões de anos por essa dupla. É, pode parecer coisa da minha cabeça, mas não é. Sob as margens do Lago Ontário, onde árvores enormes crescem num clima temperado, um tipo específico de pinheiro se destaca na paisagem. Estamos falando do pinheiro-branco (*Pinus strobus*), que, além de ser a árvore oficial de alguns estados norte-americanos, também é símbolo de Ontário. É comumente procurado no final do ano por milhares de pessoas que querem transformá-lo na famosa árvore de Natal. Além do uso frequente nas datas comemorativas, diz-se que povos antigos o consideravam a árvore da paz. Eles também utilizavam a seiva do pinheiro para impermeabilizar cestas e barcos. Porém, agora estamos mais interessados em entender como um pinheiro desses consegue, numa parceria com uma espécie determinada de fungo, contornar a pouca disponibilidade de nutrientes do solo de uma maneira bizarra.

Os vegetais, em sua maioria, têm poucas exigências para sobreviver. Tendo água, luz, gás carbônico e um pouquinho de nutrientes, eles podem levar uma vida tranquila e bastante longa. É só lembrar do feijão que você plantou no algodão durante a aula de Ciências do colégio e depois alocou-o em um vaso maior para concordar comigo. Porém, nem sempre na natureza as coisas são tão fofinhas quanto o feijão que você viu crescer. Em alguns momentos, as raízes dos vegetais conseguem absorver do solo os nutrientes que lhes são necessários para os processos vitais, porém, em outros, a situação aperta e esses nutrientes podem ficar escassos.

Além disso, apesar de você lembrar que os vegetais realizam a fotossíntese, não é todo mundo que lembra que eles precisam de matéria inorgânica para realizá-la. Se não houver nitrogênio, fósforo, cálcio, enxofre, magnésio e muitas outras moléculas, as plantas podem morrer. Por exemplo, o magnésio é um macronutriente que tem papel fundamental na composição da clorofila, uma das substâncias responsáveis pela realização da fotossíntese. Assim, sabendo dessa importância toda, podemos concluir que: sem nutrientes, não há fotossíntese. Por sua vez, sem fotossíntese, não há vida vegetal. Pensando na baixa disponibilidade de nutrientes, a natureza encontrou maneiras de burlar os meios convencionais de obtenção deles. Um desses jeitos envolve as famosas plantas carnívoras.

Plantas carnívoras apresentam diversas técnicas, desenvolvidas e aperfeiçoadas por milhões de anos pela evolução, para contar com nutrientes além daqueles disponíveis no solo. As estratégias podem variar, até porque existem distintas espécies de plantas carnívoras, porém, de maneira geral, elas conseguem matéria inorgânica "comendo animais". Moscas, borboletas, besouros, abelhas e vários outros insetos podem se transformar em matéria orgânica e inorgânica a partir de enzimas digestivas e serem aproveitados por esses integrantes do reino vegetal. No entanto, essas plantas "não vegetarianas" ainda precisam realizar fotossíntese – algo que, em geral, assusta as pessoas que não sabem dessa informação. Então, apesar de se "alimentarem" de animais, plantas carnívoras utilizam os nutrientes adquiridos a partir da digestão para realizar o processo essencial para a vida da maioria dos vegetais.

Sabendo desse panorama das plantas carnívoras e trazendo de volta a questão da falta de nutrientes no solo: adquirir nutrientes que estão escassos no ambiente a partir de insetos capturados e mortos por folhas modificadas é inteligente por parte dessas plantas? "Não consigo nutriente da maneira convencional, mas a evolução me presenteou com a capacidade de matar e absorver componentes do corpo dos insetos! O que devo fazer?!" É óbvio que não devemos antropomorfizar a situação, mas você precisa concordar comigo que esse fato é uma leitura fantástica da relação "o que precisamos" *versus* "o que temos".

Agora, pense o seguinte: alguma vez na vida, você viu um pinheiro, uma faia, um abeto, uma mangueira, uma amendoeira ou uma sequoia "carnívora"? Explicando a pergunta: você já viu uma árvore de mais de cinco metros de altura com algum tipo de hábito carnívoro? Bom, espero que não! Seria assustador, né? Imagina: "Urso pardo é morto por pinheiro carnívoro". "Elefante africano é esmagado por árvore de marula gigante."

O que quero dizer? Não são todos os vegetais que podem utilizar os nutrientes dos animais de forma ativa para driblar a falta de recursos no solo. Então, já que não há estruturas para aproveitar a matéria orgânica dos animais, como árvores enormes conseguem contornar momentos de escassez de nutrientes? Elas não fazem nada? Se não tiverem os nutrientes, a morte é certa? É com essa indagação que temos a grande virada de chave da nossa história.

Os pinheiros, isoladamente, não têm capacidade de adquirir recursos animais de forma ativa, se não tiverem ajuda de um indivíduo que compõe uma verdadeira dupla dinâmica com suas raízes. Dessa forma, chegou a hora de apresentar o segundo protagonista da história: os incríveis e majestosos fungos.

151

Apesar de, para muitos, os fungos serem bastante relacionados a venenos, efeitos psicodélicos e reações não muito saudáveis no nosso organismo, esses indivíduos podem salvar não somente os pinheiros-brancos de Ontário, mas você também. Eles podem salvar desde seu estrogonofe ou seu bolo de laranja até produzir remédios, como é o caso da penicilina. Isso sem falar dos milhares de espécies que vivem dentro do nosso organismo e são essenciais para seu bom funcionamento. Eu juro, você se surpreenderia com o tamanho da lista de benefícios que os fungos nos proporcionam.

Esses caras que não se encaixavam no reino animal nem no vegetal conquistaram por total mérito o próprio reino biológico: o Fungi. E, apesar do reconhecimento já ter sido uma conquista grandiosa, as habilidades desempenhadas por esses indivíduos já foram, são e podem ser ainda mais úteis para a humanidade. Além do importante papel no desenvolvimento da penicilina, antibiótico que salva milhões de vidas desde os campos de batalha da Segunda Guerra Mundial, os fungos também podem receber créditos bem curiosos, como assassinos de aluguel e até Tim Berners-Lee das florestas[7] – você vai entender o porquê mais adiante. Vale redobrar sua atenção a partir de agora, pois são exatamente essas duas "funções" que expõem o brilhantismo dos vegetais e dos fungos.

---

7 Para quem não o conhece, Tim Berners-Lee foi um cientista, físico e professor britânico que desenvolveu o navegador, a *World Wide Web* (www) e a rede mundial de computadores, ou seja, a internet.

Cogumelos *Laccaria bicolor* em uma floresta da Carélia, na Rússia
CHUBYKIN ARKADY/ SHUTTERSTOCK

Este é o *Laccaria bicolor*, um cogumelo bonito, comestível e bem comum na natureza. Se você não se lembra das aulas sobre fungos na escola, saiba que o que você vê na imagem é apenas a ponta do iceberg. Cogumelos assim, com o formato tradicional de guarda-chuva que todo mundo conhece, são apenas uma pequena amostra de um universo de estruturas abaixo do solo, igual ao que vimos nos cupinzeiros africanos e seus montes. Para ter uma ideia da grandeza, pesquisadores levantam hipóteses de que o maior organismo que já viveu na Terra seja um fungo. Localizado no norte do continente norte-americano, mais precisamente no estado de Michigan, nos Estados Unidos, o fungo *Armillaria*, descoberto em 1992, tinha o comprimento estimado em 150 mil m². Ou seja, para sermos mais coerentes, esses cogumelos são ainda menores que a ponta de um iceberg.

Mas, ainda insistindo no seu conhecimento adquirido na escola, é pedir muito para que você se lembre do que é uma micorriza? Se não lembra, aqui vai: esse nome estranho se refere a uma união mutualística entre fungos de alguns grupos específicos e raízes de certas plantas. A planta tem sua área de absorção de nutrientes no solo aumentada por conta da gigantesca rede de hifas (basicamente as células dos fungos), que compõe o chamado micélio e, em contrapartida, os fungos recebem matéria orgânica diretamente dos vegetais. É uma união fantástica, muito favorável para ambos os organismos e, de certo modo, bastante inteligente. Entendendo como essa dupla age, conseguimos extrapolar quão poderoso pode ser seu trabalho em equipe.

Segundo uma pesquisa produzida na Universidade de Guelph e publicada na revista *Nature*, fungos da espécie *Laccaria bicolor*, quando associados a raízes de pinheiros-brancos, têm o potencial de liberar no solo toxinas capazes de paralisar colêmbolos (*Folsomia candida*), de modo que o fungo venha a digeri-los com calma. Difícil de entender? Vamos colocar de um jeito mais simples: os pinheiros-brancos, assim como qualquer outro ser vivo, precisam de diversos nutrientes para sobreviver, entre eles, o nitrogênio. Quando esses vegetais não conseguem, no solo, essa molécula fundamental para a produção de proteínas e ácidos nucleicos, eles precisam da ajuda dos fungos, que agem como assassinos de aluguel, para salvar sua vida. Foi descoberto nesse trabalho de 2001, de maneira acidental inicialmente, que os colêmbolos que se alimentam de certas redes fúngicas não saíam, vamos dizer, saudáveis de um encontro com o *L. bicolor*. E não sair saudáveis significa dizer que apenas 5% dos colêmbolos que tinham contato com a espécie sobreviviam.

Onde os pinheiros-brancos entram nessa história toda? Os dois pesquisadores responsáveis pelo trabalho, que por "coincidência" aconteceu no Canadá, em Ontário, descobriram durante um teste que cerca de 25% do nitrogênio presente nos tecidos dos pinheiros era oriundo do corpo dos colêmbolos digeridos pelos fungos. Caso tenha surgido a dúvida de como isso é medido, os pesquisadores utilizaram colêmbolos com um tipo de nitrogênio diferente, que serve como um marcador químico, permitindo, dessa forma, distinguir se essas moléculas presentes no corpo do vegetal são originárias dos colêmbolos ou não.

A parte mais importante desse estudo, por incrível que pareça, ainda não foi apresentada a vocês. Descobrir que fungos podem paralisar, matar animais e enviar os nutrientes para os vegetais é realmente interessante, mas o que vem depois é de tirar o fôlego. Alguns peixinhos, que estão comigo nesta jornada, podem ter questionado o porquê de os fungos fazerem essa "doação". Eles não precisam de nitrogênio? Essa transferência não é meio injusta para eles? Bom, é nesse exato instante que vocês descobrem o motivo pelo qual decidi enquadrar essa união como um caso de inteligência.

Os pesquisadores do estudo acreditam que os fungos não saem de "mãos vazias" após todo esse trabalho. A conclusão levanta a possibilidade de que esse redirecionamento do fluxo de nitrogênio, realizado pelos corpos fúngicos subterrâneos interligados com as raízes do pinheiro, tenha como objetivo a promoção de uma troca de nutrientes. Enquanto uma parte do nitrogênio é direcionada para o vegetal, o pinheiro manda carbono para os fungos. Carbono esse utilizado para diversos fins no corpo de toda a vida na Terra, incluindo os fungos, como a produção de compostos celulares e até mesmo a expansão do seu corpo. Lembre-se de que a vida na Terra é pautada pelo carbono, certo?

Se toda essa história e relação que acabei de apresentar não for prova de um comportamento inteligente não animal na natureza, para ser sincero, não sei que outra coisa poderia ser. Embora não tenhamos utilizado uma linha padrão de comportamentos brilhantes no âmbito cognitivo, esse exemplo é fantástico em tantas escalas diferentes que fica até difícil explicar todas. Vale lembrar, também, que esse caso é referente à tal "função" de assassino de aluguel. Ou seja, esse ponto é apenas a primeira parte do que iremos aprender sobre a união de árvores e fungos.

Antes de seguirmos para o segundo exemplo dessa cooperação fantástica, vamos à explicação que ficou pendente. Se depois de toda essa notícia fantástica, você ainda não faz ideia do que é um colêmbolo, nem procurou na internet, apenas assuma que eles são "insetos"[8] presentes em quase todas as florestas do mundo. Esses animais são tão pequenos que, às vezes, conseguem ser menores até do que algumas espécies de formigas. Apesar do tamanho diminuto, eles exercem influências significativas na ecologia microbiológica e fértil do solo – atuando tanto na decomposição de matéria orgânica quanto na reciclagem de nutrientes –, e por isso são habitantes importantes do solo de diversos biomas espalhados pelo globo.

---

8 Na verdade, eles estão incluídos nos hexápodes, mas vamos ficar com insetos para não começar uma aula de entomologia por aqui.

Pronto, dúvida pendente sanada, o primeiro ponto já foi.

Agora, além de assassino de insetos e Robin Hood de nitrogênio, os fungos e os pinheiros ainda dão uma demonstração de trabalho em equipe que até o sindicato dos trabalhadores mais coeso já criado pelo homem sentiria inveja. Aqui, o que se destaca é a comunicação, aquela que já foi considerada sinal de inteligência, lembra? Então, é exatamente ela, que nos dias de hoje é a chave para tudo, que vai nos guiar pelas próximas páginas.

Desde a forma como você dialoga para resolver seus problemas mais graves até um simples cumprimento na rua são mostras de como uma boa comunicação é importante. Mas usar as palavras certas, na sequência correta e no tempo exato é um poder que poucos dominam. Meu trabalho, por exemplo, consiste em me comunicar com meus seguidores do melhor modo que consigo. Meu objetivo diário é transformar informações totalmente úteis que foram escritas em linguagem técnica em informação de fácil entendimento e com linguajar informal. Acho que isso tem muito a ver com "ser professor", né?

Para que possamos continuar nosso capítulo e embarcar em mais uma viagem impressionante pelo conhecimento, precisamos escutar mais um grupo de cientistas incríveis. Vou guiá-los em mais uma descoberta da natureza, só que, dessa vez, de um jeito reverso. Em vez de contar um caso e depois trazer a explicação, vou alterar a ordem. Para isso, primeiro gostaria que tirassem um tempo da sua leitura para admirar a imagem a seguir. Utilize a imaginação para analisar o que ela busca evidenciar. Observem com bastante cuidado e atenção a bagunça a seguir.

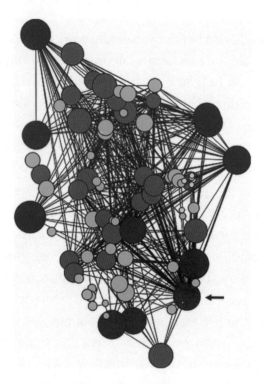

Modelo de redes mostrando a ligação entre abetos-de-douglas
através de uma rede fúngica
BEILER, K. J. *ET AL*. ARCHITECTURE OF THE WOOD-WIDE WEB: RHIZOPOGON
SPP. GENETS LINK MULTIPLE DOUGLAS-FIR COHORTS

Essa imagem, que parece uma série de rabiscos, nada mais é do que uma amostra do que a união entre fungos e vegetais tem potencial para realizar. No caso que veremos agora, ainda falaremos de vegetais e fungos, porém alteraremos as espécies do caso anterior. O protagonista do lado dos vegetais será o abeto-de-douglas (*Pseudotsuga menziesii*), enquanto do lado dos fungos serão duas espécies de fungos subterrâneos: o *Rhizopogon vesiculosus* e o *Rhizopogon vinicolor*.

Cada um dos círculos na imagem é a representação de uma única árvore, um abeto-de-douglas. Se o círculo dela é maior, significa que o diâmetro do tronco da árvore também é maior. Agora, observando as cores, note: existem basicamente quatro tons diferentes, sendo que cada um deles indica a idade dos vegetais. Os mais escuros indicam árvores mais antigas e os mais claros, árvores mais jovens.

Vamos focar nas linhas. Cada um dos traços demonstra uma ligação entre dois abetos-de-douglas distintos mediada por uma rede fúngica. Haja ligações entre esses organismos, hein? São tantas conexões, tantas linhas, que parece até que meu sobrinho pegou um lápis e, sem regra ou recomendação alguma, saiu rabiscando o desenho todo. Vale ressaltar, também, que quanto maior for a extensão da linha, maior será a distância entre as árvores conectadas, e, quanto maior a grossura dela, mais ligações os vegetais em questão realizam.

Um ponto extremamente importante é que alguns de vocês podem ter notado a presença de uma seta no cantinho inferior direito do esquema. A seta evidencia a árvore líder com mais conexões com outros indivíduos. Esse único organismo fez cerca de 47 conexões apenas no espaço analisado.

Agora, entendendo essa representação, vocês conseguem perceber quão complexas são as florestas? Lembrem-se de que esse esquema detalha apenas duas espécies de fungos e uma região restrita. Imagine se recriássemos esse esquema colocando todos os integrantes do reino Fungi que existem no solo de uma floresta. Seria assustador, né? Isso é tão inacreditável que não consigo nem mensurar para meus peixinhos.

E por isso, por saber que a situação é muito mais complexa do que parece, não dá para pensar que essas bolinhas e linhas vão dar conta da realidade. Precisamos urgentemente extrapolar as coisas. E saiba que é assim que a ciência é feita: colhendo evidências e extrapolando os resultados. Segundo um estudo brilhante de Suzanne Simard e Kevin J. Beiler, a realidade das relações e interações entre fungos e árvores nas florestas é tão complexa que pode ser comparada à internet. Enquanto para nós o "www" significa *World Wide Web* (rede de conexão mundial), nas florestas, segundo os dois pesquisadores, ela poderia ser chamada de *Wood Wide Web* (rede de conexão de madeira). Acredito que nunca um trocadilho se encaixou tão bem numa aplicação científica!

Essa comunicação entre as árvores, utilizando as teias fúngicas, é algo simplesmente de outro mundo. Tanto é que até os habitantes da fictícia Pandora, os Na'vi, parecem conhecer a ligação. Se você assistiu a *Avatar*, do brilhante James Cameron, sabe bem a que estou me referindo: a conexão existente nas florestas de Pandora, onde todos os organismos estão interligados.

"Mas, Yago, agora estou confuso. Você já tinha misturado inteligência, o criador da internet, fungos que basicamente matam insetos para 'alimentar' as árvores parceiras e agora quer enfiar na nossa goela que Pandora e seus homenzinhos azuis podem ter tido origem na conexão dos vegetais e dos fungos? Que viagem é essa?" É como dizem por aí: "a arte imita a vida".

O que eu não fiz até agora foi falar como esse contato funciona na prática. Resumindo: os recursos se movem das árvores centrais, mais estabelecidas, para a rede de fungos e, por tabela, acabam nutrindo árvores às vezes mais jovens, menos estabelecidas. Por exemplo, quando uma muda de uma árvore jovem se conecta com uma rede fúngica rica em nutrientes, ela tem acesso direto a uma grande abundância de recursos disponíveis, facilitando seu estabelecimento. Sem falar que, provavelmente, sem essa ajudinha dos vegetais mais velhos, as mudas não cresceriam. Até porque, lutar pelo acesso a um filetezinho de luz que seja para realizar a fotossíntese e adquirir os próprios nutrientes não é algo fácil para os vegetais jovens.

Entretanto, devemos nos lembrar que nada nessa vida é de graça. Ajudando a realizar essa troca entre vizinhos, em vez de apenas acumular os recursos dos vegetais, os fungos recebem uma grande quantidade de carbono como pagamento pelos seus serviços. Para termos uma ideia da dimensão desse pagamento, um trabalho, publicado em 1999, evidenciou que fungos que realizam esse meio de campo podem ter de 87% a 100% do carbono presente em seus corpos proveniente dessas transferências vegetais.

Além disso, agora falando sobre o direcionamento dos recursos, em geral, as maiores árvores sustentam a maior rede de fungos micorrízicos e, consequentemente, auxiliam o crescimento de outros vegetais menores ao redor. Porém, caso essa árvore seja cortada ou morra por causas naturais, os padrões de doações subterrâneas podem sofrer algum tipo de inversão. Seguindo essa lógica, quando, por exemplo, a árvore central de um fragmento florestal encerra seu investimento nas redes fúngicas, outro vegetal menor pode assumir o papel de principal doador, justamente por não ter nenhum outro indivíduo do tamanho da anterior, ou que faça tantas conexões com os fungos quanto ela.

Agora, me responda: da forma como nossa jornada está se encaminhando, você está conseguindo perceber quão incríveis são essas trocas? Porém, pode ser que tenham passado alguns questionamentos por sua mente enquanto lia os últimos parágrafos: *"Mas esse caso deve ser único na natureza! Você consegue imaginar um leão dividindo uma zebra com outro leão porque ele já comeu muito?"*. Ou talvez: *"um leão realizando uma doação de recursos para um competidor de outra espécie, como uma hiena?!"*. A concepção dessa interação entre árvores, fungos e, às vezes, vegetais de espécies diferentes é insana em muitos aspectos. Analisando os hábitos mais comuns assistidos na natureza e até na nossa sociedade e cultura, me parece algo impossível de acontecer. Não tem um bilionário que esteja pensando em dividir seus recursos sem nenhum propósito por trás disso. Embora já tenhamos visto algumas das razões para essa ligação entre vegetais e fungos acontecer, há outras para citar.

Para você ter noção, já é sabido, por exemplo, que diferentes vegetais atacados por herbívoros podem liberar sinais químicos no ar para alertar outros vegetais sobre a possível ameaça de um próximo ataque. Recebendo esse sinal de alarme ou captando essas substâncias químicas, o vegetal que recebe o aviso pode promover mudanças fisiológicas e, como consequência, aumentar suas defesas contra um ataque iminente. Apesar de esse mecanismo de defesa ser regulado por substâncias liberadas no ar e pela troca entre vegetais, os fungos também podem interferir na defesa dos organismos contra predadores. Em um caso muito interessante, mas que exige uma pesquisa mais robusta, é levantada a possibilidade de os fungos aumentarem a concentração de silício na raiz das plantas, para que elas não sejam atacadas por insetos. Se confirmado esse comportamento, e com os mecanismos de funcionamento entendidos, estaríamos falando de mais um exemplo inacreditável do que os integrantes dos reinos Fungi e Vegetal são capazes de desempenhar.

Vale ressaltar que a grandessíssima maioria das plantas da natureza apresenta, de alguma forma, micorrizas em suas raízes. Dessa maneira, qualquer comportamento vegetal que vise, de alguma forma, aumentar sua defesa contra ataques de herbívoros é incompleto, se o papel dos fungos não for entendido. E esse estudo sobre o silício não é o único trabalho que tem como objetivo comprovar a existência de auxílio de fungos na luta contra herbívoros. Temos uma gama bem grande de registros seguindo a mesma lógica.

Entrando na reta final da nossa primeira argumentação de uma *Natureza Humana* envolvendo traços de inteligência, ou melhor dizendo, de comportamentos brilhantes, vamos deixar os ataques de herbívoros um pouquinho de lado e focar em nosso último grande exemplo. Dessa vez, para fechar com chave de ouro, em vez de uma única espécie de vegetal, teremos duas. Utilizaremos o abeto-de--douglas (*Pseudotsuga menziesii*), o pinheiro-amarelo-do--oeste (*Pinus ponderosa*) e alguns fungos micorrízicos.

Embora, meu caro peixinho, eu tenha reservado um momento no final da nossa jornada para o próximo tema que vou expor, preciso, neste instante, levantar um pequeno debate. Mudanças climáticas existem, são reais e a ciência tem cada vez menos trabalho para provar para o público a realidade por trás do cenário devastador que atingimos. No mês em que escrevo este parágrafo, o mundo está se "recuperando" de um dos El Niños mais intensos da história. Fenômeno que causou impactos severos aqui no Brasil. Mas vocês devem saber que as mudanças climáticas não têm apenas impactos locais. A escala dos danos é mundial, assim como a gravidade dos incidentes, e não somos só nós que sentimos a gravidade do problema, os animais não humanos e os vegetais também sentem.

Se alguma vez na vida você já tentou cuidar de uma plantinha na sua casa, sabe que a maioria dos integrantes do reino vegetal não é muito tolerante a calor excessivo. Os vegetais não suportam certas temperaturas e também sofrem quando expostos a episódios de seca, queimada e muitos outros eventos que, infelizmente, estão se tornando cada vez mais comuns. É exatamente por conta desses "desastres naturais" que muitas delas mudam os locais de ocorrência.

"Calma, Yago, acho que você perdeu o juízo. As árvores não conseguem levantar suas raízes e sair caminhando, como os Ents[9]*, de* O Senhor dos Anéis." Sim, isso eu sei. Porém, fatores ambientais limitantes podem forçar certas espécies a mudar a área de ocorrência. Não entendeu o que falei? Vamos imaginar um exemplo bem estranho, para que eu possa demonstrar como isso acontece.

Vamos supor que no Rio de Janeiro exista uma árvore chamada Antônio e, no Espírito Santo, outra chamada Joaquim. São espécies diferentes, adaptadas a climas diferentes, temperaturas diferentes e muitos outros parâmetros que não coincidem. Mas, para este caso específi-

---

9 Ents são criaturas mitológicas presentes nas obras de J. R. R. Tolkien. São árvores híbridas que falam, têm expressões faciais humanas, lutam e andam.

co, vamos considerar que apenas a temperatura importa para o crescimento das espécies Joaquim e Antônio, OK? Vamos esquecer umidade, bioma, ecossistema, animais polinizadores e todo o resto. Suponhamos que a temperatura média no Espírito Santo seja de 36 ºC e a do Rio de Janeiro, de 32 ºC. Vocês concordam comigo que, se Antônio vivia no Rio de Janeiro e Joaquim crescia forte e bem no Espírito Santo, ambos estavam acostumados com as temperaturas médias de seus estados? Seguindo a lógica da seleção natural, caso o Rio de Janeiro ou o Espírito Santo comecem a mudar suas características naturais, ou seja, os meios dessas duas espécies, esses vegetais acabarão impactados em algum ponto da sua biologia para continuar a existir.

Agora vamos supor que, por conta das mudanças climáticas globais, a temperatura em cada um desses estados tenha aumentado 4 ºC. Consequentemente, o Espírito Santo passa a ter médias de 40 ºC, e o Rio de Janeiro, na casa dos 36 ºC. Vocês conseguem perceber que Joaquim e Antônio estão em apuros? Como essas espécies vão suportar as novas temperaturas de suas regiões? A resposta para isso é bem clara: não vão! Dependendo da espécie que estivermos analisando, a capacidade de suportar variações (em qualquer âmbito) pode não ser tão grande. Dessa forma, estaríamos diante de um cenário em que ambas as espécies não conseguiriam suportar viver em suas áreas naturais.

O que pode acontecer, e talvez aconteça, é que, pelo fato de Joaquim conseguir sobreviver e prosperar no novo clima do Rio de Janeiro, em vez de no do Espírito Santo, vejamos uma alteração na sua área de ocorrência. A consequência, então, para a alteração da temperatura média é o vegetal ser lentamente empurrado[10] para o sul da costa brasileira, crescendo cada vez mais próximo do litoral carioca, até que depois de décadas, ou centenas de anos, ele ocupe totalmente outra região. "*E o Antônio, Yago?*" Provavelmente vai fazer o mesmo. Descer a costa brasileira até São Paulo, Santa Catarina, ou outro estado que ainda mantenha as condições necessárias para que ele sobreviva, ou acabar extinto. Essa segunda opção pode acontecer.

Tendo entendido essa bagunça que fiz na cabeça de vocês com as espécies Antônio e Joaquim, podemos chegar ao último caso deste capítulo. Troquemos nossas espécies fictícias pelo abeto-de-douglas e pelo pinheiro-amarelo-do-oeste, dois personagens já apresentados. Apesar de as duas espécies sofrerem processos distintos do exemplo hipotético dado anteriormente, no caso das espécies reais localizadas na Columbia Britânica (província do Canadá), os resultados finais se assemelham em alguns pontos.

Em situações perfeitas, os abetos-de-douglas dominavam a paisagem da região, porém, por conta das mudanças climáticas, secas severas e ataques de insetos estão tornando a vegetação local vulnerável. Como aconteceu no exemplo das espécies Antônio e Joaquim, o abeto-de-douglas vai ter dois caminhos: fugir de suas áreas naturais, buscando latitudes mais altas e, portanto, menos quentes ou simplesmente não resistir aos impactos e morrer. Em

---

10 Mais uma vez teríamos um caso de seleção natural. Um vegetal ser "empurrado" para outra localização significa dizer que sua ocorrência foi alterada por conta de mudas que cresceram em locais onde normalmente não eram encontradas.

ambas as situações, os pinheiros vão tomando o lugar antes ocupado pelos abetos por conta de um novo nicho que se tornou disponível, ou nicho vago, como nós, do mundo da Biologia, gostamos de falar. Pronto, problemática exposta, hora de voltarmos para o cerne do capítulo e falar sobre inteligência.

Passou pela sua cabeça a possibilidade de os fungos que conectam diferentes raízes na região terem interferido nessa troca de espécies? Os integrantes do reino Fungi poderiam facilitar a transição dos pinheiros-amarelo-do-oeste para o hábitat antes dominado pelos abetos? Será que os fungos poderiam impedir a migração e apoiar os pobres abetos? São muitas hipóteses a serem levantadas. Mas o que sabemos? Segundo um estudo incrível publicado na revista *Nature*, os pesquisadores usaram uma malha para impedir que as raízes das mudas de ambas as espécies plantadas em um vaso interagissem entre si e criassem algum tipo de competição, mas que mantivessem a troca de nutrientes por intermédio dos fungos micorrízicos atuantes. O resultado do experimento é simplesmente de tirar o fôlego. Mesmo danificadas pela perda de folhas e pelo contato com lagartas devoradoras, as mudas de abetos não só transferiram uma quantidade significativa de alimentos para as raízes das mudas de pinheiro como também enviaram para o outro vegetal compostos químicos que servem de alerta para situações de estresse, promovendo no pinheiro uma preparação para uma possível situação adversa, parecida com a que elas mesmas estavam enfrentando. Traduzindo para um português claro e menos técnico: mesmo morrendo em um campo de batalha, um soldado do exército inimigo cedeu para seu rival munições, água de seu cantil, o último pote de ração, seu capacete e tudo o que de mais precioso tinha consigo naquele momento. E, como se não bastasse, ainda o alertou para as chances de pisar em uma mina terrestre. Eu sei que não é a melhor comparação que há. Podem existir furos e muitas outras questões, porém, o que o abeto faz pelo pinheiro por meio dos fungos é inacreditável.

Agora vamos pensar. Vocês se lembram do que falei sobre altruísmo nas formigas Matabele? Alguma vez já parou para pensar na definição dessa palavra? Para quem não sabe, altruísmo é fazer algo em prol de alguém, ou de uma causa, sem esperar nada em troca. Apesar de ser uma forma de antropomorfizar a situação, seria a ação do abeto um sinal claro de altruísmo na natureza? Ele doa nutrientes mesmo estando em uma posição claramente delicada? *"Mas qual é a lógica disso? Você não disse que íamos falar sobre inteligência? Onde estamos vendo inteligência nesse comportamento? O que nessa história agrega em uma* Natureza *cada vez mais* Humana?*"*

Será mesmo que foi o abeto que direcionou seus nutrientes para os pinheiros? Será que esses indivíduos sabiam que o primo distante, o pinheiro-amarelo-do-oeste, tinha mais chances de crescer e prosperar naquele hábitat? Passou pela sua cabeça que alguém no meio do caminho possa simplesmente ter reorganizado e manipulado o destino dos nutrientes?! Quem será que poderia fazer algo parecido com isso? Existe algum indivíduo que poderia ter esse potencial? Existe algum indivíduo nessa situação que sairia perdendo por não ter uma árvore saudável para produzir nutrientes para si mesmo? Você acha que os fungos teriam a capacidade de ser os grandes manipuladores da história toda? Bom, não só eu, como você e alguns dos pesquisadores envolvidos na pesquisa também pensaram na mesma hipótese.

É claro que podemos ter aqui apenas um mecanismo bioquímico que faz um simples balanço de concentrações e empurra compostos químicos para meios com menores concentrações. Sim, podemos. Uma muda saudável absorve e gasta muito mais nutrientes do que uma muda debilitada, atacada e sem crescimento. Mas como explicar as substâncias de alerta? Será que elas também entram no gradiente bioquímico? Qual é a explicação para que a transferência de substâncias de alarme seja direcionada para os pinheiros? Qual é a explicação para que os fungos façam a ponte de informação e ativem mecanismos de defesa contra as adversidades já enfrentadas pelos abetos? Será que eles ganhariam algo com isso? Seria esse um exemplo claro de organismos que realizam algumas intervenções em seu meio, para que ele seja mantido ou transformado em um hábitat mais favorável para os próprios interesses?

Imagine se um grupo de organismos que nem possuem neurônios tenha entendido que a queda de diversas árvores de suas florestas pode ser extremamente prejudicial para seu bem-estar? E se passou pela "cabeça" deles que, assim como aquela árvore que realiza 47 ligações com outros indivíduos, um novo pinheiro-amarelo-do-oeste pode também fazer isso? E se notaram que os antes confiáveis abetos agora não são as melhores apostas para as gerações fúngicas futuras? E se para propagar o aporte de carbono diário, uma nova espécie de pinheiro fosse a nova melhor opção. Talvez esteja na hora de começar a apoiar o novo futuro daquela floresta.

São muitos "e se", concordo com vocês. Concordo, inclusive, que a ciência não pode ser construída apenas com suposições. Hipóteses são necessárias, sim, é fato. Porém, olhando sob outra óptica, nenhum desses levantamentos tem respostas concretas e definitivas. Muitos deles são absurdos? Sim. Falar que fungos estão "pensando" nos próprios interesses, que os fungos "entenderam" a situação, que fizeram "apostas" em cenário futuro, é forçar muito a barra. Mas lembra o que eu havia dito no início do capítulo sobre o que é ser inteligente? Inteligência é algo fácil de medir? Existe mesmo uma linha tênue entre o que é ou não inteligente? Se foi algo proposital, natural ou bioquímico, os fungos micorrízicos, junto das árvores e suas raízes, nos ensinam muito sobre como uma comunidade, população e até uma espécie, deveria se comportar. Imagine se nós, humanos, tivéssemos esse nível de inteligência, ou pelo menos, uma atuação brilhante assim. Consegue se colocar no centro de uma população que enxerga o pensamento coletivo desse modo? Quem sabe imaginar indivíduos que agem focando no bem de seus próximos? Esse é o caso de um ser egoísta? Estamos aqui tratando de dois indivíduos que são extremamente distantes da nossa espécie no ponto de vista evolutivo. De novo, sugerir que indivíduos tão "simples" têm sensações, sentimentos, pensamentos tão complexos é mesmo muito delicado. Mas onde está definido que inteligência, na natureza, precisa ser proposital? Independentemente de termos os fungos matando colêmbolos, disponibilizando carbono para outras espécies e alertando os pinheiros sobre adversidades de maneira proposital ou não, este capítulo teve o objetivo de te provar que comportamentos brilhantes podem ocorrer em grupos que você menos espera.

Vou finalizar deixando perguntas para os meus caros peixinhos. Usar nutrientes de um organismo como fonte de matéria orgânica para alimentar outros indivíduos, objetivando o bem-estar e o interesse deles, em troca de favorecimento próprio é algo humano? Construir uma rede altamente complexa e vasta, na qual informações úteis para seus integrantes circulam de maneira veloz, e desempenhar hoje um dos papéis mais importantes para sua espécie é um fato humano? E, para finalizar, utilizar informações, dados, parâmetros e recursos para investir em uma reserva que pode ser melhor que a antiga, quando analisada a longo prazo, é algo exclusivamente humano? Porque pra mim...

6 Soaria estranho para vocês se, logo nos primeiros parágrafos deste segundo capítulo sobre inteligência, eu começasse falando sobre algo nada inteligente? Porque, às vezes, algo que envolve muito mais emoção do que lógica pode fugir um pouco do nosso controle racional, né? Quando emoções, sentimentos e *alma* entram em jogo, o cérebro pode perder as forças e o controle sobre o corpo. Por exemplo, humanos de diversas idades agem como doidos em nome de uma nova e ardente paixão, e uma mamãe elefanta fica cara a cara com um feroz leão ou um gigantesco crocodilo-do-nilo para proteger seu filhote. Olhando por esse viés, fica claro que as decisões mais corretas foram silenciadas por um corpo que, muitas vezes, está tomado por uma onda de adrenalina nunca vista. Porém, na grandessíssima maioria dos outros milhares de momentos que passamos nas nossas vidas, não agimos de maneira inconsequente. Calculamos os riscos, prevemos situações adversas e tomamos nossas decisões, utilizando as estatísticas favoráveis. E você pode ter certeza de que os sábios, porém extremamente territorialistas, elefantes não entrariam em qualquer confronto por um motivo banal, assim como não é a qualquer minuto que um homem ou mulher age como um apaixonado sem pudores e sem vergonha.

Desviando um pouco do assunto, eu, por exemplo, estou escrevendo este capítulo às vésperas do jogo mais importante dos mais de 120 anos de história do meu clube do coração. Minha cabeça e meu corpo só conseguem focar nos noventa minutos de jogo. Mas vocês acham que eu aprovo isso? Longe de mim! Mas quem disse que consigo olhar para mim mesmo e dizer: *"Yago, é só um esporte. São apenas 22 animais usando os membros de locomoção para empurrar um objeto redondo até uma linha pintada na grama, levando à loucura outros setenta mil animais, que pararam seu dia para ver essa maluquice acontecer"*. Faz sentido? Não! Mas só quem ama entende isso. Meu trabalho é prejudicado, minha vida amorosa é prejudicada, minha saúde é prejudicada, mas, mesmo sabendo dos riscos, não há o que fazer. Eu gostaria de me importar menos? Gostaria! Mas o envolvimento e o sentimento por um clube do coração já dominaram meu consciente, e quem conhece a sensação sabe que esse é um caminho que não tem volta.

Para quem ainda não captou qual é o esporte, estou me referindo ao futebol. Sim, o futebol não é algo tão inteligente assim, pelo menos não no sentido da emoção. O raciocínio lógico passa longe de um fanático assistindo a seu time jogar uma final pela televisão, por exemplo. *"Porém, por que diabos o futebol que você defende não ser um comportamento inteligente da nossa espécie é o ponto de partida do segundo caso sobre inteligência, Yago?"*

Para entendermos a razão, precisaríamos visitar a origem do esporte mais popular do mundo. Apesar de existirem alguns relatos e vestígios apontando que o futebol nasceu na China, em 3.000 a.C., o *mundo* tem a Inglaterra como o país que deu origem a essa paixão global. E, para mostrar a vocês uma situação simplesmente inacreditável sobre inteligência, precisamos unir esse conceito, o esporte mais praticado do mundo e o local onde ele surgiu. *"A título de curiosidade, Yago, como que faz isso?"*

Bom, para entender meu objetivo aqui, é necessário mostrar um dos estudos que mais me chamaram a atenção nesses últimos anos. Primeiro porque o protagonista desse trabalho está, infelizmente, sob os holofotes dos maiores impactos provenientes das mudanças climáticas; segundo, por saber que, se eles foram prejudicados de forma irreversível pelos danos do homem no planeta, nós teremos problemas sérios relacionados à produção de alimento em escala mundial. O terceiro motivo é mais pessoal: por ter uma grande admiração por esse animal, fiz questão de inseri-lo aqui.

Seguindo no mundo futebolístico e usando o jargão da área, o animal/inseto que nos dará uma aula sobre o que é ser inteligente é um jogador extremamente versátil. Ele consegue jogar o *fino* da bola, ter um gingado que mesmo sem pronunciar uma palavra se comunica com seus companheiros e tem uma mente absurdamente coletiva, que daria inveja a muitos treinadores e times por aí. Estamos falando das abelhas ou, para um amante do futebol, um camisa 10 nato da natureza. Um inseto considerado fofo, que, na maioria das vezes, é mal interpretado por certas pessoas e ganha uma fama violenta, que não condiz com sua biologia. Pelo menos não de todas as espécies. Além disso, vale pontuar que, apesar desta parte ser destinada à inteligência na natureza, também estamos falando aqui sobre uma sociedade.

Portanto, assim como cupins e formigas, as bolinhas pretas e amarelas são unidas. Cada uma delas tem suas funções, e todas precisam estar preparadas para desempenhá-las da melhor forma possível. E esse "todas elas" também inclui a rainha que, assim como as operárias da sua geração, se prepara para chegar ao mundo em um óvulo. Ela é uma larva, como todas as outras operárias, e está inserida no seu favo hexagonal, tal qual as larvas. Até a genética da futura chefe é semelhante à das operárias, pelo menos é assim que funciona nas abelhas melíferas (*Apis mellifera*). Bom, dessa forma, ela segue os mesmos passos que as demais, até ser uma das escolhidas para a grandiosa "corrida monárquica".

É na fase final da vida da atual abelha-rainha que uma larva começa sua trajetória até o trono. É quando a rainha começa a diminuir a produção e a liberação de certos feromônios, vamos dizer, "nobres". A queda nos níveis dessas substâncias químicas dá indícios para a colmeia de que mudanças severas podem e precisam acontecer. Dessa forma, dá-se início a um tipo de disputa. Algumas larvas são escolhidas por "abelhas enfermeiras" para serem alimentadas de modo diferente. É exatamente o que elas recebem e a duração dessa alimentação que altera a simples trajetória de uma larva fadada a seguir uma classe "proletariada" para um destino na alta cúpula da colmeia. A vencedora da disputa do desenvolvimento larval, ao deixar seu favo (como se fosse uma incubadora), precisa se certificar de que é a vencedora da corrida. E faz isso da mesma maneira que os cucos lidam com seus problemas: matando suas irmãs e adversárias. Mas, voltando à dieta especial, as larvas precisam ser muito bem alimentadas, pois uma delas terá de reinar com excelência toda aquela sociedade. E "excelência" é um eufemismo em se tratando da rainha, até porque a produtividade e a sobrevivência da colônia inteira dependem substancialmente de sua saúde e de outras qualidades. Problemas imunológicos, doenças e paralisação na produção dos ovos não são boas características para uma rainha, por exemplo.

Aprofundando na dieta especial. Sim, aquele papo de geleia real, é real. Os apicultores experientes e pesquisadores da área dizem que essa geleia tem uma consistência leitosa e coloração branca. Além disso, e para sua provável surpresa, é importante que você saiba que as trabalhadoras também são alimentadas por uma geleia especial, mas ela não tem a mesma composição da real, que apresenta em sua tabela nutricional proteínas, açúcares, ácidos graxos, vitaminas e outros nutrientes. Existem trabalhos que discutem as diferenças na composição da geleia dada para as operárias e para as candidatas ao trono, pontuando, por exemplo, a menor concentração de certos nutrientes, como açúcares. Mas o ponto mais crucial na distinção dos seus respectivos futuros está relacionado ao tempo de alimentação com essa papinha especial. Enquanto as larvas destinadas a uma luta em um futuro monárquico continuam a nutrição com uma geleia mais rica e nutritiva, as operárias têm a alimentação cessada com três dias de vida e passam a ter uma dieta composta por pólen e açúcar. Os insetos escolhidos como prováveis candidatos ao trono precisam de nutrientes específicos para desencadear mudanças no organismo de forma gradual, principalmente ativando o sistema reprodutor feminino. E é seguindo essa linha de cuidado com as larvas que uma nova rainha, aos poucos, é preparada.

Qual é o objetivo de contar essa saga real aqui? Primeiro, conhecimento nunca é demais. Segundo, entender que a sociedade das abelhas funciona como um grande organismo sem explicar a saga da abelha-rainha não faz o menor sentido. E, terceiro, que fique claro, não estamos falando de algo genético, ou apenas incrustado na genética das larvas. O caminho trilhado por uma abelha-rainha é algo que, sem sombra de dúvida, mostra um nível de organização que eu diria beirar a perfeição. E uma boa organização já demonstra certo sinal de inteligência, concorda? Note, um óvulo nada especial, nascido de uma linhagem nada especial, com um berço também nada especial,[11] se transforma em algo extremamente especial. Então, concluir que as abelhas-rainhas precisam passar por um processo diferenciado de experiências e aprendizados para liderar bem sua colmeia não é nenhum exagero.

Como falei lá no início do livro, nós, professores, gostamos de utilizar *storytellings* bem amarrados e construídos em sala de aula. É por isso que a história das matriarcas precisou ser contada. Estamos tratando nesse caso de uma forma de inteligência bem diferente da que foi abor-

---

[11] Vale ressaltar que depois de serem escolhidas para iniciar o concurso da realeza, as larvas selecionadas são "transferidas" para um favo mais especializado.

dada no capítulo anterior. Até porque inteligência não é algo fácil de definir e existem diferentes tipos. Então, desta primeira parte de introdução ao tema, carreguem consigo pontos importantes para os parágrafos seguintes. Como a ideia de que se até as abelhas-rainhas precisam aprender a como ser rainhas e desempenhar suas funções com excelência, imagine as operárias e os zangões.

Citar o futebol, no início deste debate, não foi algo impensado. O objetivo era unir uma ação pouco racional (a paixão pelo esporte), o berço do esporte, o local de origem do estudo que guiará nossas análises e o intelecto das abelhas jogadoras. Assim, para apreciar a inteligência delas, precisaremos unir todos esses fatores tão distintos em uma coisa só. Como faremos isso? Pegando o esporte mais popular do mundo e testando a capacidade de aprendizagem das abelhas ao praticá-lo. *"Quê? É isso mesmo que eu li? Você vai forçar as abelhas a jogarem futebol?"* Bom, não, mas um professor alemão vai. No caso, ele já fez, com seus alunos, e o resultado foi de tirar o fôlego.

Para iniciar a principal história deste capítulo, peixinho, preciso esticar minhas asas, alçar voo do Canadá e rumar para nosso próximo destino, a Europa. Nosso foco nesse novo continente será a Inglaterra, mais precisamente a cidade de Londres. E, para ser ainda mais específico, vamos chegar até outro amante da natureza como nós: o professor Lars Chittka, da Escola de Ciências Biológicas e Químicas da Universidade de Londres. Chittka foi supervisor e coautor de um trabalho que sugere que esses insetos magníficos têm capacidade avançada de aprendizado, dependendo da pressão ambiental a que sejam expostos (lembra o que foi debatido no início do livro: mudanças ambientais são protagonistas nos processos de seleção natural). Além dos pesquisadores já terem demonstrado que zangões são capazes de realizar tarefas cognitivas complexas, como puxar certas cordas para obter comida, o novo estudo inglês foi ainda mais longe. Dessa vez, os cientistas testaram a plasticidade comportamental das abelhas para realizar tarefas que não são comuns a elas. Sob essa perspectiva, eles se propuseram a observar os limites da criatividade delas para problemas não conhecidos. Segundo outro coautor do trabalho, dr. Clint Perry, eles "queriam explorar os limites cognitivos dos zangões, testando se eles poderiam usar um objeto não natural em uma tarefa provavelmente nunca realizada antes por qualquer indivíduo na história evolutiva das abelhas".

Bom, se a definição do dr. Clint não fizer você sentir o cheiro de inteligência saindo desta página, não sei mais o que vai fazer. Resolver um problema inédito para nossa espécie fez com que os hoje classificados *gênios* surgissem ao longo dos séculos da nossa história. Pense só, Santos Dumont resolveu uma tarefa nunca *resolvida* na história dos homens. Thomas Edison também. Assim como Benjamin Franklin, Stephen Hawking, Charles Darwin, Nikola Tesla, Rosalind Franklin e muitos outros. Esses nomes, e muitos outros antes deles, foram expostos a problemáticas extremamente parecidas? Sim! Mas ninguém havia conseguido vislumbrar a resposta a tais questões como eles fizeram nem chegou perto de resolvê-las da maneira como eles também fizeram. Portanto, os grandes gênios da humanidade, com certeza, acabaram entrando na mesma categoria que as abelhas do estudo se enquadraram: resolvedores de problemas inéditos.

O estudo que o professor Chittka ajudou a escrever exigia que um grupo de zangões (gênero *Bombus*) movesse uma bola até um local específico e, em troca, o animal obtinha uma recompensa. Era algo simples: rolar a bola até uma área demarcada e pronto, comida fácil. Três bolas eram estacionadas no "campo" em que os insetos deveriam realizar os movimentos. Porém, as três bolas eram posicionadas em pontos com distâncias diferentes do suposto "gol". Dessa forma, algumas bolas ficavam mais perto e outras mais longe do objetivo final. Antes de expor os zangões ao experimento, outro grupo de abelhas já havia sido treinado incessantemente a realizar a tarefa da maneira que os pesquisadores gostariam que acontecesse, que, em suma, se resumia em rolar a bola até o centro do espaço e mantê-la parada até receber a recompensa. A forma como elas aprenderam a tarefa não é importante nesse momento para a construção do nosso debate. Com um grupo de abelhas já veteranas e experientes na tarefa, podemos iniciar o experimento com os zangões amadores.

Mas, antes de começarmos a ver a ciência sendo feita, vamos dividir os cobaias iniciantes em três grupos, A, B e C. Cada um desses grupos precisava aprender a realizar a tarefa das bolinhas e cada um recebia um treinamento diferente, mas com o mesmo objetivo. É como se fossem três professores diferentes, cada um com sua didática específica, mas explicando a mesma matéria. Um detalhe importante sobre essa organização é que um grupo não tinha acesso a duas aulas diferentes. Uma abelha não aprendia mais de um método, justamente para ficar mais fácil de analisar os resultados posteriores. Afinal, o objetivo era colocar em xeque a inteligência das bichinhas. Então, o desafio precisa ser difícil, porém organizado.

O primeiro método consistia na observação e foi designado ao grupo A. Uma abelha do grupo de veteranas, que já fazia o experimento em segundos, entrava em campo e movia a bola que estava mais longe do centro até o gol. Ensinando, assim, o que o zangão amador deveria fazer para ganhar a recompensa. No outro treinamento, direcionado agora ao grupo B, acontecia uma demonstração que os cientistas chamaram de "fantasma". Nela, um ímã escondido embaixo da plataforma levava a bola direto para o ponto demarcado e concluía a tarefa. Portanto, em vez de ver uma abelha realizando a tarefa, os zangões do grupo B viam a bola se movendo "sozinha" até o gol. E existia também um terceiro grupo, o C, constituído por zangões que não receberam instrução nem viram uma companheira fazendo o treinamento. Eles simplesmente entravam na plataforma do experimento, a bola já estava posicionada no gol e recebiam a recompensa mesmo assim.

Bom, maluquice, né? Quem em sã consciência submete insetos tão fofinhos a treinamentos táticos tão maçantes e "sem propósito" assim? Só uma parcela da sociedade entende essas ideias insanas, e é a parcela chamada de pesquisadores. Tem também uma outra parcela que respeita essas insanidades que a ciência propõe, e esse grupo é chamado de "admiradores da ciência". Ele é composto por um número mais robusto de integrantes do que o primeiro grupo, mas poderia ser bem maior, se tivesse o incentivo necessário. Enfim, voltemos às abelhas atacantes e deixemos de lado a insatisfação do autor pelo não reconhecimento necessário que a sociedade deveria dar para os pesquisadores como um todo.

Você concorda comigo que temos três grupos de abelhas que vivenciaram situações totalmente distintas? O grupo A apenas viu o que deveria ser feito. Sem enrolação, o exemplo perfeito. O grupo B viu um objeto redondo que não conheciam se mover sozinho. E no último caso, no grupo C, um surto total. Uma recompensa fácil, perto de um objeto redondo desconhecido e a troco de quase nenhum gasto energético de locomoção ou raciocínio. Agora vamos às apostas. Se o professor Chittka te explicasse por e-mail o experimento e pedisse uma opinião sobre o que provavelmente aconteceria com os zangões, qual dos três métodos você acredita ter sido o mais eficaz para que os novos indivíduos pudessem resolver sozinhos o desafio? Observação e repetição? Apenas observação? Ou apenas raciocínio lógico? Faça sua aposta.

Bom, felizmente não precisamos esperar a resolução dos testes, então vamos aos resultados. O grupo A, dos zangões que observaram as companheiras realizando a tarefa, se saiu bem melhor do que os outros dois grupos. As abelhas que tiveram um exemplo prático foram melhores nos testes em comparação com o grupo que viu a demonstração com o ímã e o grupo que não observou a tarefa sendo realizada. Mas o grande brilhantismo desse estudo não está evidente apenas na lógica do aprendizado, também está pautado no aprimoramento da técnica anteriormente observada.

O grupo A não só copiou a ação. Segundo o autor principal do estudo, dr. Olli J. Loukola, "as abelhas resolveram a tarefa de uma maneira diferente da que foi demonstrada, sugerindo que as observadoras não simplesmente copiaram o que viram, mas aprimoraram". "*Mas, péra, como assim? Como se melhora uma tarefa simples como essa? Só eu que não entendi como isso é um sinal de inteligência, Yago?"* Bom, existe um pequeno detalhe do estudo que omiti e que faz toda a diferença no resultado obtido.

Enquanto as abelhas veteranas demonstravam como se realizava a tarefa buscando as bolas que estavam mais longe do buraco (ponto de recompensa), os zangões observadores do grupo A escolhiam as bolas mais próximas ao gol. E é justamente essa "pequena" diferença no resultado da pesquisa que expõe a grandiosidade do estudo e o transforma em um ótimo argumento para debatermos aprendizagem e inteligência na natureza.

Talvez você tenha se perdido agora, né?! Talvez esteja se perguntando como o fato de escolher bolas diferentes para movimentar muda algo na interpretação da pesquisa. Ou talvez esteja se questionando: *"Como um grupo é capaz de perceber que é mais fácil mover as bolas mais próximas do gol, e o outro não consegue?"*, *"O grupo das abelhas veteranas é menos inteligente? Quando foram selecionados, os zangões do grupo A vieram de uma linhagem de abelhas superinteligentes?"*, *"Essa linhagem passou por algum tipo de melhoramento genético?"*. Óbvio que não!

O que muda nas duas situações é que, no caso das abelhas veteranas, as condições de jogo eram diferentes. No ambiente de aprendizado que deu o exemplo para o grupo A, havia duas bolas mais próximas ao gol que eram coladas no campo, tornando-as imóveis. As veteranas até tentavam movimentá-las, mas os objetos não saíam do lugar. Por conta de a bola mais distante do alvo ser a única que não estava fixada no chão, as abelhas aprenderam a realizar a atividade justamente com a única bola possível e passaram essa técnica para os zangões do grupo A. Já no caso do grupo A, todas as bolas estavam soltas e disponíveis para serem levadas ao lugar de recompensa.

Sabendo dessa informação, podemos concluir que, quando os zangões do grupo A movem a bola mais próxima do "gol", em vez da bola mais distante, como ensinado a eles previamente, temos um sinal claro de que os insetos conseguiram, de alguma maneira, melhorar a performance vista anteriormente. E esse gigantesco detalhe prova que, além de as abelhas não só conseguirem aprender a executar uma tarefa extremamente difícil e inédita para sua espécie, elas também conseguiram resolvê-la de uma maneira ainda mais eficiente.

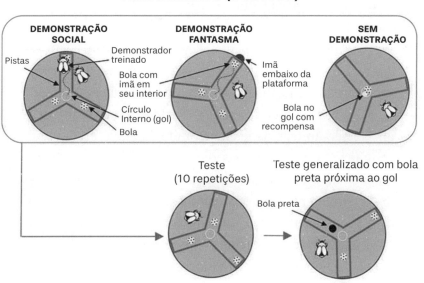

Abelhas jogando futebol em uma representação do estudo de Olli J. Loukola, Cwyn Solvi, Louie Coscos e Lars Chittka
LOUKOLA, O. J. *ET AL.* BUMBLEBEES SHOW COGNITIVE FLEXIBILITY BY IMPROVING ON AN OBSERVED COMPLEX BEHAVIOR

Isso demonstra que, mesmo com um cérebro tão reduzido, esses animais apresentam uma capacidade cognitiva absurda. "Para que vou gastar minha preciosa energia desnecessariamente para mover algo que está longe do meu objetivo como vi no exemplo, se posso mover um que está mais perto e chegar ao mesmo resultado?!" Se desse para ler os pensamentos ou até mesmo perguntar a um desses zangões do grupo A o porquê de terem movido a bola mais próxima do alvo, provavelmente escutaríamos algo bem próximo a isso. (Nota: é uma piada, OK?)

Antes de seguirmos, uma curiosidade muito inesperada ainda envolvendo a temática abelhas e bolas: você acredita que além dos resultados brilhantes sobre a aprendizagem das abelhas que narrei aqui, outro estudo demonstrou a possibilidade de abelhas do mesmo gênero (*Bombus terrestris*) terem sido observadas, ao que parece, expressando uma forma de felicidade ao realizar algumas tarefas? Explicando de modo extremamente resumido: você acredita que abelhas já foram vistas brincando?

Sim, parece mentira, mas é verdade. É claro que definir a diversão/felicidade de um animal é uma tarefa muito complexa. Mas as abelhas desse segundo estudo deram indícios de que estavam gostando de rolar as bolas, mesmo em momentos em que recompensas não eram oferecidas. Samadi Galpayage, autora principal do estudo, disse: "Isso mostra que as abelhas não são pequenos robôs que apenas respondem a estímulos [...] Realizam atividades que podem ser prazerosas". Para se ter uma noção desse "gostar" de movimentar algumas bolas, certos indivíduos, quando podiam, chegavam a rolar a bola cerca 44 vezes em um único dia.

Agora, pare e pense: depois dos resultados de ambas as pesquisas, você ainda precisa de algum outro trabalho ou prova científica para considerar os comportamentos vistos como verdadeiramente geniais? Ou, talvez, até cogitar aproximá-los de algo que poderia ser comparável a um raciocínio humano? Sabemos que não é para tanto, mas, se mesmo assim você ainda não estiver convencido da genialidade das abelhas, a gente pode ir além com capacidades cientificamente comprovadas e de tirar o fôlego. Talvez debater como essas trabalhadoras ficam horas coletando néctar de diversas flores, em vastas regiões, sem a ajuda de um mapa ou de GPS e, ainda assim, conseguem encontrar o caminho de casa perfeitamente. Ou, quem sabe, eu poderia mostrar como elas conseguem distinguir quais flores apresentam maior quantidade de néctar e pólen e apenas ignoram as que não têm uma produção eficiente dessas duas substâncias tão importantes para a vida da colmeia.

E todo esse processo de entender qual flor é "boa" não é algo simples. Por exemplo, nem sempre a tal flor amarela vai ser a que produz mais néctar e a azul, menos. Diversas variações ocorrem no ambiente, alterando a forma como as flores produzem as substâncias alvo das abelhas. Para sua surpresa, esses animais estão sempre acompanhando as mudanças e realizando atualizações de seus conhecimentos. E o mais surpreendente é que todas essas habilidades são comandadas por um cérebro do tamanho da cabeça de um alfinete. Portanto, se esse conjunto de comportamentos não possibilitar o enquadramento das abelhas em um grupo seleto de organismos que se destacam no quesito brilhantismo na natureza, eu não sei mais o que vai.

Vale lembrar, inclusive, que esse grupo de insetos sociais também não fica atrás em relação a uma boa comunicação. Além do aprendizado em situações inéditas, como vocês acabaram de ver, as abelhas também devem ser exaltadas por sua exímia comunicação. É preciso de novo engrandecer a capacidade comunicativa, assim como nas árvores e fungos, como uma importante ferramenta para avanços intelectuais como um todo. Pense só: se não tivéssemos uma comunicação tão eficaz ao longo da história, realmente seríamos essa potente espécie que somos hoje? Eu já te adianto que não. Então, não é exagero afirmar que uma boa comunicação é uma das bases para diversos traços de uma inteligência avançada em diferentes espécies.

Assim, é meu dever demonstrar (mais uma vez) que não são só os *poderosos, diferenciados* e *cachinhos dourados da natureza* que conseguem realizar uma ação tão única e evoluída. Além dos humanos, os insetos sociais, incluindo as abelhas, também conseguem transmitir informações importantes umas para as outras. É incrível descobrir que, assim como, por exemplo, um sorriso pode expressar tantas mensagens, como somos capazes de interpretar choros de alegria ou de tristeza, as abelhas podem falar muitas coisas sem emitir um mísero som. *"Ahhhh, Yago, mas é uma comunicação muito diferente, muito mais simples. Abelhas não emitem sons nem formam frases complexas."* Isso é verdade, mas, independentemente do nível dessa troca, o objetivo de fazer o outro entender seu recado é cumprido.[12]

Seguindo a linha da comunicação, existe um gênero de abelhas, o mais famoso por sinal, chamado *Apis*. Esse gênero

---

12 No próximo capítulo, falaremos mais sobre isso.

vai ser importante para nossa história, pois é ele que agrupa as abelhas dançarinas. Sim, as abelhas dançam. E não é qualquer dança, é claro. Estamos falando de um movimento extremamente coordenado. Segundo os trabalhos sobre o tema, principalmente o publicado em março de 2023, na revista *Science*, a dança das abelhas é, em suma, um comportamento de comunicação. Transmissão de mensagens, compartilhamento de aprendizado ou memória, chame-a como quiser, apenas entenda como comunicação.

Um exemplo dessa comunicação é uma operária que está voando em um jardim e encontra uma família fazendo um piquenique repleto de bebidas açucaradas. Essa abelha, regida por mecanismos fisiológicos predefinidos que beneficiam suas irmãs e irmãos, precisa voltar para a colmeia e avisar as companheiras onde esses recursos estão. Até porque uma única abelha não consegue carregar sozinha uma quantidade expressiva de alimento. Porém, para a surpresa dos leitores que descobrem sobre essa dança, devo deixar bem claro que esse comportamento não é nada instintivo, esses insetos também precisam ser ensinados, assim como as abelhas jogadoras.

Da mesma forma como no futebol do professor Chittka, da Universidade de Londres, as abelhas aprendem essa nova habilidade a partir da observação das já experientes. Tanto é que, do mesmo jeito que aconteceu no estudo das bolas, no qual os zangões que não haviam sido expostos ao exemplo não colocavam a bola no gol, as operárias que não observam os movimentos delicados das abelhas experientes também não conseguem reproduzir a dança. Para você ter uma ideia, os pesquisadores acreditam que a orientação, a duração e a velocidade do gingado dos insetos podem passar informações extremamente complexas e específicas sobre o que as desavisadas precisam saber. Para exemplificar isso de uma forma direta, a "dança de comunicação" pode transmitir informações como direção, distância e até quantidade de banquete que as outras abelhas podem esperar encontrar ao se locomover até o alvo.

"Ahhhh, Yago, mas elas apenas transmitem informações sobre comida?" Mesmo se a resposta fosse "sim", já seria muito mais do que suficiente e útil. Mas a resposta é um sonoro "não!". Elas não conversam *apenas* sobre comida. Avisar as outras abelhas sobre um possível novo ponto para instalar a colmeia também faz parte do vocabulário desses insetos.

A dança das abelhas é uma das formas de comunicação mais espetaculares já descobertas por nós na natureza. Assim como a comunicação dos fungos com as árvores, a troca de informações entre esses insetos é fundamental para a sobrevivência de todos os envolvidos. A grande diferença é que estamos tratando de uma comunicação de organismos da mesma espécie. E falando sobre "a mesma espécie", é óbvio que não dá para ficarmos simplesmente levantando estudos incríveis sobre abelhas nesta nossa jornada, né? Precisamos seguir adiante com outros casos, exemplos e organismos. Afinal, a *Natureza Humana* não vai se mostrar clara e transparente se focarmos somente em um único grupo. Apesar de as abelhas servirem de exemplo para muitos aspectos que se assemelham a nossa sociedade e nossos hábitos, não é esse o foco do meu trabalho aqui. Dessa forma, precisamos seguir adiante. Mas antes disso vou reforçar a capacidade intelectual e o brilhante trabalho em equipe desses insetos em uma perspectiva que ainda não debatemos. Assim como foi discutido quando citamos as grandes construções dos cupins, precisamos destacar um lado artístico das abelhas: suas construções. Para isso, vamos recapitular brevemente uma matéria ensinada para as crianças de todo o Brasil no colégio. Sim, falamos de futebol, aprendizado, dança e agora vamos conversar sobre arte.

Vimos no terceiro capítulo da nossa jornada a genialidade de um grupo de insetos sociais que sofrem por conta do excesso de gases tóxicos produzidos por seus corpos, e que precisaram construir verdadeiras obras de arte da natureza para continuarem vivos. Mas, sem tirar o mérito dos cupins, você alguma vez já parou para notar quão perfeito é o trabalho arquitetônico das abelhas? Irmão, é uma coisa de outro planeta. É um trabalho de perfeição, parecendo até ter sido construído por um grande arquiteto, com a ajuda do software mais avançado que existe, mas foram essas fofurinhas amarelas e pretas que conseguiram realizá-lo utilizando apenas cera, a boca e os apêndices (suas patinhas). Antes de enaltecer, pela última vez, esses insetos incríveis, pare por alguns minutos e aprecie a imagem a seguir:

Construções espiraladas de abelhas do gênero *Tetragonula*
©WISELY W/ DREAMSTIME

Na imagem está uma construção espiralada de abelhas do gênero *Tetragonula,* comumente encontradas no Sudeste Asiático ou na Austrália. Fica claro que a mais pura geometria é respeitada pelas trabalhadoras em obras de arte de tirar o fôlego. Para você ter uma ideia do brilhantismo desses animais, em um estudo publicado no *Journal of the Royal Society Interface,* em 2020, pesquisadores levantaram e testaram a hipótese de que a construção dos favos desse gênero são tão incríveis que seguem um mesmo modelo matemático que busca explicar como os cristais são formados. *"É, Yago, agora você foi longe demais, como assim os favos e cristais seguem um mesmo padrão de criação?"*

Para entender em detalhes esse estudo, precisaríamos nos aprofundar nas regras básicas do universo, ou seja, um avançado conhecimento de Física. Mas como não é meu intuito fugir muito do foco, e para respeitar os colegas de profissão, vou poupá-los de uma explicação provavelmente não tão boa. Apenas entenda que o crescimento desses favos seguem uma forma de crescimento semelhante aos "terraços" de átomos ou moléculas que vão sendo adicionados uns sobre os outros para formar os cristais. Em resumo: um andar sobre o outro.

Agora a pergunta que fica é: por quê? Por que essa geometria, essa arte, é tão útil para as abelhas? Ou é só para ficar visualmente bonito? Bom, segundo Tim Heard, um famoso e experiente entomólogo (biólogo especialista em insetos) da Austrália, ainda não há um consenso do porquê essas abelhas constroem os favos espiralados. Mas, segundo uma entrevista concedida à revista *Smithsonian,* Tim acredita que a arquitetura nesse formato possa ajudar a abelha-rainha a navegar com mais facilidade den-

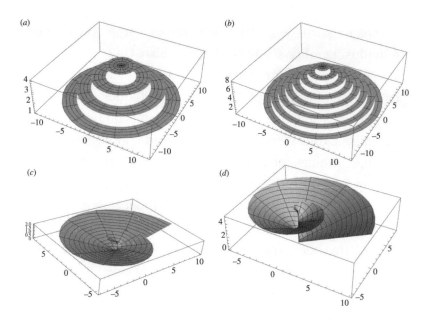

Representação da construção de favos espiralados e em "terraços"
CARDOSO, S. S. S. *ET AL*. THE BEE TETRAGONULA BUILDS ITS COMB LIKE A CRYSTAL

tro da colmeia, ou quem sabe aumentar a circulação de ar dentro da estrutura, mas são apenas hipóteses. Independentemente de qual seja o real motivo para a construção seguir esse parâmetro encontrado em outras partes da natureza, é necessário destacar que, nesse caso em específico, ele é realizado pelas "mãos" de organismos vivos. E é justamente por conta de ser reproduzido por insetos tão "simples" que a notícia me chamou tanta atenção. Esses insetos apresentam uma lógica muito curiosa de construção da colmeia. Se liga nessa linha de raciocínio. Diferentemente de pedreiros, engenheiros e arquitetos, as abelhas costumam começar suas construções pela parte de cima e seguem o trabalho a favor da gravidade. Isso até faz bastante sentido, já que, em geral, encontramos colmeias presas na parte de baixo de estruturas, como no caso dos telhados. Lembre-se, de cima para baixo, OK?

Durante uma apresentação para a Associação Britânica de Apicultores, o professor Chittka (aquele do estudo das abelhas jogadoras de futebol) compartilhou diversas pesquisas que evidenciam a avançada inteligência das abelhas, muitas, inclusive, de sua autoria. Em certo ponto de sua fala, o professor descreveu uma lógica descoberta em 1814 pelo entomólogo François Huber, creditado por ter sido um dos pioneiros no estudo das construções dos favos. Uma ideia que perdurou por mais duzentos anos desde as primeiras observações de François[13] foi testada e documentada por Vincent Gallo e pelo professor Chittka, em 2018. Nesse trabalho em conjunto, fica claro que esses insetos utilizam uma lógica interessantíssima para organizar a construção das colmeias, algo que eu não poderia deixar de dividir com vocês. Da mesma forma que os engenheiros precisam estudar o ambiente ao redor de uma futura obra, as abelhas também o fazem. E o mais interessante é que, mesmo se uma eventualidade surgir no meio do processo de construção, os insetos, mais uma vez, provam que apresentam uma plasticidade comportamental e tanto.

Em uma união de forças que perdurou centenas de anos, François, Gallo e Chittka descobriram, de forma resumida, que abelhas não são tão chegadas a construir

---

13 Uma curiosidade: François Huber era cego. De acordo com alguns relatos que encontrei, por conta da deficiência visual, muitas de suas descobertas só puderam ser concebidas por conta da ajuda de sua esposa e de seus assistentes.

suas colmeias próximo a estruturas de vidro. Quando têm opção, elas preferem manter distância dessas superfícies. Caso você se pergunte o motivo da aversão, lembre-se de que o vidro não provê uma superfície com atrito o suficiente para fixar uma colmeia. Portanto, a chance de ela não se fixar, cair e se espatifar no chão é bem grande. Mas qual é o impacto dessa aversão na hora da construção? Total.

Vamos analisar com calma. Imagine que exista um telhado de vidro e as abelhas precisem construir a colmeia nesse local por falta de opção. Contrariando a regra que acabei de ensinar sobre construções de cima para baixo, as abelhas descem a parede que é conectada a esse telhado liso, começam a construir a base da colmeia pela parte de baixo e, em seguida, constroem o resto da estrutura na vertical até o limite de encontrar o telhado. Assim, elas seguem um caminho totalmente contrário do que é esperado e constroem a colmeia começando pela parte de cima e seguindo o sentido contrário ao da gravidade. Para quê? Fugir do vidro. Vamos dar uma de cientista e piorar a vida das abelhas um pouquinho mais?! E se as colocarmos em um lugar em que a parte de cima e a de baixo seja de vidro? O que elas vão fazer? Bom, isso já foi feito pelo professor Chittka. As abelhas, nesse caso, vão continuar mantendo distância dos vidros. Para construir a colmeia nessa situação, elas precisam instalar a base na parede lateral e crescer para os lados, evitando o vidro de cima e o de baixo. Se não ficar tão fácil de visualizar, imagine uma rosa dos ventos. Se para o sul e norte não podemos crescer, vamos seguir os outros dois sentidos, OK?

Agora, vamos ser ainda mais imaginativos e levar as abelhas até o limite da criatividade. E se repetíssemos o experimento feito acima e, quando essas abelhas estivessem no meio do crescimento lateral da colmeia (para leste e oeste), colocássemos outra parede de vidro em um desses lados? Vamos manter as placas de vidro escorregadias na parte de cima, na parte de baixo e adicionar outra, por exemplo, do lado direito. Será que as abelhas conseguiriam fazer algo diferente?

Então, isso também já foi realizado e testado pelo tal estudo de 2018. Como vocês devem imaginar o resultado é, sem sombra de dúvida, magnífico. No momento em que as abelhas notaram que seus favos estavam se aproximando de uma superfície lisa e provavelmente perigosa para sua construção, elas suspenderam a estruturação na direção da placa de vidro e investiram na expansão da "obra" na direção oposta. Em vez de crescer lateralmente para as duas direções, as construtoras miraram no sentido inverso de todas as três paredes com vidro.

Conclusão? As abelhas são simplesmente de outro planeta. Não temos aqui um animal tão adaptado a ter uma resposta repetitiva para uma situação que acontece há milhões de anos. Com as abelhas não existe esse lance de apenas ação, visualização e repetição. Temos, sim, um gênio da natureza, capaz de analisar as situações inéditas e tirar o melhor delas em prol de si e sua família. As abelhas são um dos melhores exemplos da diversidade de comportamentos extremamente inteligentes na natureza. Muitos deles, como a plasticidade para se adaptar a tarefas inéditas, noção espacial, construções, seguindo padrões geométricos perfeitos e utilizando noções, por exemplo, de uma termodinâmica básica, são alguns dos comportamentos que podemos linkar, também, com a nossa espécie. Mas note, falei linkar. Em nenhum momento afirmei que são comportamentos exclusivos dos *Homo sapiens*.

Portanto, respire fundo e tome um tempo para refletir sobre os ensinamentos grandiosos que animais com um cérebro do tamanho da cabeça de um alfinete podem nos proporcionar. Teremos mais um capítulo de histórias de comportamentos inteligentes da natureza para que consigamos enxergar os organismos que nos cercam de uma maneira ainda mais próxima de nós mesmos. Assim, vamos deixar nossas bolinhas amarelas e pretas para trás e descobrir mais um universo inteirinho de conhecimento rumo a uma *Natureza* cada vez mais *Humana*.

7

Bom, para começar este caso do jeito certo, preciso ser bem sincero com você: esta última história sobre inteligência me deu um baita trabalho. Não porque era complexa ou por ter sido difícil achar boas referências, mas porque são vários os casos que mostram que, assim como nós, a natureza também tem diversos seres que mandam bem no quesito "escolhas sábias". Já vimos que fungos e árvores se comunicam tão bem quanto nossos aplicativos de mensagens; vimos, em seguida, as pequenas abelhas jogadoras de futebol. E, para escolher o terceiro caso e excluir todos os outros bons que poderíamos utilizar, foi dolorido.

Como ignorar os preciosos golfinhos-nariz-de-garrafa (*Tursiops truncatus*) e as insanidades que seus gigantescos cérebros possibilitam? Como fazer para esquecer as façanhas que os corvos conseguem realizar mesmo sem ter membros superiores com capacidade de manuseio e utilizando apenas os fortes bicos córneos? Como não citar o potencial de equipe que as orcas apresentam, criando ondas para derrubar presas que tentam se salvar em cima de blocos de gelo? Também existem exemplos não animais que foi doloroso excluir. Um dos meus favoritos são as flores que mimetizam (imitam do melhor modo possível) seus insetos polinizadores aumentando as chances de atração para seus pequenos grãos de pólens. A erva-abelha (*Ophrys apifera*), por exemplo, é uma linda orquídea que imita, como o próprio nome da espécie já dá uma dica, uma pequena abelha. Enfim, foi realmente uma tarefa bem difícil.

Mas antes mesmo de terminar o capítulo anterior, minha mente já havia decidido que gostaria de algo diferente para encerrar a parte sobre inteligência. Nessa história, eu pretendia que nossa estrela tivesse realizado uma façanha de uma forma um pouco mais ativa, sabe? Quem sabe algo menos direcionado do que o caso das abelhas e mais palpável do que o das redes fúngicas. Algo que pudesse ter acontecido por uma iniciativa de seus atores e não de terceiros. E para isso decidi que o protagonista deveria ter realizado uma fuga mirabolante. Poderia ser de um viveiro, uma gaiola, um recinto, sei lá. Queria dar um tom dinâmico a esta parte, talvez colocar um pouco de ação policial. Brincadeira, gente, me empolguei aqui.

Com a emoção afetando meu raciocínio e pautando minha exigência por ação, fui em busca de histórias que seguiam esse viés. Encontrei bons exemplos, confesso. Mas nada que pudesse me dar novos argumentos para provar que a *Natureza* é mais *Humana* do que a gente imaginava.

Porém, entre as histórias que vi, duas me chamaram mais a atenção. Ambas envolviam indivíduos do reino Animalia, embora um pertencesse ao grupo dos vertebrados e o outro, não. Seguindo meu objetivo neste livro: quanto mais longe evolutivamente dos humanos forem os exemplos, melhor.

Pense só, o que será mais surpreendente? Descobrir que uma barata ou um orangotango consegue resolver um problema matemático? Bom, se você tiver uma mínima noção de evolução, vai dizer que com certeza é bem mais chocante uma barata saber usar a fórmula de Bhaskara do que um orangotango (apesar de que, mesmo para esse segundo cara, seja muito difícil). Isso porque, para que meu argumento faça sentido, é essencial entender que quanto mais próximas as espécies estiverem nas linhagens evolutivas, mais parecidas elas tendem a ser. Então, usar primatas para fazer comparações com nossa espécie seria uma estratégia pouco válida. Entretanto, por ser um fã incondicional de um grupo de macacos ruivos, eu quis dar uma colher de chá biológica para eles e mostrar algumas das fugas mais incríveis que esses animais já estrelaram.

Por isso, um breve voo até a costa oeste dos Estados Unidos não vai atrasar nossos planos. Então, aqui vai um resumo para vocês não ficarem curiosos. O gênio, ou melhor, o primata mais pilantra que já existiu neste planeta, pelo menos na minha opinião, se chamava Ken Allen. Um orangotango de aproximadamente 110 kg que vivia no Zoológico de San Diego, na Califórnia, durante a década de 1980. O animal, segundo diversas fontes, era o Mister M das fugas inacreditáveis. Para ter uma ideia da cara de pau do atrevido, em uma de suas escapadas, Ken Allen caminhou pelo zoológico como se fosse um visitante, parando para olhar os outros animais em seus recintos. Em outra fuga, foi encontrado pelos tratadores em frente à área de outro macaco, atirando pedras em seu vizinho. Em defesa do pobre Ken, as pedras estavam sendo atiradas em outro orangotango, chamado Otis, que, segundo as fofocas zoológicas, não fora muito amigável em outra situação.

As fugas do animal davam trabalho à administração do zoológico, e, portanto, após cada um dos eventos, modificações estruturais foram realizadas para impedir Ken de repeti-las. No total, foram cerca de nove fugidinhas, que renderam um gasto de aproximadamente 45 mil dólares em medidas de segurança.

Em uma de suas peripécias mais marcantes, Ken traçou um plano que, além de envolver uma ferramenta, incluiu outro orangotango. Bom, obviamente não tem como a gente afirmar que foi algo planejado. Pode ter sido uma grandíssima ironia do destino. Mas não parece estranho nosso amigo ter ido dar mais um voltinha depois de ter jogado um pé de cabra para sua amiga Vick e ela ter aberto a janela do recinto? A maquinação de Ken se torna ainda mais perceptível depois que o zoológico tentou "acalmar e distrair" o animal inserindo fêmeas em seu ambiente. Bom, como de costume, vou dar um tempo para você pensar no que aconteceu depois que Ken recebeu novas habitantes em seu espaço.

Opção A: o animal se acalmou e se converteu em um orangotango "normal" e quieto.

Opção B: Ken atacou as fêmeas e fugiu mais uma vez do cercado.

Opção C: o primata fez uma lavagem cerebral nas novas companheiras para que elas também tomassem gosto pela vida do crime.

Quer um tempo para pensar na opção correta ou já está certo da resposta? Bom, se você já está acostumado com a não obviedade dos fatos deste livro, escolheu a opção C e acertou, é claro. Não, Ken Allen não se tornou o coach das fugas do Zoológico de San Diego. Mas o que explica o fato de, depois de alguns meses de convívio, duas de suas companheiras terem fugido do recinto usando um rodo de 1,5 m de comprimento esquecido por lavadores de janelas? Uma delas, chamada Jane, foi encontrada caminhando próximo à exposição dos flamingos e precisou ser tranquilizada, enquanto a outra, Kumang, voltou pacificamente para seu hábitat guiada pelos cuidadores.

Apesar de ser uma pessoa cética sobre a maioria dos acontecimentos, não acredito nas coincidências rotineiras e muito menos nessas do Zoológico de San Diego. É provável que essa situação seja uma das poucas informações deste livro que não vai ter uma explicação plausível e muito menos científica. Até porque nem tem como eu inserir comprovações pautadas por pesquisas sobre um orangotango específico que aprendeu a fugir. Mas não acredito que a fuga das fêmeas foi uma simples coincidência. A probabilidade de Ken ter incentivado essa fuga dupla é baixíssima? Sim. Mas tudo em que esse primata coloca a mão vira uma confusão. E se ele também tentou fugir, mas, por ser maior que as fêmeas, não conseguiu? E se elas o observaram em ação, como no caso das abelhas, e repetiram com êxito seu plano? Uma lavagem cerebral não precisa obrigatoriamente ser falada, imposta ou algo do tipo. Ela pode ter ocorrido apenas por demonstração de uma ação. Se um irmão caçula vê seu irmão mais velho roubar biscoitos antes do almoço e começa a repetir seu exemplo, podemos incluir esse caso como uma lavagem cerebral? Entenda, a nomenclatura aqui é o que menos importa, chame de lavagem cerebral, má influência ou, quem sabe, apenas influência. Até porque, sob diferentes perspectivas, essas fugas não eram algo tão ruim assim.

O que importa na breve pincelada da trajetória de Ken Allen é a capacidade intelectual dos primatas, mais especificamente dos orangotangos. Existem diversos estudos que dissertam sobre a facilidade que esses animais têm de imitar as ações uns dos outros, até estudos que debatem como um maior número de estímulos e a qualidade deles interferem na aprendizagem social ou na capacidade de resolver problemas de cada um deles. Para você ter uma ideia, o lado cognitivo desses primatas já é tão estudado e conhecido que os cientistas conseguiram até testar a habilidade de resolução de problemas entre diferentes espécies. Por exemplo, por viverem de maneira mais social, os orangotangos-de-sumatra (*Pongo abelii*) se saem melhor em habilidades de resolução de problemas quando comparados aos orangotangos--de-Bórneu (*Pongo pygmaeus*), que vivem naturalmente uma vida mais solitária. Agora me fale: é ou não é o puro suco da inteligência animal? Aprendizagem, resolução de problemas, ação-imitação. São tantos atributos que dá para se perder.

Agora vamos extrapolar a última comparação dos orangotangos para nossas vidas. Não é quase óbvio para nós que o meio em que estamos inseridos impacta demais a nossa vida? Essa conclusão não é uma informação que se encaixa perfeitamente na nossa espécie? Talvez você nunca tenha lido um artigo científico com quinze páginas em inglês repleto de termos técnicos, mas já sabia dessa questão social. Ou sua mãe não o alertava na época do colégio sobre suas amizades? Você já pode ter escutado o clássico: "olhe com quem você anda", ou talvez o "quem com porcos anda, farelo come". O nosso meio, ainda mais na fase de desenvolvimento (infância), interfere demais na construção de cada um de nós. Eu mesmo posso dar um bom exemplo sobre essa influência mesmo depois da minha infância.

Quando viajo para campo, a fim de palestrar ou algo que me tire do meu ambiente rotineiro e me insira num hábitat restritamente (no meu caso) biológico, minha mente funciona de modo diferente. Já quando estou em um almoço de família, não consigo conversar sobre ter notado como a anatomia do muriqui-do-norte (*Brachyteles hypoxanthus*) se assemelha bastante com a de um macaco-aranha (*Simia paniscus*), sabe? Então, mesmo se durante as garfadas de um delicioso frango à milanesa feito pela minha mãe me venha à mente uma curiosidade dessas, vou abafá-la, porque sei que não vai ter ninguém ali para falar a mesma língua que eu. Agora, se eu estivesse no meio dos pesquisadores do Muriqui Instituto de Biodiversidade e a mesma ideia surgisse, você pode ter certeza de que eu falaria. É um exemplo distante da realidade de muitos, mas tenho certeza de que cada um que está lendo esta página consegue pensar em um exemplo de como seu comportamento e aprendizagem se moldam dependendo do meio em que está.

Eu queria falar também sobre um outro animal, um bicho pelo qual tenho grande admiração. Para vocês terem uma ideia, se eu não estivesse tão determinado a me tornar um professor de Biologia na época da faculdade e tivesse interesse na carreira acadêmica, talvez o grupo que engloba esse indivíduo pudesse me capturar para uma linha de pesquisa extremamente longa na minha vida.

Aí você me pergunta: *"Por quê, Yago?"*. *"Por que você gosta tanto desse animal misterioso?"* A estrela do nosso último caso é fora de série. Primeiro porque parece de outro mundo. Ele bem poderia fazer uns bicos num *Star Wars* da vida. Ele não tem ossos, vive majoritariamente no mar e é o rei do disfarce. Pode mudar desde a cor até a textura da pele. Se precisar ter uma pele lisa, ele a terá. Caso uma pele enrugada e craquelada seja a única forma de se camuflar e fugir de um predador, ele também a terá. O cara tem oito tentáculos, um bico que parece de um papagaio e é muito inteligente. A evolução arrancou as conchas que seus avós tinham, mas, em troca, deixou uma "cortina de fumaça" para sumir igual a um ninja. Sim, tenho uma quedinha pelos polvos. E são eles (e alguns primos próximos) que vão dominar as próximas páginas.

Essa história ficaria ainda melhor se pudesse ser acompanhada de uma música de fundo, sabe? Poderia ser a mais conhecida do mundo da ação. Até porque o que esse polvo fez parece saído do filme *Missão impossível*. Então, sem enrolação, vamos dar um pulinho no outro lado do mundo, mais precisamente na Nova Zelândia, para conhecer o Inky, um *cara* muito especial.

Em 2016, um polvo do Aquário Nacional da Nova Zelândia realizou uma façanha inacreditável. Segundo o jornal inglês *The Guardian*, o animal escapou do aquário depois que funcionários deixaram a tampa do seu tanque entreaberta por acidente. A equipe do aquário acredita que no meio da noite, enquanto o espaço de visitação estava vazio, o animal tenha subido nas paredes de vidro de seu tanque e escorregado lentamente até o chão. A hipótese mais aceita para explicar a fuga que viria na sequência é ainda mais fenomenal do que a própria fuga. Devido às possibilidades mais plausíveis para a saída definitiva do aquário, o polvo realizou uma "caminhada" de mais de 4 metros pelo chão, retirou a tampa de um ralo e desceu por mais de 50 metros por um duto que escoava a água da chuva para o mar. Sério, isso é impensável. A grandeza desse plano, dessa fuga, é algo que não dá para explicar, de verdade. Aí você até pode pensar: "*Pô, Yago, beleza, o polvo escapou, deslizou pelo chão e entrou por um cano. Mas a história do Ken Allen não é mais inacreditável, não? Tipo, é um macaco que estava praticamente ensinando os outros a fugir*". Bom, antes de fazer essa pergunta, você precisa se lembrar de que Inky é um polvo, um animal invertebrado que é creditado por ter um cérebro muito mais simples quando comparado com o dos símios da Califórnia. Entretanto, tome bastante cuidado com essa afirmação.

Os polvos até podem ser animais, sob certas perspectivas, mais simples em contraposição a grandes primatas, mas, quando o assunto é exclusivamente seu sistema nervoso, em comparação com outros invertebrados, incluindo a quantidade de células, sua complexidade, seu tamanho e até seu potencial cognitivo, eles dão um verdadeiro baile. Não é para menos que são considerados os invertebrados mais inteligentes do reino animal. E não para por aí. Para você ter uma ideia, muitas pesquisas mostraram que esses animais possuem um leque de habilidades tão incríveis que superam em muitas escalas as habilidades neurais da maioria dos vertebrados, como, por exemplo, a grande capacidade de percepção, aprendizado, reconhecimento e até habilidades de memória. Uma sofisticada plasticidade comportamental, que inclui uma alta capacidade para uso de objetos e até planejamento futuro são também alguns outros atributos que podem ser relacionados a certos indivíduos do grupo dos moluscos, e Inky é um deles.

Apesar de a história de Inky ter sido curta, neste ponto do capítulo meu objetivo é mostrar o porquê de os polvos serem tão inteligentes. Vocês verão que as façanhas realizadas, eu diria até com facilidade, por esses animais me dão fortes argumentos para destacar a *Natureza* da forma mais *Humana* que eu poderia fazer. Portanto, vamos seguir o raciocínio.

Para seguir esse fio "crânio" sobre polvos (apesar de eles não terem essa estrutura óssea), preciso trazer o trabalho de toda uma vida para nossa conversa. É aqui que entra uma das maiores especialistas em comportamento e inteligência dos cefalópodes no mundo: Jennifer Mather. Enquanto escrevia isto, e após dias e mais dias me aprofundando nesses animais, me tornei ainda mais fã de Mather. Foram palestras atrás de palestras, vídeos com horas de duração e muitos artigos lidos. E tudo para confirmar o que eu já suspeitava: os polvos, com certeza, são de outro mundo.

Já que no primeiro caso sobre inteligência não tivemos um neurônio sequer na nossa dupla dinâmica (árvores e fungos), vamos começar falando do já citado sistema nervoso. Nove cérebros está bom para você? Sim, polvos têm oito "minicérebros" situados em cada um dos tentáculos, nos quais também estão localizados cerca de dois terços de todos os seus neurônios, e um cérebro central, localizado entre os olhos. Para ter uma ideia, nesse conjunto maluco que compõe seu sistema nervoso, os polvos totalizam cerca de quinhentos milhões de neurônios. Mais ou menos o mesmo número que a ciência estima para os cachorros e duas vezes mais que os nossos gatinhos domésticos. Esse processador extremamente potente para um invertebrado possibilita que esses animais façam coisas inacreditáveis, como o caso do polvo Otto, que vivia na Alemanha.

Elfriede Kummer, diretora do aquário Sea Star, na cidade de Coburg, relatou para os jornalistas um grande feito biológico – ou quase isso. A diretora disse que o sistema elétrico do aquário havia entrado em curto-circuito e parado de funcionar. Os responsáveis técnicos teriam sido chamados e consertaram o problema, mas, no mesmo dia, à noite, as luzes não acendiam, justamente por causa de um novo curto. Curiosos para entender o que estava acontecendo, funcionários passaram a noite no aquário esperando e observando qualquer atividade suspeita, porém, nada de estranho foi notado. Mas, na manhã do dia seguinte, a senhora Kummer se deparou com uma cena inacreditável: o polvo Otto, que havia sido treinado para esguichar água nos visitantes de seu recinto, estava atirando jatos d'água em um holofote de 2 mil watts, localizado logo acima de seu aquário. Quem ensinou a Otto que eletricidade e água não dão certo? Os polvos são realmente brilhantes, mas acreditar que eles entendem sobre o assunto é forçar a barra, né? Ninguém ensinou o animal a mirar no holofote, saca? Como o polvo atrevido chegou a essa conclusão? Nunca se espante com eles, coloque isso na sua cabeça.

Sim, Otto é mais um ótimo exemplo de inteligência no mundo animal. A união de água com eletricidade pode ter sido totalmente sem querer? Lógico. Mas também pode não ter sido tão sem querer assim. E se o animal não aguentava mais a luz forte em cima de seu tanque, mirou o jato d'água no holofote, a luz ficou mais fraca e ele fez uma conexão na cabeça dele? Jato d'água + holofote = luz mais fraca. Não dá para ter certeza. O que sabemos é o que aconteceu. A razão por trás disso segue sem explicação.

Falando sobre outras habilidades dos polvos, não sei se você sabe, mas esses animais podem ficar praticamente invisíveis, e, se não acredita em mim, procure na internet imagens de polvos se camuflando para entender o que estou falando. Se após assistir a algum vídeo sobre a camuflagem dos polvos você achar que é fácil encontrá-los entre os corais, lembre-se de que a imagem que você está vendo foi gravada por ótimas câmeras e você está assistindo no conforto da sua casa e não a algumas centenas de metros de profundidade em um oceano com pouca incidência de luz.

A habilidade de se camuflar com excelência é inacreditável e só acontece graças a estruturas chamadas cromatóforos. Células pigmentares controladas pelo sistema nervoso e pela ação hormonal. Essas células especializadas podem ser expandidas ou contraídas por meio da ação de pequenos músculos ligados à periferia celular. A contração dessas estruturas musculares distende e achata a célula, levando, assim, à dispersão ou à concentração dos pigmentos que estão ali dentro. É nesse puxa e relaxa que o "arco-íris" é produzido e vemos belíssimos padrões de cores na pele dos animais. Os pigmentos presentes nessas células que mudam de cor variam desde uma cor amarronzada até vermelho e amarelo.

O mais interessante sobre esse mecanismo de mudança de cor é que ele ainda pode ser realçado por outras estruturas chamadas iridóforos, que estão localizadas um pouco abaixo da superfície da pele e potencializam a coloração produzida, refletindo ou refratando a luz que incide nesses animais. Falando assim parece que é algo muito simples, mas quando olhamos os padrões sendo alterados em milésimos de segundo, vemos a complexidade e o potencial de camuflagem que esses animais têm. Afinal, se alimentar é importante, se reproduzir também, porém, para satisfazer todas essas necessidades, estar vivo e longe de predadores é definitivamente mais importante.

Antes de seguir com a análise de "por que polvos merecem uma atenção redobrada de todo mundo" e para exemplificar a capacidade fora de série de camuflagem desses animais, faça um favor para mim e para você também: pegue seu celular, abra o YouTube e escreva assim: "*octopus dreaming*" (polvo sonhando). Clique no vídeo do canal *Nature on PBS* e assista. Lá você verá um polvo dormindo e, ainda assim, trocando magistralmente os padrões de cores da pele de forma muito rápida. Apesar de haver um homem narrando a cena, como se o animal estivesse sonhando com uma caçada a um caranguejo ou siri, não há como bater o martelo que esses animais sonham. Até existem estudos que analisam o sonho dos polvos, mostrando a atividade neural durante o processo e aproximando o mecanismo fisiológico com o dos humanos. Mas, de novo, acreditar em polvos literalmente sonhando é um pouco *over*. Assim que você acabar de ver o vídeo, siga feliz para o próximo parágrafo.

Agora, antes de detalhar algumas funções ainda mais complexas dos cromatóforos nos cefalópodes do que as já vistas, temos que ressaltar que, além da mudança de cor e da criação de padrões, esses animais também conseguem gerar texturas diferentes na pele. Tudo graças a estruturas fantásticas chamadas de papilas. E se essa mudança na textura da pele parece impossível de ser pensada, apenas lembre-se do que acontece quando alguém deixa você arrepiado. Sua pele não muda também de textura? Apesar de serem por motivos totalmente diferentes, a *Natureza Humana* é muito mais evidente do que você imagina, e só estou deixando mais claro para que você também veja.

Mas voltando ao cerne da questão.

Além de imitar a cor de um coral, por exemplo, os polvos conseguem imitar as formas das espículas das esponjas-do-mar (elementos esqueléticos de sílica ou cálcio, que compõem o "esqueleto" da maioria dos poríferos).[14] Assim, quando você vir aquelas imagens perfeitas de camuflagem de polvos em documentários, saiba que são os cromatóforos, iridóforos, papilas e outras estruturas que fazem a mágica acontecer. Além dessas três estruturas principais, não podemos esquecer dos créditos, quando presentes, aos fotóforos. Sem eles, alguns cefalópodes bioluminescentes não conseguiriam produzir o padrão brilhante que

---

14 Apesar de muitas pessoas se confundirem, vale ressaltar que corais verdadeiros são compostos por cnidários, e não poríferos. Porém, alguns indivíduos do grupo dos poríferos, como as esponjas, se assentam sobre os corais e vivem em harmonia com seus primos evolutivos.

proporcionam um efeito de contrassombreamento (sim, a luz pode ajudar na camuflagem em certas zonas do mar) – um meio de comunicação e de atração de parceiros.

Um detalhe sobre esse universo de cores e padrões é que, além dos polvos, as lulas também mandam bem demais nesse lance de cromatóforos. Para ter uma ideia, certas espécies de lula conseguem colorir alguns cromatóforos em pontos específicos do corpo, fazendo surgirem "olhos" na pele. Caso uma ameaça apareça, como um grande peixe, o predador encara aqueles "olhos" gigantescos e aterrorizantes criados pela lula e conclui que existe um grande guerreiro do mar por trás deles. Apesar de ficar claro que estamos falando de um grande e poderoso blefe, para os predadores naturais, o susto é suficiente para fazê-los desistir de comer lula no espeto. Note que, apesar de ser "apenas" uma imagem para se temer, essa situação é o que chamamos na Biologia de "comportamento deimático", que resumidamente é uma habilidade de parecer algo que não é. Algumas espécies de borboletas podem imitar olhos de corujas em suas asas, algumas lagartas podem fingir ser uma serpente e lagartos--de-gola podem parecer ser maiores do que realmente são, tudo para afugentar possíveis ameaças.

Engraçado que se esforçar para parecer algo ou alguém que não condiz com a sua realidade para escapar ou ser aprovado em alguma situação poderia também ser considerado um comportamento humano, não acha? A identidade falsa (apesar de não fazer parte do seu corpo) para entrar em uma festa para maiores de 18 anos é um dos exemplos mais clássicos. Mas também existem muitos outros, como chegar na sua crush que é bem mais alta que você e ficar na ponta do pé para nivelar um pouco as coisas, gritar durante uma discussão para mostrar mais imponência, vigor físico ou até um maior descontrole, dependendo da situação, e o também famoso encolher a barriga para sair bem em uma foto. E, posso falar, se você parar para pensar, verá que tem muitos outros exemplos para essa análise. Ou seja, lulinhas com olhos falsos, vocês não estão sozinhas nessa.

É muito exagero da minha parte dizer que todos os exemplos que levantei agora são formas de se comunicar? Parecer ser mais alto do que se é tem como objetivo passar um tipo de informação, né? Ela pode ser diferente para cada contexto e pessoa, mas é uma tentativa de demonstrar algo, certo? Ter uma barriga mais definida ou menor tenta vender uma imagem de ser fiel a hábitos saudáveis. Sendo assim, falsos olhos criados por cromatóforos para criar a ilusão de ser um outro animal também é, de certa forma, um tipo de comunicação. Nesse caso, é comunicação interespecífica, mas não deixa de ser uma comunicação. Trazendo para o português claro: quando duas espécies diferentes interagem (nesse caso, a lula e o peixe), chamamos isso de relação interespecífica.

"Mas e o papo entre as lulas?" Uma interação intraespecífica (interação entre a mesma espécie) também rola? Sim! Se a passagem de informação, mesmo que falsa, acontece entre lulas e seus predadores, imagina entre elas. A própria professora Jennifer Mather, que citei quando começamos a falar sobre os polvos, dá uma palestra simplesmente incrível na qual mostra que esses animais gelatinosos usam as células especiais que mudam de cor para produzir uma comunicação avançada que, em tese, pode até ser considerada uma linguagem própria. Segundo a professora, não é uma linguagem como a nossa. Acho que

isso fica meio óbvio, né? Mas, se olharmos com bons olhos e coração aberto, veremos que, apesar de parecer bem distintas, os objetivos e as funcionalidades da comunicação entre lulas e entre humanos até que se assemelham em muitos pontos. E vou explicar esse argumento para vocês.

Nossa linguagem está intimamente relacionada à emissão e produção de sons. Nossas cordas vocais possibilitam uma gama bem grande de fonemas que podemos produzir. Mas vale ressaltar que as linguagens humanas não estão apenas pautadas em sons, certo? Gestos, expressões faciais e até olhares podem ser considerados linguagem na nossa espécie. Entretanto, para que possamos realizar as comparações mais claras entre a linguagem das lulas e a nossa, utilizaremos como padrão para os humanos a verbal.

Vamos lá. Certo aluno chama sua amiga que está do outro lado da sala de aula. Dentro da linguagem verbal, o menino basicamente gerou uma vibração nas partículas do ar que foram se expandindo pelo espaço e chegaram até os receptores auditivos da menina, que está a certa distância do colega. Isso é uma comunicação, certo? Comunicação do tipo sonora. Mas, além de ser uma forma de comunicação, o processo de transmissão de informação se configura como linguagem. Segundo o dicionário *Houaiss*, linguagem é "qualquer meio sistemático de comunicar ideias ou sentimentos através de signos convencionais, sonoros, gráficos, gestuais". Opa, gráficos. Imagens ou gráficos também podem ser vistos como uma linguagem.

Dessa forma, fica claro que as lulas, por exemplo, também conseguem se comunicar entre si através de uma linguagem. Porém, a comunicação desses animais é regida por diferentes padrões de cores em sua pele. O animal quase se torna um grande painel de LED, ativado para expressar desenhos baseados nas suas necessidades fisiológicas com um parceiro ou com uma possível ameaça. Dessa forma, assim como o menino do exemplo, que chama a amiga na sala de aula, uma lula macho pode iniciar a comunicação com uma fêmea de sua espécie a partir da troca de cores de diversos dos seus cromatóforos. Apesar de no exemplo da sala de aula a informação ter sido recebida pelos ouvidos da menina e a lula fêmea ter captado a mensagem do futuro pai dos seus filhos através da visão, as mensagens foram transmitidas, em ambos os casos, de uma maneira efetiva.

Além disso, nós e esses animais também apresentamos outras particularidades em comum em se tratando de linguagens. Mas, por incrível que pareça, as lulas podem fazer algo que nós não conseguimos. Devido ao fato de suas informações serem transmitidas por meio de padrões de cores, as lulas conseguem passar mais de uma informação ao mesmo tempo. Já foi registrado em vídeo que, de um lado do corpo, elas podem estar falando uma coisa, enquanto do outro, uma informação completamente diferente pode estar sendo expressa. Nós, por mais rápido que alguns indivíduos possam falar (e aí só me vem à cabeça o Eminem), não conseguimos falar duas palavras ao mesmo tempo. Se você nunca tinha parado para pensar nisso, pode tentar e vai ver que é impossível.[15]

---

15 É óbvio que existe a possibilidade de transmitir uma mensagem usando a linguagem sonora e, ao mesmo tempo, Libras, por exemplo. Mas aí seriam duas linguagens diferentes e esse argumento não seria válido para anular o ponto das lulas.

Um adendo extremamente importante sobre o assunto e que é quase uma polêmica no mundo dos moluscos: lulas, polvos e outros cefalópodes, apesar de se comunicarem por imagens, não enxergam cores. Eles enxergam o mundo da mesma maneira que uma televisão antiga: preto e branco. Bom, pelo menos é o que alguns pesquisadores acreditam. E, se você é uma pessoa atenta nos paranauês biológicos, pode ser que tenha se perguntado sobre cones e bastonetes, né? Células fotorreceptoras que estão presentes nos nossos olhos e nos permitem enxergar em ambientes com cores ou não. Bastonetes são importantes para situações em que os animais precisam enxergar em ambiente com pouca luz. Já os cones nos ajudam com as cores em locais iluminados. Portanto, em um dia ensolarado e no meio de um campo colorido de girassóis, os cones estão em atividade frenética. E qual é a grande polêmica por trás de os cefalópodes apenas apresentarem bastonetes? Como teoricamente esses animais não enxergam os complexos padrões coloridos, seria um desperdício energético produzir tais cores, não acha? Além do gasto energético absurdo, faria sentido para a evolução um macho se arriscar para exibir os tons brilhantes se, durante a "dança" de acasalamento, a fêmea não pode vê-las? Não faz, né? Mas e se o predador pudesse vê-lo nesse momento? Um peixe conseguiria identificá-lo e engoli-lo apenas com uma bocada. Concorda comigo que uma estratégia arriscada dessa não teria um final feliz?

Mas, se os cefalópodes realmente são "daltônicos" nesse nível, como um polvo, por exemplo, poderia imitar o padrão de cores de um coral? Comentei algumas páginas atrás sobre a camuflagem perfeita, não comentei?

Ou seja, de alguma forma esses carinhas têm que enxergar um mínimo ao seu redor. Como eu disse, o assunto é meio polêmico e um possível debate sobre o tema nos mergulharia em um conteúdo um tiquinho diferente do meu objetivo. Então, sendo bem sucinto na explicação, existem algumas hipóteses para que esses animais, mesmo não apresentando cones, consigam ver cores. Essa parcela da ciência acredita na visão colorida desses animais a partir de uma óptica que não dominamos muito. Essa linha de raciocínio defende que o formato das pupilas desses carinhas, em U, W ou em um formato de haltere, pode resolver o problema da falta de cones e, consequentemente, da falta de cores. Desse modo, se for pelo formato da pupila, ou até mesmo de outro jeito, o importante é que esses animais conseguem usufruir das cores dos cromatóforos, mesmo não tendo as células responsáveis por sua detecção.

Além de todas as habilidades dos cefalópodes por trás de visão, cores, textura e camuflagem da pele, os indivíduos desse grupo também podem ser exaltados pelo sistema de navegação. Mapas, bússolas, GPS, para quê? Assim como as abelhas, os polvos são bons em criar rotas. Eles não chegam a um lugar lotado de outros polvos e dançam indicando onde achar comida, até porque polvos são animais solitários, mas os molengas de oito tentáculos conseguem fazer um mapa a partir de informações visuais e utilizá-lo sempre que for importante. É como se decorassem quais curvas e retas devem pegar para encontrar o caminho de ida e volta. E você aí, no topo da "inteligência animal", sem saber dirigir ou andar na rua sem utilizar um aplicativo de localização...

Seguindo a linha de raciocínio da razão de os polvos serem os mais fantásticos dos invertebrados, chegamos a uma parte descontraída da ciência. Porque, sim, a professora Jennifer Mather e seus amigos pesquisadores fanáticos por cefalópodes acreditam que polvos sejam tão avançados que realizam atividades com gastos energéticos elevados e sem função plausível para evolução. Traduzindo para o português mais claro: "muito provavelmente, os polvos brincam". Sim, é isso mesmo que você leu. Em um estudo publicado por Mather e um colega pesquisador, em 1999, ambos notaram um polvo brincando de empurrar um plástico para longe e esperar o recipiente voltar na sua direção com auxílio da correnteza. É como se você estivesse entediado e começasse a jogar uma bola de tênis na parede para o tempo passar.

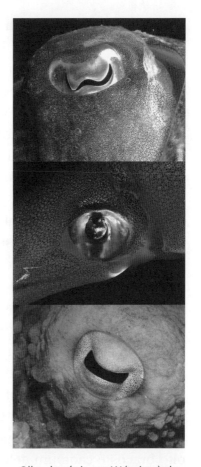

Olho da sépia em W (acima), da lula em U (ao centro) e do polvo no formato de um haltere (abaixo)
ARNAUD ABADIE/ ISTOCK (SÉPIA), RUI PALMA/ SHUTTERSTOCK (LULA), OSMAN TEMIZEL/ SHUTTERSTOCK (POLVO)

Para finalizar os argumentos que comprovam que polvos são geniais, temos que voltar a falar dos seus tentáculos. Acho que nem o Doutor Octopus do filme *Homem-Aranha 2* conseguiria copiar a façanha que esses animais realizam na natureza. Se você assistiu ao filme, deve lembrar que, em um dos embates (o pior deles) do Doutor contra Peter Parker, são, na verdade, os tentáculos que controlam o ataque, certo? Aí fica a reflexão: o que isso tem a ver com o brilhantismo dos polvos? Lembra que eu disse que dois terços de todos os neurônios presentes no corpo dos polvos estão localizados nos "braços"? Então, além desse dado, é interessante saber que, apesar de o sistema nervoso central gerar informações para comandar os tentáculos, eles meio que podem escolher qual decisão vão tomar. Imagine cada uma das nossas pernas tomando o próprio rumo. "Ahhhhhh, um cachorro raivoso fugiu da coleira, corram!" Uma perna quer correr para a direita, outra para a esquerda, e seu cérebro surtando e enviando sinais nervosos para que elas subam em uma árvore. É, não deve ser uma experiência bacana. Mas em um cenário menos caótico, imagine que sonho seria se tivéssemos oito braços e cada um deles pudesse realizar uma função diferente ao mesmo tempo, sem depender de um controle neural central para isso. Pô, evolução, poderia ter quebrado essa, né?

Agora que chegamos ao fim deste capítulo e, concomitantemente, ao fim da saga sobre inteligência, podemos bater o martelo que ela também é um comportamento não tão exclusivamente humano assim, concorda? Na minha cabeça ficou muito claro, depois de tantas pesquisas, exemplos e casos, que a natureza pode ser tão e, às vezes, até mais sábia que a nossa espécie. Eu sei que, para muitos, aceitar esse fato é algo inconcebível, mas acredite em mim quando afirmo que não faltam dados nem pesquisas para provar essa comparação.

Na próxima vez que visitar uma floresta e olhar para as raízes das árvores, que você seja capaz de imaginar a provável rede fúngica que corre ali embaixo e a quantidade de informação que pode ser transmitida sob seus pés. Que você tenha sensibilidade para que, na próxima vez que uma abelha tentar beber um pouco da sua bebida, você não a mate. Até porque você vai carregar a responsabilidade de ter acabado com uma dancinha de aviso extremamente fofa na colmeia. E, para finalizar, que você sempre mantenha seu pé no chão quanto ao intelecto dos seres vivos. Somos diferentes em muitos quesitos, iguais em muitos outros, porém nunca melhores que ninguém.

Agora respire fundo que o amor estará no ar.

PARTE 3

Chegamos ao Capítulo 8 e à última parte da nossa jornada. Continuaremos a analisar, como prometido, casos envolvendo seres vivos que apresentam uma *Natureza* cada vez mais *Humana,* só que, agora, sob uma perspectiva exclusivamente reprodutiva. Caso a complexidade do universo microscópico dos processos reprodutivos assuste você, fique tranquilo. O foco da nossa análise será as consequências que essas menores unidades morfológicas e fisiológicas de um ser vivo causam na nossa vida, e não os detalhes delas. Bom, pelo menos é assim que a ciência define uma célula. Agora, por que dar tanta ênfase às células neste momento? Por quatro motivos.

O primeiro, é a necessidade de expor todas as facetas do mundo biológico para ter uma argumentação válida. Alguns casos até agora foram pautados pela interação entre diferentes indivíduos, já buscamos exemplos em sistemas corporais de animais e iniciaremos uma jornada por um mundo que está intimamente relacionado ao microscópico. O segundo, terceiro e quarto argumentos estão todos unidos em um mesmo propósito. Dar ênfase às células nesse momento é importante porque a maior célula do corpo humano é o óvulo e a menor é um espermatozoide, e todos nós, humanos, obrigatoriamente, fomos uma única célula por um curto período da nossa vida: o zigoto. Sabe o que todos esses fatos têm em comum? Eles são essenciais, assim como as células que os protagonizam, para os processos reprodutivos da nossa espécie e de muitas outras. Portanto, não há como iniciar um debate sobre sexo envolvendo humanos sem citar a importância dessas estruturas nesse universo de possibilidades.

Além disso, é importante relembrar que qualquer ser só é considerado ser vivo quando apresenta, pelo menos, uma célula. Qualquer partícula, substância, átomo, molécula, organela ou estrutura abaixo de uma célula rompe a barreira teórica do que é o vivo. E o melhor exemplo para demonstrar essa importância é que existem milhares de espécies de seres que precisam de apenas uma célula para serem consideradas vivas. Como é o caso dos seres unicelulares, como fungos,[16] bactérias e protozoários.

Entretanto, já adianto, caro peixinho, que nenhum desses indivíduos unicelulares citados será protagonista dos nossos próximos três capítulos, até porque seria impossível realizar comparações minimamente aceitáveis entre eles. O nível de complexidade, o intervalo evolutivo abissal, as divergências estruturais, fisiológicas e anatômicas

---

16 Fungos podem ser tanto unicelulares como pluricelulares.

tornam fora da realidade qualquer tentativa de correspondência entre um corpo composto de uma célula e outro composto por aproximadamente 37 trilhões delas, que é o estimado para um *Homo sapiens* adulto. É como se eu quisesse comparar uma árvore a uma floresta, biologicamente falando, não rola.

É meu dever deixar claro que o sexo que regerá as análises dos próximos capítulos é algo muito mais amplo e complexo do que talvez esteja passando pela sua cabeça. Não utilizaremos a cópula humana, animal ou de outro ser como ferramenta-chave de comparação, até porque as diferenças ficariam escancaradas. Imagina comparar a união de duas cloacas de anfíbios, com o sexo humano. Ou, talvez, criar uma extensa linha argumentativa sobre como a genitália reprodutiva do pato-do-lago-argentino (*Oxyura vittata*), que é maior que o próprio corpo (medindo aproximadamente 42,5 cm esticado), pode estar minimamente vinculada a práticas humanas. Seriam estratégias de baixo poder argumentativo e não é isso que desejamos por aqui.

"Mas, Yago, se características anatômicas têm baixo valor para defender uma natureza cada vez mais humana, talvez usar uma linha mais voltada para os comportamentos sexuais diferentes possam nos ajudar, não?" Bom, se você pensou em algo parecido com isso, não poderia estar mais correto. Os diferentes comportamentos sexuais dos seres vivos nos dão muito mais pontos em comuns do que os detalhes fisiológicos, anatômicos ou até celulares. E vou mostrar por que comportamentos sexuais distintos podem lembrar práticas humanas, utilizando uma série de exemplos bem diversificados

da natureza. Vamos pegar o percevejo-de-cama (*Cimex lectularius*) macho, que pode ser vetor do *Trypanosoma cruzi*, causador da doença de Chagas. Ele tem um dos comportamentos de inseminação de gametas mais insanos de todo o reino animal. Em vez de introduzir o pênis e doar seus gametas em um trato específico na fêmea, os machos utilizam um pênis que funciona como uma faca para perfurar o abdômen da parceira e liberar os espermatozoides por lá. Um tipo de inseminação um tanto traumática, não?! É possível ser comparada com algo humano? Coloque a cabeça para pensar.

Vamos a outro exemplo, não falando exatamente sobre sexo, mas ainda nesse universo: primatas utilizam suas habilidades manuais para se masturbarem. Não que eu espere que você se assuste com essa informação, mas é bom avisar, caso um dia você leve seu filho ou sobrinho para um passeio no zoológico. Outro exemplo não muito conhecido desse autoerotismo é praticado por alguns cetáceos, como os golfinhos. Apesar de não apresentarem dedos aparentes, o que facilitaria a ação, alguns desses animais já foram vistos em aquários utilizando objetos dos mais variados tipos e formatos para se satisfazerem. Em uma ocasião específica (já até fiz um vídeo sobre essa cena), um golfinho foi flagrado usando um peixe morto, que provavelmente seria utilizado para alimentação, para praticar esse, digamos, carinho.

Sexo oral? Temos também. As fêmeas dos morcegos frugívoros de nariz curto (*Cynopterus sphinx*), além de participarem de verdadeiros haréns de um único macho, ainda praticam felação (excitar o pênis com a boca) nele. O ato não tem como objetivo central o prazer, diferentemente do que acontece na nossa espécie. Como existem muitas fêmeas disponíveis para aquele macho, os cientistas acreditam que garantir que os preciosos espermatozoides sejam passados de forma eficaz para seu corpo se torna o objetivo número um das fêmeas. Para isso, manter o macho o maior tempo possível na cópula é uma boa alternativa. Assim, enquanto os órgãos sexuais estão conectados, a fêmea baixa a cabeça e começa a lamber a base da genitália do parceiro. Esse comportamento garantiria que a cópula fosse mais prolongada, até porque, nas vinte relações estudadas em um trabalho conduzido por pesquisadores na China, apenas em seis delas o macho parou a cópula enquanto a fêmea estava com a boca lá embaixo.

E, para finalizar, temos também a bissexualidade. Sim, na vida selvagem, existem diversos exemplos de relações bissexuais e homossexuais bem evidenciados pela ciência. Um deles, que apesar de não ser um dos mais estudados, mas que é bem conhecido pelos amantes da natureza: as girafas. Inclusive, um dos livros mais famosos sobre o tema, o *Biological Exuberance: Animal Homosexuality and Natural Diversity,* traz na contracapa a foto de dois machos praticamente "abraçados", apesar desse abraço provavelmente ter sido apenas o frame de um vídeo que mostrava uma batalha violenta. Na disputa pela fêmea, os machos se envolvem em um confronto intenso, batendo o longo pescoço um no outro. Porém, ao final da disputa, o macho vencedor é visto praticando sexo anal, de forma ativa, com o macho perdedor. Sim, a natureza é bem mais diversa do que parece.

Bom, acho que ficou claro que alguns dos comportamentos sexuais que achávamos ser exclusivamente humanos também são encontrados na natureza. Isso sem falar em comportamentos que são encontrados na natureza e nossa espécie nem sonha em praticar. Um exemplo são os lobos-marinhos-antárticos machos (*Arctocephalus gazella*), que já foram observados tentando copular com um pinguim-rei (*Aptenodytes patagonicus*).

Resumindo, apesar de todos os casos citados até agora serem curiosos e até relevantes para ampliar os horizontes sobre o mundo além das práticas que já conhecemos, o pelicano aqui não gostaria que esses fossem objetos-chave para nossas análises. O motivo principal por trás dessa decisão está relacionado à sensibilidade que os assuntos citados poderiam causar em alguns peixinhos. Então, pensando sob essa perspectiva, decidi trazer um conteúdo mais leve, robusto e que atingisse um conjunto de comportamentos, diferenças anatômicas e de diversidade fisiológica. Pautado por esse desejo, surgiram os três próximos casos sobre sexo na natureza, todos com o objetivo de mostrar uma *Natureza* ainda mais *Humana*.

Um ponto importante que precisa ser ressaltado antes de iniciarmos nosso primeiro caso é que "sexo", para nossa análise, vai muito além da cópula. A terceira parte deste livro não tratará sexo como uma ação ou, até mesmo, a parte central da reprodução. Uma vez que, pensando de modo objetivo, não faria sentido me referir ao ato de copular pelo viés humano como uma forma exclusiva de atingir o sucesso reprodutivo. Para falar a verdade, nosso ato de copular é muito mais envolvido em uma perspectiva de prazer do que propriamente do objetivo reprodutivo. E antes de começarmos, enfim, com o caso principal deste capítulo, devemos perceber por que a afirmação acima é de suma importância para entendermos nossa relação, enquanto espécie, com o sexo.

Se escutar que o sexo e o objetivo reprodutivo não andam tão lado a lado na nossa espécie gerou algum desconforto em você, saiba que tenho argumentos para defender esse ponto de vista. Embora professores de Biologia lidem com Zoologia, Botânica, Genética, Microbiologia, entre outras disciplinas, também precisamos ter uma ótima noção de Matemática e Estatística. E são exatamente os números que regem essas duas disciplinas que me ajudarão na explicação.

Alguma vez na vida você já pensou sobre a eficiência das relações sexuais da nossa espécie? Se a resposta for não, prepare-se para se assustar com a realidade. Vamos criar um casal heterossexual hipotético para ilustrar o argumento: João e Maria se conheceram aos 15 anos, se casaram com 20 e vivem juntos até hoje, com seus 70 anos. É uma conta bem simples, mas para deixar bem explícito: João e Maria estão casados há cinquenta anos. Um dado importante da história é que, desse relacionamento duradouro, resultaram quatro gravidezes e quatro filhos saudáveis. Ou seja, durante a relação inteira do casal, João e Maria tiveram quatro relações sexuais que foram substancialmente eficazes no real propósito. Agora vamos deixar ainda mais claros os números da vida do casal. Vamos supor que a primeira relação sexual aconteceu na lua de mel, OK?! Concorda comigo que são cinquenta anos de sexo para nossa conta? Se João e Maria tiveram a média de uma relação sexual por mês em todos esses anos, teremos um total de 600 cópulas. Se pegarmos a quantidade de gravidezes que Maria teve, que foram quatro, e dividir pela quantidade de relações do casal, descobrimos que a eficiência por trás da relação sexual é de 0,006. Obviamente, pensando em eficiência do ponto de vista da geração de uma vida, está bem?

Agora vamos pensar em um número mais elevado de relações sexuais entre o casal. Em vez de uma por mês, vamos definir quatro. Com quatro relações sexuais por mês, teremos 2.400 relações sexuais em cinquenta anos de casados e quatro processos de gravidez. Isso dá uma eficiência de 0,001. Agora faremos o contrário. Em vez de aumentar o número de relações sexuais, vamos diminuir. Talvez levantar que o casal apenas tenha tido uma única relação sexual por ano. Repito, uma única vez por ano de média. Se pegarmos as quatro gravidezes e dividirmos pelas cinquenta relações sexuais do casal, encontraremos uma eficiência de 0,08. O que esses baixíssimos números de eficiência nos processos reprodutivos significam para nossa análise de uma *Natureza* mais *Humana*? Provavelmente, que não existiu um ser vivo que habitou este planeta que encare ou tenha encarado os processos reprodutivos pertencentes à sua espécie de nenhum ponto de vista próximo do que nós encaramos.

Vamos pegar agora os cachorros. Hoje, tenho dois cachorros em casa, mas, por quase uma década, tive três: Preta, Conca e Tequila são os nomes que escolhemos para nossos yorkshires. Seguindo a ordem dos nomes, também temos a ordem de idade, partindo da mais velha para a mais nova. Preta e Conca dominaram a casa por muitos anos, antes de nossa caçula chegar. O casal mais velho já havia tido uma relação sexual que gerou quatro filhotinhos, mas, por complicações na hora do parto, nenhum deles sobreviveu. Preta precisou ser castrada e seguimos nossas vidas. Alguns anos depois, minha mãe ganhou a Tequila como presente de Natal. De cara, Conca, o macho da casa, não acolheu muito bem a nova filhote. Vivia colocando a pobre Tequila para correr. Após muitos meses de convivência, os dois se tornaram amigos. Quer dizer, mais do que amigos. No primeiro período fértil que Tequila teve, o Conca ficou maluco. Os feromônios naturalmente liberados pelo corpo da nossa fêmea caçula ativaram os instintos mais primitivos do nosso cão. Tentamos de tudo para que não houvesse nenhum tipo de relação entre eles, colocamos grades, separamos os dois, não deixávamos o Conca montar na Tequila mesmo se tentasse, mas em um momento de descuido... Pimba! Perdemos a batalha. Os dois se conectaram e ficaram presos, como comumente acontece com os cachorros. Nota: essa foi a primeira relação sexual da Tequila.

A vida seguiu e a Tequila não engravidou. Nossa caçula ficou maior e mais forte que os cachorros mais velhos, e tudo seguia de forma tranquila. Meses depois do primeiro perrengue tentando separar os dois, o período reprodutivo da Tequila voltou. Outra vez, fizemos de tudo para tentar separar os dois, mas não deu certo, e Conca alcançou seu objetivo em mais de uma ocasião. E adivinha o que aconteceu? Sim, Tequila engravidou de seis filhotinhos de uma vez. Coitada, a barriga dela ficou enorme. Lembro-me de olhar nossa caçula andando, e sua barriga, dura igual a uma pedra, mexia de um lado para o outro. Nota: provavelmente eles tiveram umas três ou quatro cópulas nesse mês.

Depois de alguns meses do parto, e com os filhotes doados para famílias de amigos e parentes, Tequila voltou a entrar no seu período fértil. Só que dessa vez vimos uma nova configuração: Conca estava atiçado por mais uma avalanche de feromônios sexuais como das outras vezes, porém, agora, Tequila estava irritadiça e sem paciência com a insistência do macho. Começamos a debater entre a gente que, depois desse cio, Tequila precisava ser castrada. Não aguentávamos mais ver nossa querida fêmea sendo importunada ao extremo. Mas, mais uma vez, não fomos eficientes em mantê-los separados e a cópula aconteceu novamente. Conca em mais uma ocasião foi eficaz em seu objetivo e, dessa vez, quatro espermatozoides atingiram seus alvos. Sim, Tequila na sua segunda gravidez teve quatro lindos filhotes peludinhos e pretinhos. Nota: nessa terceira vez, Conca e Tequila tiveram, no máximo, duas relações.

Vamos às contas? Conca e Tequila tiveram aproximadamente sete relações sexuais e tiveram dez filhos. Se dividirmos um número pelo outro, encontraremos o número exato da eficiência do casal em produzir filhotinhos: 1,47. E essa eficiência não é maior justamente porque castramos os dois na sequência.

Apesar da gritante diferença temporal dos dois exemplos, deu para perceber a distinção entre os números? Compare João e Maria com Conca e Tequila. A taxa mais alta de eficiência que citamos do casal humano é quase dezoito vezes menor do que a dos meus cachorros. Isso sem mencionar que estamos utilizando um animal que segue aquela estratégia K que discutimos lá atrás. Imagine se levantássemos alguns animais que podem colocar milhares de ovos na estratégia R. Aonde quero chegar com essas contas? Os humanos têm uma forma bem ampla de lidar com o sexo, e ela não é, de maneira alguma, focada na necessidade de produzir uma nova vida. Muitos seres da natureza apresentam diferenças gritantes em comparação com nosso modo de ver o sexo, e a faixa bônus é que cachorros machos podem ser irritantes e insistentes quando são possuídos pelos sinais químicos de uma fêmea em seu período reprodutivo. Guarde bem essa última afirmação.

Dito tudo isso, podemos, enfim, iniciar nosso caso principal. E, como de costume, vamos precisar realizar uma viagem. Só que dessa vez para um país na América do Sul. Cerca de seis anos atrás, em 2017, uma cena inacreditável comoveu o coração dos argentinos da cidade de Quilmes. O fato viralizou nas redes sociais e não foi por acaso. Segundo relatos de diversas testemunhas e da imprensa local, uma cadela de rua foi atropelada por um carro e morreu na hora. O motorista teria saído do carro, colocado o corpo do animal dentro de um saco plástico e o levado até outra região da cidade. Um detalhe importante sobre esse trajeto é que a distância entre o local do atropelamento e o lugar para onde a cadela foi transportada era de aproximadamente vinte quarteirões.

Até aí, nada fora do comum. Apenas mais uma história de acidente envolvendo cachorros de rua. Mas o que torna o caso surpreendente é que um outro cachorro de rua, batizado de Negrito por moradores da região, foi visto "velando" o corpo de sua companheira durante uma noite inteira. E é a relação de Negrito com o corpo da cadela que será nosso foco aqui. Isso porque, segundo uma postagem de Chicho Barbaroja, um internauta que presenciou a cena dos cachorros, Negrito estava com a cadela na hora do acidente e teria seguido o carro que levava sua parceira pelo caminho inteirinho. Depois de ser deixada na rua, o amigo fiel ainda rasgou o saco que abrigava o animal e deitou-se sobre o corpo da amiga. Os moradores acreditaram que o cão estava protegendo e se despedindo da cadela. Segundo Chicho, o animal não deixava ninguém chegar perto. Qualquer um que se aproximasse, escutava uma rosnada feroz.

Depois de tomar conhecimento do caso, de acordo com o jornal *Clarín*, a prefeitura enviou funcionários para resgatarem o corpo da fêmea. Os homens precisaram distrair o exausto Negrito com água e comida para conseguir retirar a fêmea da calçada sem serem atacados pelo cão. De acordo com algumas testemunhas, depois que o animal se deu conta de que sua companheira não estava mais lá, ele ficou desesperado. O animal corria em círculos, parecendo que havia perdido algo imensamente importante. Dizem os relatos que foi uma cena bem triste de se presenciar.

Ai, não tem como não se emocionar lendo uma história dessas. É amizade, cumplicidade, persistência, cuidado, empatia. São tantos sentimentos bons que vêm à mente depois de ler algo assim. Eu sei que casos como esse são comuns e esse é só mais um, tá?! Você mesmo já pode ter presenciado uma cena como essa perto da sua casa ou na sua cidade. Mas até este ponto do livro você já deve ter percebido que, em momentos assim, devemos olhar com outros olhos para tais situações, que acabam sendo muito romantizadas. Existe uma questão aqui que vai muito além do que parece. Até porque você vai notar que a verdade pode ser bem diferente do que foi contado.

Pense comigo: o nome da última parte deste livro é "Sexo", certo?! O Capítulo 8 vai iniciar um novo debate sobre uma área da natureza pertencente a todos os seres vivos e, até agora, o caso principal foi o atropelamento de uma cachorra argentina. Mas por que usar uma história que não tem nada a ver com sexo para falar sobre sexo? Vamos para o *plot twist* (mudança radical inesperada do enredo de uma história). Em algum momento da leitura, quando eu estava contando os detalhes do atropelamento, passou pela sua cabeça que Negrito pode não ser o grande herói? Você, por acaso, levantou a hipótese de, na verdade, ele ter sido o grande vilão?

Por mais absurdo que pareça, Negrito, muito provavelmente não foi um amigo fiel, inseparável, incansável na luta por defender a amiga. Ele foi apenas um macho lutando por seus instintos e movendo céu e terra para alcançar o sucesso reprodutivo. O que, em outras palavras, significa dizer: Negrito queria ter relações sexuais com aquela cadela, de qualquer jeito. Lembra-se da história do Conca lidando com os feromônios da Tequila? Então...

"*Até aí, tudo bem, Yago, não vejo problema nenhum o Negrito desejar sua parceira.*" Porém, a questão pode ter sido muito mais delicada do que parece. Talvez, o cão estivesse tão cego pelos feromônios avisando que a fêmea estava no período reprodutivo que provavelmente passou um pouquinho da conta. Fato é que as fêmeas ficam tão irritadas com as investidas consecutivas dos machos durante o estado de receptividade sexual extrema (o famoso cio), que, muitas vezes (no caso das cadelas de rua), fogem sem olhar para onde estão correndo. E esse percurso sem rumo pode levá-las para o meio de uma avenida super-movimentada. Qual é o resultado disso? Sim, as fêmeas podem acabar atropeladas.

Agora, para ampliar ainda mais nosso leque argumen-tativo, vamos ver como isso acontece na vida selvagem. Segundo o biólogo Michael Conover, da Universidade Estadual de Utah, que escreveu no periódico *Human-Wildlife Interactions*, os cervos são um dos maiores assassinos da América do Norte. De acordo com o texto e outros estudos científicos, esses animais são responsáveis por cerca de 440 a 458 mortes de pessoas por "confrontos físicos" durante um ano no país. Mas esses encontros mortais estão longe de serem ocasionados por uma relação de caça ou algo parecido. Os cervos também não invadem[17] propriedades privadas e atacam famílias vulneráveis. Essas centenas de vidas ceifadas, na verdade, estão relacionadas a infelizes encontros entre os animais e veículos em estradas.

Para dar uma noção de quão arriscado é dirigir em certos lugares dos Estados Unidos, estima-se que, de 1994 a 2021, tenham ocorrido cerca de 1.012.465 colisões entre cervos e veículos em 23 estados. Se você for para os estados do Norte dos Estados Unidos, como Montana, Dakota do Sul e do Norte e Virgínia Ocidental, tome ainda mais cuidado. São alguns dos estados que têm as maiores taxas de colisão com cervídeos. Entretanto, não estamos aqui para dar avisos turísticos. O que realmente importa sobre esses veados e cervos atropelados são

---

17 O território pertence a esses animais selvagens há milhões de anos. A única invasão que acontece ali é humana, OK?!

as datas do ano em que mais acontecem tais acidentes e como isso se relaciona com o caso de Negrito e a *Natureza Humana.*

Em um gráfico do *Washington Post* que demonstra em quais meses do ano as chances de um motorista colidir com um veado-mula (*Odocoileus hemionus*) e um veado-de-cauda-branca (*Odocoileus virginianus*), é nítido que, independentemente, se for no Oeste ou no Leste do país, os números aumentam muito em outubro, novembro e dezembro, e o motivo para isso, mais uma vez, tem o nome da terceira parte deste livro, ou seja, sexo.

É nessa época do ano que os animais entram num período chamado de *rutting season*, que nada mais é, do ponto de vista etológico (comportamental), do que a época de acasalamento e, do ponto de vista fisiológico, da enxurrada hormonal. Para apresentar um panorama geral do caos que as estradas ficam durante esse período do ano, um trabalho de Oxford estimou que, durante o cio, os ungulados (cervos, veados, alces) aumentam suas taxas de movimentação em até 50%, quando comparado com os valores-padrão. E são os milhões de pequenas partículas químicas no ar em formato de feromônio e outros milhões delas em formato de hormônios, correndo nas veias e artérias dos animais, os responsáveis por tornarem florestas e arredores mais agitados.

Você pode até não ser um estudante de Biologia ou um profissional da saúde, não lembrar das aulas de fisiologia do sistema reprodutivo do colégio, mas é necessário entender que, quando se está próximo ou durante o período reprodutivo selvagem, existe a chance de sua segurança ser colocada em risco nas estradas. Conseguiu fazer o link entre os acidentes nas vias norte-americanas durante a *rutting season* e o caso que aconteceu em Buenos Aires? Além de ser uma ótima forma de demonstrar que período reprodutivo e estradas não combinam, os números também são importantes para ligar um estado de alerta em quem vive em localidades com a presença desses animais.

Mas, saindo da América do Norte e voltando para a América do Sul, vamos retomar o caso de Negrito. Além de ele ter indiretamente influenciado na morte da cadela, Negrito também não desistiu do objetivo mesmo depois de a parceira ter morrido. Na maioria dos casos, o macho não fica incontáveis horas ao lado do corpo de uma fêmea sofrendo e velando a antiga parceira. Até porque luto, na natureza, é um comportamento bem delicado de ser confirmado, e a ciência não chegou a um consenso sobre a existência dele. Na verdade, na maioria dos casos, o macho persistente, que fica longas horas ao lado da amiga, mantém a esperança de que aquela fêmea ainda possa ser a escolhida para propagar a linhagem genética. E isso significa dizer que os animais podem continuar tentando praticar relações sexuais com o corpo da parceira.

Nesse caso argentino, os relatos não evidenciaram nenhuma relação sexual de Negrito com a cadela morta, mas não podemos excluir a possibilidade. Até porque temos evidências desse fato acontecendo com outros animais. Apesar de estar perto de indivíduos sem vida seja perigoso na vida selvagem, muito por conta do risco de exposição a doenças ou talvez ao aumento das chances de ataques de necrófagos (animais que se alimentam de seres sem vida), espécies de mamíferos e certas aves ainda assim se expõem ao risco. Nem sempre motivadas por estímulos sexuais. Os corvos, por exemplo, têm sob algumas situações específicas comportamentos de cópula com outros indivíduos da sua espécie sem vida. Ou pelo menos é o que foi evidenciado em um estudo publicado em 2018, que procurava encontrar a razão por trás dessas relações físicas entre corvos vivos e não vivos. Sim, foram observadas algumas dessas tentativas frustradas.

Continuando com mais casos de relações sexuais com corpos sem vida. Alguns anos atrás, um caso ganhou fama na Austrália após uma foto bem diferente de um canguru viralizar na internet. Na imagem, o animal parecia estar segurando a cabeça de outro canguru morto. As manchetes na imprensa davam a entender que havia um sentimento de luto, assim como no caso de Negrito, porém, veterinários, ao examinarem as imagens, disseram que, na verdade, o animal também estava iniciando uma prática sexual com o corpo daquela fêmea e ainda acrescentaram que ele talvez tivesse sido responsável pela morte dela. Até porque a "caça" às pretendentes no mundo dos cangurus costuma ser bem persistente e bastante agressiva.

Uma cena que pode ter seguido o mesmo roteiro de Negrito, desde seu começo até o fim, foi protagonizada por dois javalis. Não há estudos nem manchetes sobre o caso, mas o vídeo pode ser facilmente encontrado na internet. O registro mostra um animal forte, grande e peludo, com a respiração ofegante em cima de um animal bem menor. O indivíduo do chão está deitado de lado em uma estrada e parece estar desacordado ou morto. É claro que existem muitas hipóteses que poderiam explicar a cena, entretanto, a teoria de que o grande animal era um macho que seguia freneticamente a fêmea, que acabou atropelada por um carro na tentativa de fugir das investidas sexuais, faz todo o sentido. A explicação ganha ainda mais força no decorrer do vídeo, quando o macho começa a fazer movimentos com a pelve dando indícios de que vai iniciar uma cópula.

Mas aonde quero chegar debatendo esses comportamentos, digamos, desconfortáveis da natureza, meu querido peixinho? Sendo certo ou não, sendo delicado ou não, muitos dos comportamentos citados neste capítulo já foram vistos em uma sociedade que conhecemos bem.

Nesta primeira viagem da última parte do livro, deu para ter noção do universo de comparações que nos espera quando o assunto é sexo. Vimos exemplos de diferentes anatomias e comportamentos. Descobrimos que nossa espécie tem baixa eficiência quando o assunto é geração de filhos e como a história de uma cadela atropelada pode ter um enredo totalmente diferente do que foi vendido nas manchetes. Levantamos muitas histórias de animais que, por conta de feromônios e outros motivos diversos, ultrapassaram limites do vivo e não vivo por conta de uma esperança vazia. Se nenhum desses exemplos conseguiu mostrar a você o que é classificado como humano em relação às práticas sexuais, fique tranquilo. Nós ainda vamos fazer longas jornadas nos próximos capítulos para deixar cada vez mais claro que humano e não humano são muito mais próximos do que você jamais imaginou.

9

Vimos até agora sete casos principais totalmente distintos. Além dos exemplos centrais, também fomos apresentados a outros diversos casos secundários que auxiliaram a corroborar nossas teorias. Falamos sobre animais simples e complexos, vertebrados e invertebrados. Até sobre plantas e fungos tivemos a oportunidade de debater. Neste segundo capítulo da nossa terceira parte, trataremos de um grupo de animais que apresenta alguns dos comportamentos sexuais mais diversos e confusos que você poderia imaginar.

Para começarmos nossa penúltima história da forma certa e mergulharmos no universo desses animais, iremos alçar voo novamente. Dessa vez, nos dirigiremos para o território brasileiro, mais especificamente para uma ilha. Em algum lugar do Oceano Atlântico Ocidental, perto da costa da Bahia, encontramos um dos arquipélagos mais bonitos de todo o planeta: Abrolhos. Um lugar que tira o fôlego de quem ama a natureza. Um local longe de tudo, repleto de recifes de corais e uma fauna marinha bem diversa. Eu até poderia descrever

243

Abrolhos em detalhes, mas acredito que um cara com uma certa relevância na Biologia já fez isso de maneira ímpar:

As ilhas dos Abrolhos, vistas de uma certa distância, são de um verde brilhante. A vegetação consiste de plantas suculentas e gramíneas, entremeadas com alguns arbustos e cactos. Embora pequena, minha coleção de plantas de Abrolhos contém quase todas as espécies que ali florescem, acho eu. Pássaros da família dos totipalmados são extremamente abundantes, tais como atobás, rabos-de--palha e fragatas. Talvez o mais surpreendente seja o número de sáurios; quase todas as pedras têm o seu lagarto correspondente; aranhas em grande número; o mesmo com ratos. O fundo do mar em volta é densamente coberto por enormes corais cerebriformes (corais pedrentos, solitários, de aparência semelhante à do cérebro); muitos tinham mais de uma jarda (90 cm) de diâmetro.

Bom, pelo menos é essa a descrição creditada a nada mais nada menos do que Charles Darwin, durante suas aventuras a bordo de seu famoso navio, *HMS Beagle*, pelo seu bisneto, Richard Keynes, no livro *Aventuras e descobertas de Darwin a bordo do Beagle*. Além dessa apresentação, temos também outros dois pontos que acredito serem bastante importantes de conhecer. Em primeiro lugar, precisamos falar sobre a etimologia do nome do arquipélago. Reza a lenda que devido aos constantes acidentes e naufrágios na região, por conta da existência de corais que ofereciam grandes riscos às embarcações portuguesas, o nome Abrolhos teria surgido, resultado da junção de "Abra os olhos", fazendo menção ao cuidado que os navegadores deveriam ter com estruturas calcárias no fundo do mar. Em segundo lugar, o arquipélago de Abrolhos tem um importante papel na vida de uma espécie marinha simplesmente magnífica: as baleias-jubartes (*Megaptera novaeangliae*). Segundo um artigo publicado no *Latin American Journal of Aquatic Mammals*, o banco de corais de Abrolhos é uma das principais localidades para a reprodução dessa espécie na costa brasileira. Apesar da área destinada à reprodução desses cetáceos ser de Natal, no Rio Grande do Norte, até Cabo Frio, no Rio de Janeiro, é a aproximadamente 65 km da costa baiana que as baleias costumam focar suas energias reprodutivas com maior ênfase.

E para não perder a oportunidade de um gancho e demonstrar quanto o litoral do nosso país é importante para a fauna marinha, nesse mesmo trabalho publicado em abril de 2022, os pesquisadores brasileiros, em conjunto com pesquisadores do Canadá, evidenciaram que não são só as baleias-jubartes que frequentam nossas águas. Durante a coleta de dados e a realização do estudo, foram observadas dez outras espécies de cetáceos na região de Ilhabela, no litoral de São Paulo, desde a ameaçada franciscana (*Pontoporia blainvillei*), uma espécie de golfinho/boto bem pequeno, até as gigantescas orcas (*Orcinus orca*).

Bom, com a região de Abrolhos, enfim, apresentada, podemos focar em nosso protagonista. Além de todas as espécies que já citei, podemos encontrar na região um dos peixes mais únicos que existem na natureza. A utilização de "único" talvez seja um grande eufemismo, e você vai entender o porquê. Estou me referindo aos tamboris, ou lofiiformes. Um grupo de animais que, por muitos aspectos anatômicos, fisiológicos e, principalmente, sexuais, poderia muito bem ser considerado de outro planeta, verdadeiros extraterrestres. Para ser bastante sincero, apenas a aparência desses caras já era mais do que o suficiente para encaixá-los nessa definição.

Lophiiformes ou lofiiformes são peixes morfologicamente bem diversos. Nessa ordem, podemos encontrar espécies que habitam desde as águas rasas até espécies perfeitamente adaptadas e capacitadas para viver em águas profundas. Segundo um artigo publicado em 2010, a maior parte das aproximadamente 321 espécies tem hábitos mais associados às profundezas dos oceanos. Por conta dessa preferência de hábitat, estudos envolvendo fósseis desses grupos são bem difíceis de serem realizados, já que existem poucas amostras, o que impacta na construção de uma linhagem evolutiva desses peixes.

Apesar da dificuldade de realizar sua organização filogenética, existem alguns pontos da biologia desses animais que são muito bem estudados. Se você está perdido sobre quem são os tais peixes chamados tamboris, apenas se lembre da cena de *Procurando Nemo* em que aparece um peixe assustador com uma "luzinha" na cabeça e sai em uma perseguição insana atrás de Marlin e Dory. Sim, é exatamente essa belezura uma perfeita descrição do que é um tamboril. E não há como iniciar nenhum tipo de conversa sobre a biologia desses caras sem antes tratarmos a maneira tão diferente que a evolução encontrou para que esses animais possam conseguir comida mesmo nas condições extremas do seu hábitat.

Para explicar a estratégia, precisamos realizar a conexão com uma estrutura semelhante a uma vara de pescar que brilha e tem sua origem no primeiro espinho da barbatana dorsal modificada. Estou me referindo àquela "luzinha" que alguns peixes desse grupo apresentam na cabeça e os ajuda a ganhar uma cara ainda mais assustadora. O nome dessa estrutura é ilício e sua principal função tem tudo a ver com seduzir as presas e atraí-las direto para uma boca.

Se você não entendeu como essa luz pode atrair outros animais, apenas lembre-se de que estamos falando de um foco de luz em um ambiente sem iluminação. As espécies que vivem em regiões de alta profundidade nos mares e oceanos utilizam essa técnica justamente por conta do contraste que ela causa nesses locais. Alguns tamboris ainda conseguem movimentar seu ilicium sem mexer o corpo, dessa forma, imitando uma isca viva e facilmente "adquirível". Antes mesmo dos crustáceos, ou até outros peixes que foram atraídos pelo ponto brilhante, chegarem a morder a estrutura luminescente, o predador abre a boca e se delicia com a refeição.

Ainda debatendo sobre a tal luz atrativa, se alguma vez na vida você já se perguntou como é possível que esses peixes produzam o efeito luminoso, saiba que eles também gostariam de ter a resposta. Primeiro porque a capacidade de produzir luz não é natural para todas as espécies de peixes lofiiformes (apenas nove famílias) e, quando presente, só é possível graças a uma simbiose entre esses animais e bactérias bioluminescentes, predominantemente do gênero *Enterovibrio*. Vale ressaltar que simbiose nada mais é do que uma definição da Biologia para organismos que vivem juntos. Nesse caso, em uma relação positiva, mas não obrigatoriamente tem que ser sempre assim. Existem outros exemplos de simbiose na natureza que podem ser prejudiciais, assim como indiferentes, para os organismos. Porém, é importante compreender que, assim como os pinheiros que realizam uma relação mutualística com espécies únicas de fungos, os tamboris têm suas espécies de bactéria favoritas.

Além dessa característica extremamente marcante que daria inveja a diversos pescadores, algumas espécies de peixes lofiiformes apresentam, também, um grande dimorfismo sexual, o que significa que existem diferenças marcantes entre o corpo dos machos e o das fêmeas. Começando pela própria característica do parágrafo anterior, que só acontece nas fêmeas. Segundo ponto, e um dos mais chocantes: alguns machos podem ser sessenta vezes menores do que a fêmea. Guarde essa informação, porque ela vai ser importante para nosso caso principal. Além disso, cada uma das espécies desse diverso grupo apresenta diferenças morfológicas entre os sexos, como é o caso do *Photocorynus spiniceps*. Por exemplo, a cor da pele, que, segundo o *FishBase* (uma das maiores plataformas de informações sobre peixes do mundo), pode alternar entre uma pigmentação escura (fêmea) ou com pouca pigmentação (macho adulto); os olhos, às vezes, podem ter um formato tubular (macho juvenil) ou até, em alguns momentos, serem degenerados (macho adulto); dentes nas mandíbulas podem variar de muitos em ambas (fêmea) ou poucos apenas na inferior (macho adulto); para os órgãos olfativos, às vezes, podem ser aumentados (macho juvenil), quase tão grandes quanto os olhos; e muitas outras características podem ser utilizadas para distinguir os machos das fêmeas do grupo. E se mesmo após essa rápida descrição você não conseguir formar uma imagem na sua cabeça desse peixe esquisito, espero que a ilustração a seguir dê um panorama do que seria um casal dessa espécie.

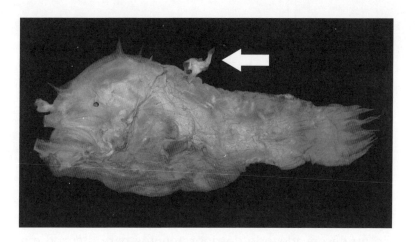

Fusão dos corpos de tamboris fêmea e macho (indicado pela seta) para reprodução
T. W. PIETSCH, UNIVERSITY OF WASHINGTON

Até este ponto, você já deve ter percebido que nenhuma informação é apresentada aqui por acaso, né?! A meu ver, já seria bastante interessante conhecer dados um pouco mais técnicos apenas pelo simples fato de acumular conhecimento sobre a vida. Entretanto, essas explicações anatômicas sobre os tamboris têm um papel além do "simples" acúmulo de conhecimento, elas vão ter uma grande importância no entendimento da nossa história principal. Conhecer o corpo de um ser que foi moldado por milhões de anos pela evolução só faz sentido se olharmos seu meio, certo? Lembra da floresta azul lá do Capítulo 2? Então, a informação que está faltando para completar a descrição básica dos nossos protagonistas tem a ver com a faixa de profundidade em que são encontrados.

Viver sem conseguir enxergar um palmo na sua frente deve ser realmente uma experiência bem desafiadora, agora imagine procurar comida, fugir de predadores e ter relações sexuais em um ambiente assim. A nomenclatura que os biólogos utilizam para caracterizar organismos que vivem em zonas de alta de profundidade é batipelágicos, que são os animais que vivem entre a faixa de mil a 4 mil metros de profundidade. Se 200 metros de descida em um oceano já são o suficiente para que a luz comece a ser um fator limitante, imagine cinco ou vinte vezes isso. Por conta das restrições e dificuldades de se viver em um ambiente assim, como a já destacada e drástica ausência de iluminação, algumas pressões evolutivas acabaram guiando ou desencadeando desdobramentos para o corpo e o comportamento desses indivíduos.

Vamos pela lógica. Se um animal vive embaixo da terra como uma minhoca, para que desenvolver ou manter olhos complexos que demandam uma quantidade exorbitante de energia, se não serão úteis? Partindo desse ponto de vista, também entendemos o motivo de algumas toupeiras não terem olhos. A maioria das raias, por exemplo, curte viver no assoalho oceânico (fundo do mar). Para que ter olhos na parte ventral do corpo, ou seja, na parte que fica virada para baixo, se eles apenas veriam areia? É a mesma lógica de muitos outros organismos que apresentam adaptações em relação à visão, e o tamboril está nesse grupo. "Se moro num breu total, para que me servem os olhos?" Muitos peixes dessa espécie, por viverem numa região profunda e que não recebe um mísero raio de sol, acabam tendo os olhos reduzidos ou quase perdidos ao longo do tempo.

Considerando essa perspectiva fisiológica, ecológica e evolutiva, é compreensível que o tamboril e outras espécies do grupo tenham graves problemas para resolver, incluindo os sexuais. Isso porque muitas são as dificuldades com que lidar vivendo em um ambiente assim, porém, a problemática primordial das espécies que vivem ali é justamente encontrar uma parceira. Pense comigo: os olhos foram perdendo função ao longo da vida, você vive num ambiente com quase nenhuma iluminação e não há nenhum aplicativo de relacionamento ou ponto de encontro para você esbarrar com os/as pretendentes. Sabendo desse panorama, acredito que muitos podem ter se perguntado: *"Como esses animais ainda não foram extintos?"*. Para sua surpresa, segundo um levantamento de 2013, do *FishBase*, a espécie de tamboril (*Photocorynus spiniceps*) que será utilizada no nosso caso principal não está nem perto de uma situação preocupante na lista vermelha de espécies ameaçadas de extinção.

Sabe o que essa informação significa para a gente? Que mesmo tendo uma realidade biológica árdua para promover seus hábitos sexuais, as coisas estão fluindo de uma forma inesperadamente boa para a espécie. Agora me diga como esses peixes superam as dificuldades e realizam a reprodução sem problemas? Como os encontros acontecem? Como os *matches* dão certo? Vamos com calma a partir daqui, porque existem algumas respostas para essas perguntas. Uma explicação envolve aquele incrível órgão olfativo tão grande quanto os olhos dos animais. É esse órgão tão desenvolvido que dá aos machos da espécie a capacidade de encontrar as fêmeas. E eles fazem isso captando feromônios femininos transportados pela água por longas distâncias. Olhe aí, mais uma vez os feromônios salvando o dia.

Quando o macho reconhece na água o sinal químico liberado pela fêmea da espécie, ele nada incessantemente até dar de cara com uma parceira gigantesca e uma possível candidata a mãe de seus futuros filhos. Só que temos um grande problema: encontrar a fêmea já foi uma tarefa bastante difícil, agora, o que fazer depois de encontrá-la é uma dúvida comum aos machos inexperientes. Na teoria, tudo são flores: "Vou lá, encontro a moça, digo um oi e pronto, consegui uma namorada!". Entretanto, sabemos que, na prática, não funciona tão bem assim. Essa oportunidade de os machos encontrarem uma fêmea não é tão simples assim como descrevi. Até porque não é toda hora que um macho sortudo consegue notar o tal convite químico na água. Portanto, é uma oportunidade literalmente imperdível e não dá para realizar uma abordagem meramente "padrão".

Antes de seguirmos com o casal tamboril, gostaria de levantar apenas um ponto aqui. Essa questão de a fêmea atrair o macho utilizando uma substância química não é algo muito raro na biologia da vida. Assim como um vasto oceano, os corpos humanos também podem parecer um gigantesco ambiente que dificilmente irá proporcionar uma aproximação ocasional entre células específicas. Tal perspectiva se enquadra perfeitamente no caso do encontro das células mais importantes da história da nossa vida: o óvulo e o espermatozoide. É a partir dessa união que sua história começa. Entretanto, para que o espermatozoide do seu pai pudesse encontrar o óvulo da sua mãe e formar você, ele precisou, assim como o tamboril macho, ser atraído até um local específico. No dicionário da Biologia, o nome dessa atração guiada por substâncias químicas é quimiotaxia. E assim como ela é muito importante para os tamboris, ela também é essencial para nossa espécie (vou falar mais sobre o processo de fecundação humana mais adiante). Agora vamos retornar ao ponto em que o macho tamboril finalmente alcança a fêmea e não pode deixar a pretendente escapar.

Bom, com a problemática apresentada e o primeiro atalho para sobrepor as dificuldades exposto, já me sinto à vontade para debater a mágica que veremos nas próximas linhas. Sabe aquele meme do *Divertidamente* que diz assim: "Já olhou para alguém e pensou: 'O que passa na cabeça dela?'". Vamos fazer de conta que isso seja possível e a gente entre na cabeça do macho. Vamos analisar o que pode passar por lá: "Será que um dia vou encontrar uma parceira? E se eu der a sorte de encontrar uma, será que ela vai gostar de mim? É tão difícil encontrar uma pretendente, e se quando, por fim, encontrar uma, ela me achar feio?! E se eu não for o cara certo para nenhuma fêmea e não me encaixar com nenhuma delas?". Claro que essas perguntas são hipotéticas, OK? Se a ciência ainda não é avançada o suficiente para explorar o mundo da consciência animal humana, imagine a consciência animal não humana. Entretanto, uma dessas perguntas é de suma importância, e eu gostaria que vocês a carregassem para as próximas páginas: "E se eu não for o cara certo para nenhuma fêmea e não me encaixar com nenhuma delas?".

O macho dessa espécie que vive em grandes profundidades, ao capturar as substâncias químicas liberadas pelas fêmeas, sabe que não dá para deixar uma musa inspiradora raramente vista escapar por entre suas barbatanas peitorais. Sabendo da sorte que é encontrar uma fêmea de sua espécie, e tomado por um desespero inacreditável, o animal toma uma atitude surpreendentemente drástica ao ver a pretendente. Dotado de uma série de dentes na mandíbula inferior, ele vai em direção à tão sonhada fêmea e dá uma baita mordida na barriga dela. *"Calma, como assim? Mordida, mordida? Na barriga da fêmea? Será que houve um erro de digitação aqui?"*

253

Não é nenhum erro de digitação, é exatamente o que você acabou de ler! Prepare-se, porque é aqui que a situação vai começar a sair de controle. No instante em que o macho morde o corpo da fêmea, conectando-se a ela por intermédio da boca, algumas substâncias químicas começam a ser liberadas. O corpo dos dois, principalmente dos machos, é invadido por uma enxurrada dessas substâncias, que realizam uma conexão realmente física.

Depois da conexão e da fixação entre ambos, as substâncias químicas desencadeiam uma série de mudanças fisiológicas no corpo dos indivíduos, fazendo com que os tecidos do macho comecem a se fundir com os da fêmea. A fusão é tão drástica que afeta desde a pele até o sangue dos animais. O que antes era exclusivo da fêmea, agora começa a fluir também pelo macho. Para ter uma ideia de como o processo é agressivo, o peixe minúsculo, que agora se fundiu à sua companheira enorme, vê inclusive suas barbatanas e algumas outras partes de seu corpo se tornarem inúteis. Assim, os membros e demais estruturas que antes eram fundamentais para locomoção e sobrevivência dos machos se encolhem, como se estivessem atrofiados e tivessem perdido a funcionalidade.

Se você nunca ouviu falar de nada parecido com esse processo, saiba que ele recebe o nome de parasitismo sexual. Assim como vimos no caso dos cucos, teremos aqui um parasita (macho), que é o realizador da ação, e um hospedeiro (fêmea), que será invadido. Antes vimos um parasitismo de ninho, quando um corpo toma o lugar do outro, agora temos algo diferente, em que um corpo se torna parte do outro. Apesar da junção, ou invasão, às vezes acontecer de forma temporária e não definitiva, existe um conceito comumente relacionado a esse tal parasitismo que vale a pena olharmos com bastante atenção. O parasitismo sexual que estamos vendo nos tamboris de Abrolhos representa uma forma de união anatômica que ocorre naturalmente entre os peixes, que é chamada de parabiose. Então, pausa no tamboril, vamos ver a *Natureza Humana* na sua forma mais clara possível.

Um dos pontos já demonstrados na junção dos tamboris, e uma das principais exigências para que um processo seja caracterizado como uma parabiose, está intimamente relacionado com a realização de uma fusão entre os distintos sistemas sanguíneos. Esse fenômeno acontece de forma espontânea na natureza, quando o casal tamboril se une ou em raros casos da formação de gêmeos siameses geneticamente idênticos. Entretanto, a parabiose também pode ocorrer de modo induzido. Preciso alertar que os próximos parágrafos trarão descrições mais detalhadas que podem ser gatilho para pessoas mais sensíveis. Garanto, porém, que eles serão importantes para nossa análise.

Descrita pela primeira vez pelo zoólogo francês Paul Bert, no século XIX, a parabiose, além de ser uma simbiose presente na natureza, também é entendida como uma técnica laboratorial. A etimologia do termo deriva de uma palavra grega que significa "viver ao lado". No atual protocolo da técnica, e de uma forma muito resumida, os pesquisadores unem dois ratos por meio de cirurgia. Os pequenos mamíferos têm os corpos conectados pelas articulações do cotovelo e joelho, seguida de uma união da pele. Após esses passos, e com um procedimento fisiológico complexo que não vale a pena detalhar, a circulação sanguínea dos dois animais promove uma formação microvascular, fazendo a ponte entre os sistemas circulatórios, gerando, assim, como no caso dos tamboris, uma ligação sanguínea entre os indivíduos.

Se por acaso, durante a explicação da parabiose laboratorial, surgiu na sua mente o questionamento sobre o intuito da realização de um procedimento tão invasivo, é minha tarefa tentar saná-lo. Com essa técnica, que sinceramente não é nada agradável de ser vista, os cientistas de diversas áreas encontraram uma forma de desenvolver um modelo para estudar sistemas circulatórios compartilhados. Através desse procedimento que descrevi resumidamente, a parabiose induzida busca promover diversas aplicações e avanços em estudos de cunho fisiológico, por exemplo, um trabalho envolvendo a comunicação hormonal entre a glândula pituitária e as gônadas no papel do rim na hipertensão. Vale ressaltar ainda que, embora seja um processo muito invasivo, a parabiose, segundo um estudo publicado em 2013, por pesquisadores da Universidade da Califórnia e de Stanford, apresenta baixas taxas de mortalidade para os animais.

Entretanto, como podemos imaginar, obviamente a humanidade não parou apenas nos avanços em trabalhos de fisiologia, né? Sempre vai existir um passo a mais, às vezes até desnecessário, que pode alterar a forma como enxergamos uma prática científica. Em uma matéria da BBC, de 2018, é detalhado como alguns milionários nos Estados Unidos estão recebendo o sangue de pessoas mais jovens com o intuito de retardar o envelhecimento. Segundo a reportagem, Peter Thiel, cofundador da empresa de pagamentos on-line Paypal, é um dos símbolos desse novo movimento. O site de notícias ainda levantou a hipótese de que o empresário teria gastado milhares de dólares com "sangue novo".

Mas, sem sombra de dúvidas, o caso mais famoso dessa prática é protagonizado pelo multimilionário Bryan Johnson, de 45 anos. O empresário, que se autointitula "atleta profissional em rejuvenescimento", gasta milhões de dólares todos os anos tentando reduzir sua idade biológica. De acordo com outra reportagem da BBC, o homem tem uma equipe de trinta cientistas que o submetem a um regime tortuoso de exercícios e dieta, para diminuir os marcadores biológicos. Isso sem contar todos os tratamentos a laser que ele realiza na pele, que, de acordo com o próprio Bryan, já teriam reduzido cerca de 22 anos do órgão. Entretanto, a cereja do bolo, com toda a certeza, foi o ato de fundir o próprio sangue com o do filho de 17 anos. Porém, depois de um tempo da medida drástica, Bryan admitiu no seu Twitter que, aparentemente, não havia tido nenhum ganho com essa ação. Que surpresa, né? Obviamente que, assim como toda nova prática que surge no meio científico, a transfusão de sangue com o intuito rejuvenescedor é alvo de uma série de críticas por parte de outros pesquisadores.

"*Agora, Yago, como vamos descobrir se essa prática copiada pelos humanos, já presente na biologia de espécies de peixes abissais há milhões de anos, vai poder ser útil ou não para as futuras gerações?*" Segundo um dos estudos mais atuais sobre o tema, publicado na *Nature Aging*, em 2023, a parabiose heterocrônica, ou seja, a ligação de dois indivíduos que apresentam idades distintas, pode, sim, interferir na "extensão da vida" do organismo mais velho. Mas precisamos ver esse assunto com calma, para que não sejamos mal interpretados e para impedir que as pessoas comecem a correr desesperadamente atrás de bancos de sangue com o objetivo de buscar a imortalidade.

Para começar, vamos entender como foi feito o estudo. Seis ratos foram utilizados no experimento, sendo a metade deles ratos jovens (três meses de vida) e a outra metade composta por ratos mais velhos (vinte meses de vida), que foram divididos em três duplas. A primeira consistia em dois ratos novos, que chamaremos de dupla 1. A dupla 2 é a principal do nosso estudo, composta de um rato jovem e outro mais velho. E a terceira dupla será composta por dois mais velhos. Caso você não seja familiarizado com pesquisas científicas, a maioria dos estudos precisa ter grupos de controle para que as variações estudadas possam ser comparadas. Portanto, tanto a dupla 1 quanto a dupla 3 são, nesse caso, os grupos controles. A ideia dos cientistas foi realizar a técnica da parabiose em cada uma dessas duplas e depois comparar os resultados. A dupla 2, composta por animais de idades diferentes, sofreu o processo de parabiose heterocrônica. Enquanto as duplas 1 e 3, que, já sabemos, são compostas por indivíduos da mesma idade, sofreram o que é chamado de parabiose isocrônica.

Cada uma dessas duplas permaneceu três meses com seus organismos ligados e realizando trocas. Após esse período, os animais foram separados e tiveram diversas amostras recolhidas. Depois de dois meses da separação, as duplas novamente tiveram amostras retiradas pelos cientistas. *"O que o estudo descobriu e por que ele é importante para nós?"*, você pode estar se perguntando.

Um spoiler do resultado já havia sido dado... Sim, a parabiose da dupla 2, que tinha ratos de diferentes idades, teve efeito positivo no animal mais velho. Mesmo após ficar dois meses separado do parceiro mais jovem, o animal mais velho apresentou melhoras em parâmetros fisiológicos e na expectativa de vida quando comparado com os grupos de controle. Além disso, a parabiose heterocrônica também reduziu alguns parâmetros negativos, como marcadores biológicos que medem, resumidamente, a idade sanguínea e do fígado do rato mais velho.

Entretanto, devo deixar bem claro que esses dados ainda não são suficientes para justificar a defesa da prática em humanos. Não há comprovação de que os dados se repetiriam nos organismos humanos. Para evitar que homens ou mulheres de idade avançada se interessem pela ideia de fusionar o corpo com o organismo de um alguém mais jovem, os pesquisadores devem mirar seus estudos em descobrir quais fatores presentes na circulação sanguínea dos mais jovens foram responsáveis pela melhora de muitos parâmetros na idade do corpo dos mais velhos. Até porque não sabemos se o efeito rejuvenescedor vai, de fato, funcionar, e um outro ponto extremamente delicado, que outros estudos sobre o tema já discutem, sobre os prováveis impactos negativos para o corpo dos jovens que entram em contato com um organismo mais velho. Se de um lado o corpo dos mais velhos tem seus parâmetros melhorados, pode ser que o dos mais jovens se torne mais velho. E aí a pergunta que fica é: será que essa prática é fiel aos valores éticos? Apesar dos pesares, ainda há muito o que ser descoberto sobre a tal parabiose em humanos antes que possamos colher bons frutos dos procedimentos. Mas agora você deve estar se perguntando: *"Onde entra o sexo nesse caso, Yago?"*.

No nosso caso principal do tamboril, paramos exatamente no ponto em que o macho se torna parte do corpo da fêmea, certo? Entretanto, em qual parte da união corporal de ambos os peixes a reprodução da espécie acontece? A verdade é que, depois das alterações fisiológicas, o macho vive, de forma única e exclusiva, com o intuito e missão de produzir espermas para a fêmea. É, falei que era confuso, não falei?! Na conjuntura atual, se tivéssemos a oportunidade de assistir ao casal de tamboris conectado, veríamos uma fêmea com basicamente um "produtor de espermas" acoplado a seu corpo. A fisiologia daquele conjunto se torna tão complexa e única que o casal consegue, por intermédio de sinais químicos, liberar tanto os gametas femininos quanto os masculinos na água no momento exato. Dessa forma, a fecundação acontece de maneira perfeita. Sim, é estranho, complexo, talvez nunca visto por vocês na vida, porém estamos tratando de um dos rituais, se posso chamar assim, mais incríveis e surpreendentes envolvendo sexo na natureza.

Não é só pelo oportunismo que os tamboris devem ser parabenizados. Talvez você não tenha percebido uma grande problemática presente nesse processo inteiro, que eu nem mesmo debati. Pense só, o que acontece quando uma célula estranha entra no nosso corpo? O que acontece quando um vírus entra no nosso corpo? E se for um protozoário, o que vai rolar? Certamente, a resposta para as perguntas aqui feitas envolve uma linha de defesa no nosso corpo, certo? É provável que suas células de defesa, com as mais diversas funções e morfologias, serão ativadas, mobilizadas e não medirão esforços para proteger o território, ou seja, seu corpo. Agora, se essa organização inteira já acontece com uma mísera célula estranha, imagine o que não aconteceria se um corpo humano inteiro invadisse o outro? Imagine como seu sistema imunológico assistiria a essa bagunça toda. O parasitismo sexual precisa da ajuda do sistema imunológico para que ele possa acontecer sem gerar problemas para os envolvidos. E é exatamente por conta do seu sistema imunológico que devemos enaltecer os tamboris.

Entender melhor como o sistema imunológico dos tamboris lida com o parasitismo sexual pode ser de grande utilidade para diversas áreas da medicina humana, por exemplo. Imagine como os transplantes de órgãos seriam facilitados, se os médicos não precisassem se preocupar com a compatibilidade sanguínea ou até mesmo a utilização de imunossupressores para evitar potenciais ataques à estrutura transplantada. Para seu corpo ou o exército de células que defende você, não há muitas diferenças entre uma bactéria mortal e um órgão transplantado que pode salvar sua vida. Sob o olhar do sistema imunológico, tais situações são igualmente perigosas para seu organismo. Então, com a problemática exposta, ficamos com uma pergunta: como os corpos desses peixes podem coexistir sem que o sistema imunológico da fêmea surte e entre em guerra com o corpo do macho parasita?

Praticamente todas as espécies de vertebrados apresentam um grupo de genes chamados de complexo principal de histocompatibilidade (MHC, na sigla em inglês). Os genes, para quem não lembra, são regiões específicas do nosso DNA que contêm uma sequência de informações que leva as células à produção de uma proteína. Esse grupo de genes tem papel importante no sistema imune, já que ele codifica um grupo de antígenos ou proteínas que ficam ancorados na superfície externa da célula. Essas proteínas ou antígenos servem, explicando de maneira bem resumida, para que suas células digam para seu corpo: "eu sou de casa". Assim, seu corpo e suas células de defesa não olharão para as células do seu intestino e começarão um ataque desnecessário contra elas. E é justamente por conta da presença dessas informações nas células que nosso organismo consegue identificar os corpos estranhos como inimigos.

Um adendo que vale a pena ser pontuado em relação a esse conjunto de genes é que, no caso dos humanos, o MHC recebe um nome específico, que é antígenos leucocitários humanos (HLA, na sigla em inglês). Assim como a maioria das características genéticas do seu corpo, o HLA é herdado, uma parte da mãe e outra do pai. Vale pontuar que é por conta dessa ligação entre pais e filhos que na hora de um transplante de órgãos, por exemplo, os familiares sempre são os primeiros a serem procurados. Faz sentido, né, uma vez que quanto menor for a diferença entre os HLA de dois indivíduos, menor será a chance de rejeição ao órgão.

Visando entender como os tamboris conseguem realizar o parasitismo sexual, até porque há casos em que algumas espécies podem receber até oito parceiros do sexo masculino, dezenas de estudos começaram a analisar por que as fêmeas não rejeitam o corpo do macho. Já que naturalmente seu MHC teria que funcionar, algumas das hipóteses levantadas giravam em torno de um casal de peixes geneticamente iguais ou intimamente relacionados, no qual uma identificação genética prévia acontecia por intermédio do poderoso aparelho olfativo que citei lá no começo. Mastigando essa hipótese para vocês, os peixes usariam o "nariz" para detectar quem é mais parecido com quem e assim poder escolher o parceiro. Entretanto, essa não é a ideia mais aceita pelos cientistas. Em outro desses estudos, pesquisadores israelenses levantaram a hipótese de que a melhor resposta para esse mistério pode ter a ver com alterações genéticas que coevoluíram para permitir a existência desse parasitismo sexual. E coevoluir, nesse caso, é buscar um equilíbrio entre as duas necessidades fisiológicas apresentadas aqui. Uma delas é defender o corpo de ameaças externas e a outra, propagar os genes. Seguindo essa linha, as alterações genéticas citadas teriam acontecido com as fêmeas de algumas espécies de tamboris, que precisaram perder alguns genes funcionais que faziam a codificação de componentes críticos do sistema imunológico. Basicamente, como o próprio estudo destacou: debilitando os genes MHC.[18] Dessa forma, a fêmea tolera o corpo estranho do parceiro e previne a ocorrência de uma resposta de rejeição de enxertos, ou, nesse exemplo, o corpo inteiro do macho. É complexo, eu sei. Mas fique tranquilo que até para os especialistas nessa área a situação ainda não é clara. Entretanto, se sua leitura estiver atenta ou você já tiver uma mínima noção de sistema imunológico, sua cabeça deve estar dando voltas agora, assim como a minha ficou na primeira vez que li sobre o trabalho. Isso porque quem em sã consciência seria doido de abrir mão de ter um ótimo sistema imunológico para facilitar um processo reprodutivo mais eficiente?! "Prefiro ter a chance de morrer com um simples resfriado do que ter problemas para engravidar a minha parceira." É mais ou menos isso que os tamboris passam.

---

[18] A perda de diversidade do MHC foi muito mais substancial entre espécies de tamboril capazes de formar acasalamentos definitivos, ou seja, um parasitismo sexual definitivo.

Mas é óbvio que uma falha assim tão grande não seria poupada pela seleção natural. Dessa forma, apesar de abrir mão de certos genes que os mantêm fortes na luta contra corpos estranhos, infecções e o que mais externo quiser lhes fazer mal, especula-se que os tamboris tenham desenvolvido outras formas de atacar possíveis ameaças para sua saúde. Eu gostaria muito de poder explicar essa afirmação com mais detalhes, porém, a ciência ainda não bateu o martelo em relação a como isso é feito.

Existe, também, outra pergunta, bem interessante por sinal, a ser feita sobre esse mesmo tema. Pense só: se um animal fixado a outro é um problema para o sistema imunológico do hospedeiro dessa relação, o que acontece com uma mãe e um feto? O feto não contém exclusivamente um material genético igual ao da sua mãe, certo? E me diz como o sistema imunológico da mãe não passa a enxergar aquela vida em geração como um potencial "problema"? Bom, não vou me aprofundar nessa dúvida, mas é importante dizer que existe um mecanismo extremamente importante que protege o feto da rejeição pelo sistema imunológico da mãe. Essa forma de criar uma barreira entre os dois organismos passa pela placenta. Além do "muro imunológico", outros mecanismos detalhados em um estudo publicado na *Current Opinion in Immunology,* em 2001, também auxiliam na segurança do bebê, como, por exemplo, a falta ou a expressão alterada de certos antígenos nas células do feto, a indução a uma tolerância materna ao tecido fetal e até mesmo uma supressão específica das respostas imunes maternas em regiões que podem impactar a vida que está se desenvolvendo em seu útero. Há mais a se debater sobre o tema, mas acho que foi o suficiente, né?

Bom, acho que já deu por aqui, né? Acredito que acabamos de ver o capítulo mais humano de toda a nossa jornada. Estávamos nas profundezas do Atlântico, próximo às deslumbrantes ilhas de Abrolhos e, de uma forma rápida, mergulhamos em um oceano muito mais profundo, que é o sexo na natureza. Pode até não ter sido de forma natural, porém, mais uma vez, destacamos como a *Natureza Humana* simplesmente se sobrepõe à selvagem. E não é que ela seja melhor, longe de mim pensar assim. Mas o sobrepor foi escrito com o intuito de demonstrar que nós, humanos, cada vez mais podemos ser utilizados como um perfeito espelho do que a natureza realmente é, mesmo que seja assim como nesse caso, de maneira induzida.

E para finalizar o capítulo e adentrar o último dos grandes casos da nossa jornada, uma pequena reflexão: a única certeza que tive escrevendo sobre o caso é que os tamboris são peixes maravilhosos. É como se a evolução tivesse alterado todo o sistema imunológico desses animais para que eles pudessem manter esse processo de reprodução invasivo e tão raro na natureza acontecendo. Os bastidores bioquímicos, genéticos e evolutivos dessa forma de reprodução são tão inovadores que, quem sabe um dia, nós não aprendamos algo com esses animais sobre novas formas de tratar pessoas com órgãos transplantados sem causar rejeição ou outros avanços envolvendo um ainda mais forte: o sistema imunológico humano.

10

Infelizmente, estamos nos aproximando do fim da nossa jornada. Até aqui vimos diversas histórias superinteressantes sobre a natureza e quão próximo estamos dela enquanto espécie. O que antes era visto como algo distante da nossa biologia, agora apresenta pontos de convergência. No último capítulo desta parte, vou apresentar um caso extremamente especial para mim. Assim como todas as pessoas que leram até aqui e aceitaram compartilhar comigo uma volta pelo universo do conhecimento, todos nós tivemos algum momento em nossas infâncias que nos ajudou a construir o que somos hoje. Uma experiência positiva com um amigo do seu pai, uma situação inusitada dentro de casa, ou até, quem sabe, um trauma na escola podem guiar sua vida para outro rumo. Durante a parte sobre inteligência da nossa jornada, eu mesmo citei como ajudar minhas amigas a estudarem para uma prova de Matemática, por exemplo, me levou a entender a minha vocação como professor. Portanto, este capítulo não será diferente. A partir de agora, irei guiá-lo, pela última vez, em uma jornada que, por ironia do destino, fez parte da minha infância. Claro que tudo que será exposto aqui não fazia parte do meu intelecto na época, mas, independentemente disso, o universo por trás do conto principal desse capítulo foi essencial para me trazer até aqui. E agora, sem mais delongas, vamos começar.

Para compartilhar mais um conto incrível envolvendo sexo na natureza, seremos obrigados a realizar mais uma viagem. Nesta última longa migração carregando você em uma boca cheia de água, viajaremos até o outro lado do mundo. Estamos nos aproximando de uma região com uma das belezas naturais mais exuberantes que existem em todo o planeta, o Sudeste Asiático. Para ser mais preciso, estamos a caminho da Tailândia. O tempo está ensolarado, com poucas nuvens, e decidimos conhecer a praia de Maya Bay. Se você gosta de praia e nunca nem viu uma imagem dessa, você está gostando da forma errada... Um lugar antigamente pacato, imerso numa natureza exuberante, envolto por enormes falésias calcárias e que emana paz. Mas como a existência de um lugar com características assim tão incríveis é raro, sabemos que, após o toque de mãos humanas, as coisas definitivamente durariam bem pouco para serem alteradas.

A região que era pouco procurada como uma opção turística ganhou reconhecimento mundial após Leonardo DiCaprio estrelar o filme *A praia*, em 2000. Por conta do filme e de muitos outros motivos, o local foi aos poucos se tornando um destino desejado pelo mundo inteiro. Uma enxurrada de turistas de todos os lugares do globo começaram a viajar para o país com o intuito de conhecer a famosa praia do filme. O lugar que antes de 2008 recebia em média, por dia, 171 pessoas, viu esse número crescer para quase 3,5 mil visitantes no mesmo período em 2017, segundo uma matéria da BBC. Turistas, barcos, comércio, lixo, você deve imaginar o impacto que a região sentiu. A baía, que é cercada por corais, viu seu ecossistema ser gravemente impactado por âncoras de barcos e uma avalanche de protetor solar nas águas. Para você ter uma ideia, mesmo com os lucros astronômicos obtidos com as atividades turísticas na região, a baía precisou ser fechada por órgãos ambientais por conta dos impactos causados ao ecossistema local e ter tempo suficiente para se recuperar das atividades humanas. Segundo a coluna Travel, da CNN, após apenas três meses da interdição das praias, já era possível ver tubarões--de-pontas-negras-do-recife (*Carcharhinus melanopterus*) nadando novamente pela região, e para o espanto de zero pessoa, ainda se reproduzindo.

Vale pontuar que se você entende um pouco de ecossistemas marinhos, sabe que os corais são um dos hábitats mais importantes para a conservação e reprodução de milhares de espécies que existem no mar. Fazendo esse elo, entre conservação, hábitats e biodiversidade, chegamos à estrela principal da nossa história: o mundialmente famoso habitante de Maya Bay, o peixe-palhaço (*Amphiprion ocellaris*). Apesar de também ter sofrido com o impacto turístico na região, ele ainda tem uma situação confortável e menos preocupante na lista de espécies ameaçadas do que outras espécies da região. Pelo menos, até agora.

O último protagonista dessa jornada é o exemplo perfeito de um comportamento interessante para nosso debate central, é um peixe que ficou bastante conhecido com a animação *Procurando Nemo*. Agora deu para entender por que esse caso está relacionado com a minha infância e é superimportante para minha carreira? Desde o lançamento do longa-metragem, milhões de crianças e também adultos passaram a admirar a espécie com bastante afinco. Com essa identificação social, o lado científico acaba também sendo tocado, e milhões de pessoas começaram a se interessar em conhecer um pouco melhor a tal espécie. A morfologia, fisiologia e outros atributos da sua biologia foram amplamente estudados. Mas, sem sombra de dúvida, o tema mais impactante para debatermos sobre essa espécie tem a ver com a reprodução. Apesar de termos acabado de abordar em detalhes o comportamento de um peixe no capítulo anterior, teremos, a partir de agora, mais um peixe e mais uma rotina sexual que devemos olhar com bastante atenção. Até porque o filme do estúdio Pixar não mostrou exatamente a realidade por trás da história desses peixinhos.

Existem dezenas de espécies de peixe-palhaço que, apesar de no visual nos recordarem as fofuras laranja com listras brancas vistas no filme, apresentam uma variedade de cores talvez desconhecida por você. As espécies variam desde pigmentações rosadas até um tom de marrom-escuro, quase preto. Além disso, as três listras brancas de Marlin e Nemo não são algo padrão para o grupo, as espécies podem variar de nenhuma a três listras nas escamas. Esses animais, diferentemente dos tamboris do caso anterior, não têm o hábito de viver em grandes profundidades. A maioria das espécies de peixe-palhaço é encontrada em mares rasos, de três a quinze metros de profundidade. E antes de olharmos para sua reprodução extremamente especial, devemos dar uma pincelada em seu hábitat natural, assim como fizemos com os assustadores tamboris.

Como um amante de *Procurando Nemo*, faço questão de citar para quem não viu o filme (o que é trágico) que os protagonistas são peixes-palhaço que moram em uma anêmona. Os dois organismos vivem numa relação mutualística muito favorável para ambos, tanto no filme quanto na vida real. Por um lado, as anêmonas protegem os peixes-palhaço com seus tentáculos venenosos de ameaças perigosas e fornecem um lugar seguro para que eles possam comer suas presas e, em troca, os peixes fornecem os nutrientes necessários para os indivíduos sésseis (que vivem fixos em um substrato) comerem, ajudam a livrá-los de parasitas nocivos e afugentam peixes, como o caso do peixe-borboleta (*Chaetodontidae*), que se alimentam de anêmonas.

Se você, assim como eu, teve dificuldades para entender como um peixe conseguia morar dentro de outro animal (anêmona) de forma saudável, esse momento é dedicado especialmente a você. Para começar, sim, anêmonas são animais, embora muito simples. A casa do Nemo e de seu pai Marlin pertence ao filo Cnidaria, o mesmo grupo em que estão incluídas as águas-vivas e hidras. Sabendo desse parentesco perigoso e tendo em vista que anêmonas também apresentam células urticantes, a pergunta que fica é: por que os peixes-palhaço não são impactados pelas defesas nada agradáveis desses invertebrados marinhos?

Com base na maioria dos estudos sobre o tema, uma das explicações mais aceitas atualmente por cientistas da área é que uma combinação entre a microbiota epitelial tanto do peixe quanto do invertebrado protege os peixes. E se "microbiota" causa um leve zumbido no seu ouvido, tenha em mente que estamos falando do conjunto de *micro-organismos* presentes em alguma região corporal de um organismo. Perceba o destaque, para ficar mais evidente que estamos falando de organismos microscópicos. Vale ressaltar que também somos beneficiados pela microbiota presente em nós. Nosso intestino, por exemplo, é tomado por milhares de micro-organismos que têm papéis fundamentais e multifatoriais no equilíbrio do nosso corpo.

Dessa forma, com microbiota resumidamente explicada, voltemos à principal hipótese para que a relação harmoniosa entre peixes-palhaço e anêmona possa se tornar viável. Um estudo publicado em 2001, por cientistas do Canadá, demonstrou que, após um certo período no mesmo ambiente, o muco epitelial dos peixes-palhaço, que é totalmente relacionado à composição microbiana do vertebrado, era alterado de modo gradual para funcionar como uma proteção contra as descargas dos nematocistos da anêmona, justamente as células que contêm as substâncias venenosas do invertebrado. Além disso, o estudo também desafiou a antiga e mais utilizada hipótese de que existia uma camuflagem química unidirecional nessa união, evidenciando de forma primorosa e contrastante que, na verdade, ambos os animais "dão um passo em direção ao outro para estabelecer seu relacionamento mutualístico". O que significa, em palavras menos biológicas, que, depois de um tempo em contato físico ou mesmo remoto (dentro de um aquário, por exemplo), o conjunto de bactérias presente nos dois animais se igualava e impedia que eles se vissem como inimigos. Dessa forma, um não estranha o outro e, consequentemente, diminui as chances de a anêmona atacar os pobres peixes. A partir desses resultados, fica evidente de maneira belíssima que a *harmonia* entre esses organismos é muito mais *harmoniosa* do que pensávamos.

Embora ainda se tenha muito mais a debater sobre essa relação mutualística incrível, precisamos voltar a olhar apenas para o peixe-palhaço agora, mais especificamente para a reprodução da espécie. Vamos focar muito mais na parte da organização sexual dos grupos do que no ato ou até mesmo na fisiologia, como vimos no caso dos tamboris. É comum encontrarmos na natureza algumas espécies de peixe-palhaço que se organizam em pequenos grupos compostos por um casal reprodutor monogâmico (só se reproduzem entre si) e outros machos juvenis não reprodutores. Grave essa estrutura aí porque ela vai ser importante para a gente.

Além dos integrantes apresentados, vale pontuar que existe uma hierarquia bem definida nos grupos com essa organização. Uma enorme fêmea com pavio curto lidera um tipo de "matriarcado", seguido por um macho reprodutor e depois um número variável de machos juvenis não reprodutores de menor tamanho. Em cenários de condições normais, temos uma "família" bem definida, seguindo esse padrão. O casal segue sua vida se reproduzindo entre si e os outros indivíduos não participam de qualquer tipo de reprodução. Porém, quando as coisas saem um pouco do controle, o inacreditável acontece.

Os peixes-palhaço são animais classificados como hermafroditas sequenciais protândricos, e, como o nome

O gênero *Amphiprion*, conhecido popularmente como peixe-palhaço, inclui cerca de 30 espécies

1: BETO_JUNIOR/ ISTOCK | 2: NICK HOBGOOD | 3: LONNIE HUFFMAN |
4: JENS PETERSEN | 5: SAKIS LAZARIDES/ ISTOCK | 6: BUGKING88 – ISTOCK

pode assustar um pouco, é meu dever explicá-lo separadamente e da maneira mais didática possível. Hermafrodita é o animal ou a planta que apresenta ambos os órgãos reprodutores. Dentro do grupo de peixes classificados como hermafroditas ainda existem variações bastante interessantes de serem vistas, porém, são duas delas as que mais importam para a gente nesse momento. No primeiro caso, temos o hermafroditismo simultâneo. Essa forma de organização, como o nome já explica, possui indivíduos que apresentam tanto gônadas (estruturas responsáveis pela produção dos gametas) masculinas quanto femininas funcionais ao mesmo tempo. Ou seja, a produção de gametas masculinos e femininos acontece durante o mesmo período de vida do organismo. Porém, com estratégia fisiológica oposta, existe outro grupo ainda mais específico dentro dos hermafroditas que apresenta organismos que são funcionalmente machos ou fêmeas. Isso significa dizer duas coisas: primeiro, que os indivíduos produzem ou gametas masculinos ou gametas femininos, nunca ambos ao mesmo tempo. E, segundo, os animais que seguem esse formato de hermafroditismo podem sofrer uma inversão sexual de macho para fêmea e vice-versa, dependendo das pressões que desencadeiam as alterações.[19] Esses dois últimos grupos estão inseridos no que comumente chamamos de hermafroditas sequenciais, e são as espécies presentes dentro dele que serão úteis para nossa história.

---

19 Existem espécies que mudam de sexo por conta do tamanho dos indivíduos, assim como outras espécies que controlam as alterações sexuais por motivos sociais.

É interessante notar que mesmo já sendo um subgrupo dentro dos hermafroditas, as espécies que estão alocadas nessa estratégia sequencial de sexos ainda podem ser divididas mais uma vez. Isso porque se os organismos apresentarem inicialmente o sexo feminino e alterarem para desempenhar função masculina, nós, na Biologia, o chamamos de hermafroditas protogínico. Porém, quando os indivíduos desenvolvem inicialmente uma fisiologia funcional masculina, podendo ser alterada para feminina ao longo da vida, chamamos essa subdivisão de hermafrodita protândrica. E é exatamente nessa segunda organização que algumas espécies de peixe-palhaço vão se encaixar. Em outras palavras: algumas espécies de peixe-palhaço desenvolvem o aparelho reprodutor masculino primeiro e depois podem ou não desenvolver os órgãos reprodutores femininos.

Só por essa "pequena" explicação dá para perceber como o sexo desses peixinhos é complexo, né? Fisiologicamente falando, é uma bagunça até para os biólogos. Mas, à luz da evolução, tudo precisa fazer um mínimo sentido, certo? E necessidade é algo que encaixa perfeitamente com a ocasião. Lembra a hierarquia que citei há pouco? Uma única fêmea reprodutora, um macho reprodutor e outros machos não reprodutores? Então, este é o momento em que provo que a teoria pode até ser complicada, mas, na prática, é bem mais tranquilo do que parece.

O mais importante de ficar claro na sua mente é que existem dois cargos nessa organização toda que não podem estar vagos, são eles: a fêmea reprodutora e o macho reprodutor. A segunda informação necessária para entender de vez a reprodução desses peixes são as consequências, caso algo aconteça com os integrantes desses dois grupos essenciais. Caso a única fêmea desapareça, o maior macho, que também é o único macho que consegue se reproduzir, transforma-se em uma fêmea para poder substituí-la. Consequentemente, o maior macho não reprodutor assume o lugar vago deixado pelo que se transformou na fêmea. Dessa maneira, a hierarquia toda é pensada e estabelecida para fornecer um grande equilíbrio para o grupo. Mesmo que ele seja desestabilizado, haverá "peças" para substituir o cargo perdido. O único equilíbrio que será quebrado com esse alto grau de organização é o de uma infância feliz, já que imaginar o que biologicamente deveria ter acontecido com Marlin e seu único filho Nemo, sob uma perspectiva familiar humana, é meio perturbador.

Também é importante pontuar que o equilíbrio atingido, seguindo essa estratégia, é fruto de um grupo que permanece bem coeso quando pensamos em localização. Se os peixes-palhaço que tivessem seus processos reprodutivos guiados pelas normas que acabamos de aprender vivessem de forma espalhada, um longe do outro, o hermafroditismo protândrico desencadeado pela morte de um dos indivíduos dos cargos essenciais não faria sentido. Dessa forma, esse tipo de hermafroditismo sequencial, que melhora a adaptação, aumenta as taxas de reprodução e também de sobrevivência, está intimamente associado aos hábitats de recifes de corais. Ou, como vimos no capítulo anterior, o tal ponto de encontro que faltava para os tamboris.

Se por acaso essas alterações sexuais envolvendo os peixes-palhaço não tiverem feito sentido no viés fisiológico, aqui vai uma explicação superficial do que acontece. Partindo do ponto em que a fêmea é retirada do ápice da família, a fila precisa andar e a ordem tem de ser retomada. O macho reprodutor que ocupava o segundo lugar na hierarquia de poder começa a demonstrar agressividade e domínio, passando a cortejar os peixes menores, da mesma forma que a antiga fêmea fazia. Além dessas mudanças comportamentais guiadas pelo cérebro, o sistema nervoso do animal, concomitantemente com auxílio de certos hormônios, ainda rege as alterações diretamente nas gônadas, realizando assim a alteração sexual histológica, ou seja, nas células e tecidos das estruturas. A partir desse ponto, os cientistas acreditam que o macho inicia a mudança de sexo, que se caracteriza pela degeneração gradual dos testículos e o desenvolvimento dos tecidos ovarianos. Vale destacar ainda que o mecanismo hormonal exato que controla essa transformação inteira permanece em grande parte desconhecido pela ciência, por isso o "superficial" utilizado lá em cima. Porém, independentemente da falta de aprofundamento nas explicações para a alteração sexual no corpo dos indivíduos, essa forma de gerir os integrantes e suas funções em algumas populações de espécies de peixes-palhaço é mesmo incrível e formidável de se ver.

"Ahhh, Yago, que interessante essa história, mas estou aqui curioso sobre qual é a relação entre o sexo dos peixes-palhaço e os humanos?" Bom, acredito que depois de oito capítulos inteiros, você já tenha entendido a linha de pensamento que esse pelicano usa para explicar suas associações, né? Por mais que em alguns momentos comparações talvez parecessem quase impossíveis de serem feitas, uma

linha tênue surgia e ligava os pontos distantes. Em certos casos, os pontos estavam realmente muito longes. Só que aqui este não é o caso. Os pontos estão muito próximos, tão próximos que se olhar sob certo ângulo parecem até se encostar, não precisando nem de linha para isso. Portanto, use sua imaginação para vascular em algum lugar da mente algo bem humano e atual aqui. Se possível, tente fazer associações com a importância de saber que "comportamento" parecido também existe na natureza há milhões de anos e de forma natural. Prometo que será engrandecedor para sua empatia chegar por conta própria à razão deste capítulo.

Mas voltando à nossa dupla de peixes e dando uma leve pincelada na misteriosa comparação, não sei se ficou claro para você enquanto lia os últimos parágrafos, mas por acaso deu para notar alguma semelhança do que vimos até aqui com o que rolou no último capítulo? Permita-me expor o ponto de convergência. Assim como a parabiose extensamente debatida no Capítulo 10, a mudança de sexo realizada nos animais da Tailândia e seus comportamentos correspondentes na humanidade é, sob diferentes perspectivas, um caso inato da natureza que foi adaptado de forma artificial para nossa sociedade. Da mesma maneira que os tamboris e alguns gêmeos siameses têm os sistemas circulatórios misturados e essa prática é repetida artificialmente em humanos para diferentes fins, a alteração de sexo vista neste capítulo seguiu o mesmo rumo. De modo natural, por milhões de anos os peixes-palhaço foram moldados pela evolução para chegar à atual conjuntura que vimos nas suas já explicadas "famílias", e, por intermédio dos avanços científicos e médicos, a humanidade conseguiu reproduzir isso onde bem entendeu.

Um ponto que preciso levantar com vocês, até porque se eu não fizesse estaria sendo incoerente com a minha própria organização argumentativa, tem origem na questão de não estarmos debatendo o tema sexual de um viés tão microscópico, como explicado no início da nossa jornada. Lembra que prometi que em cada uma das três partes da nossa viagem iríamos utilizar escalas diferentes para pautar nossas discussões e ampliar a quantidade de argumentos em defesa de uma *Natureza Humana*? Então, a princípio, a promessa era dar origem à discussão sob uma esfera mais macro, justamente utilizando exemplos das sociedades, e foi feito. Depois dela, entraríamos em uma perspectiva mais micro, utilizando organismos isolados, sistemas corporais e tecidos como estruturas de grandeza para falar de inteligência, o que também foi feito. Para finalizar, o sexo seria debatido sob as escalas das menores unidades formológicas e fisiológicas que um ser vivo pode alcançar, certo? Seguindo essa lógica, alguns podem ter se questionado onde as células entraram de forma mais enfática no caso dos peixes-palhaço. E sobre esse questionamento tenho algo importante para deixar claro: independentemente do assunto que estivermos tratando na biologia da vida, é quase certo que as células terão função direta, ou mesmo indireta, em tal comportamento. Não importa se estamos vendo um mecanismo ecológico no qual uma planta interaja com o ambiente, assim como também não faz diferença se usarmos um organismo lutando com ele mesmo durante uma batalha contra um câncer, ou se estivermos debatendo sobre a organização de grupos de peixes do Indo-Pacífico. As células que compõem os organismos, além de terem papel importante na produção de substâncias químicas que, muitas vezes, regulam a atividade etológica (comportamental), como os hormônios ou até mesmo os já incessantemente debatidos feromônios, as menores unidades morfofisiológicas da vida ainda têm um excepcional papel no armazenamento e expressão de características genéticas. Por exemplo, os cucos não seriam parasitas de ninhos se as células deles não carregassem as informações que os guiam para esse tipo de estratégia. Polvos não conseguiriam ser tão inteligentes se não tivessem um sistema nervoso tão complexo e outros quesitos fisiológicos controlados por sua genética, e se não fossem suas células. E é justamente por esse motivo que, mesmo não debatendo de forma extensa sobre as células dos peixes-palhaço, elas estão lá e desempenham papel fundamental em suas características genéticas e outras não genéticas. Assim, excluir as células de qualquer debate envolvendo comportamentos presentes na natureza não faz muito sentido.

Além disso, outro ponto fundamental que corrobora ainda mais a importância dos mais diferentes tipos de células e as respectivas habilidades que elas proporcionam na vida dos seres vivos é que: células geram células. Sua descoberta se iniciou com Robert Hooke, no século XVII, mas foi apenas no século XIX que Matthias Schleiden e Theodor Schwann, de maneira independente, propuseram que todos os seres vivos deveriam ser formados por células. Depois da comunidade científica aceitar a ideia, um famoso médico, biólogo e antropólogo alemão, Rudolf Virchow, em algum ponto do século XIX, criou a frase que entraria para história da Biologia: *"Omnis cellula ex cellula"*. A frase em latim significa: "Toda célula origina-se de outra célula". Trazendo agora a definição de Virchow para os dias de hoje, assim como faço em minha sala de aula: para produzir uma célula, preciso de outra célula. Mesmo que uma delas se divida em duas, ou que duas se juntem e formem uma. Independentemente de uma única célula dar origem a mais de trinta trilhões de outras com o mesmo material genético, tudo se inicia com ela. Pode ser um protozoário, um fungo unicelular, uma bactéria, um verme, um pinheiro gigantesco, uma baleia-azul, até um simples zigoto, para todos esses indivíduos, a célula é a menor escala de uma vida.

Agora, voltando ao objetivo número um do nosso livro, a verdade nua e crua envolvendo sexo na natureza é que, em se tratando de cópula, cortejo, fisiologia, estratégias, gêneros e o que mais poderíamos correlacionar com a reprodução dos seres vivos, não existe um padrão. Tudo ligado a esse universo de possibilidades é tão plural e multifatorial que é difícil não ter nada na natureza que não possa ser comparado. Se não for na questão genética, talvez na fisiológica. Se a anatomia não for parecida, talvez os cortejos apresentem pontos em comum. Estratégias totalmente distintas, mas, e as cópulas, alguma semelhança?

Agora, onde já se viu uma espécie que apresenta tanta diversidade (social, cultural, étnica) ainda se incomodar com a diversidade sexual dos seus integrantes? Já não ficou claro o suficiente com os exemplos dos Capítulos 8, 9 e 10 que a natureza é rica em diversidade? Vale a pena nesse debate perguntar para as pessoas que cismam em manter argumentos conservadores onde nossa espécie está localizada na árvore da vida. Estamos localizados fora dela? É isso? Porque, pense comigo, se ficou bem claro que a natureza apresenta uma infinidade de combinações possíveis e inimagináveis e nós somos uma espécie que está agrupada dentro dela, por que os comportamentos seguidos por alguns indivíduos da nossa espécie são vistos como tão problemáticos e os que acontecem de forma natural há milhões de anos na natureza, não? É uma ignorância sem tamanho discordar da própria biologia do grupo.

E mais um ponto que vale a pena ser observado sob uma óptica biológica: alguém aqui ainda acredita que os indivíduos escolhem quem eles querem ser? É simplesmente fácil assim? Você acha que um macho reprodutor que perdeu a parceira pode apenas não querer se tornar a fêmea do grupo? Você acha que um juvenil não reprodutor pode pular etapas na hierarquia e se transformar na segunda fêmea do grupo porque ele quer? Assim como acontece com os peixes-palhaço, os humanos são regidos por forças biológicas e psicológicas maiores, que não dão oportunidade em muitas situações de terem seus caminhos trilhados por vontade própria. As questões que regem o sexo na natureza são genéticas, fisiológicas, comportamentais, ambientais, ou seja, multifatoriais.

Visto assim, sob uma perspectiva diversamente ampla da biologia da vida, o sexo nos ensinou, assim como a sociedade e a inteligência dos seres vivos, que não somos tão únicos como pensávamos. Os indivíduos da nossa espécie, ou os curiosos peixinhos que conheceram ou já conheciam todos esses três últimos casos, com toda a certeza do mundo, vão conversar e debater sobre um dos recursos mais importantes da vida, que é a capacidade de se reproduzir, de uma maneira bem diferente a partir de hoje. Espero que, com os exemplos dos cachorros da Argentina, dos tamboris de Abrolhos e, agora, dos peixes-palhaços da Tailândia, você tenha adquirido conhecimento suficiente para ampliar as formas de enxergar o último passo em direção a uma verdadeira *Natureza Humana*.

11

Nove casos da natureza foram contados. Esse foi o número de histórias que dividimos até aqui. O argumento de que, independentemente da distância evolutiva entre os exemplos demonstrados e a nossa espécie, conseguimos encontrar um ponto de convergência entre as histórias, foi importante em todas as nove. Porém, talvez em algum ponto da nossa jornada você tenha parado para refletir e se perguntado: *"Será que a gente realmente não tem nenhum comportamento que possa ser eleito exclusivamente humano?"*. Se você teve esse tipo de reflexão durante nossas jornadas, fico feliz. Um peixinho que não aceita como verdade tudo que lê mantém um pensamento cético e duvida de qualquer informação que é divulgada. Mas, para ser bem sincero na resposta, sim, existem comportamentos apenas humanos que nenhum outro organismo na natureza chega ou chegou minimamente próximo de conseguir imitar. Portanto, vamos dar as boas-vindas à *Natureza* exclusivamente *Humana*.

EXTINÇÃO DOS MAMUTES

Você conhece os mamutes? Aqueles "elefantes peludos" que ficaram ainda mais famosos depois do filme *A era do gelo*? Sabe o motivo do desaparecimento deles? Não?! Então deixa eu dividir uma história triste com vocês. O mamute-lanoso (*Mammuthus primigenius*) era um gigantesco herbívoro que podia ser facilmente encontrado em regiões de estepes e tundras do Hemisfério Norte desde o final do Pleistoceno Médio, cerca de trezentos mil anos atrás. A Europa, o Norte da Ásia e até o Centro-Norte da América do Norte eram locais que os mamutes habitavam. Apesar desses locais de ocorrência, a linhagem dos grandalhões peludos adaptados aos climas frios extremos do Norte do globo surgiu na África entre três e quatro milhões de anos atrás. Pelo que os estudos utilizando seu genoma mitocondrial dizem, esses animais gigantescos se divergiram dos elefantes-asiáticos (*Elephas maximus*) logo após a sua linhagem divergir do elefante-africano (*Loxodonta africana*). Com base na grande quantidade de fósseis encontrados na Europa, e utilizando a cronologia morfológica de seus dentes e do crânio, os cientistas conseguiram traçar os padrões evolutivos e filogenético da espécie, assim como muitos outros dados importantes que nos dão ótimas informações sobre o passado dos mamutes.

Se você tem um bom senso geográfico vai perceber que a distribuição já citada nos revela um mamífero adaptado aos climas frios do planeta. No entanto, há mais ou menos seis mil anos, as grandes regiões frias haviam recuado demais e o mamute-lanoso estava à beira da extinção. Obviamente, encarar essa última afirmação como uma grande coincidência é não estar muito atento aos fatos. Se temos um animal que evoluiu para viver nas regiões com frio extremo, e o frio se torna cada vez menos extremo, podemos concluir que o desaparecimento da espécie deve estar intimamente relacionado ao recuo das áreas de baixas temperaturas.

Para entender se as condições climáticas da época tiveram mesmo grandes impactos na Biologia e consequentemente no desaparecimento dos mamutes, foram realizados diversos modelos quantitativos que relacionavam os registros fósseis dos animais com mapas simulando as temperaturas médias de diversas épocas do último avanço glacial. Além de utilizar os dados comparativos de 42 mil, trinta mil, 21 mil e seis mil anos atrás, os pesquisadores também utilizaram os modelos climáticos de 126 mil anos atrás, justamente, no último ponto em que o planeta havia aquecido entre os períodos glaciais.

Com base nesses dados, os cientistas puderam estimar que os mamutes, durante esses períodos, apresentaram uma perda catastrófica de hábitat. A vegetação de um local só está ali presente por conta de todos os fatores bióticos (vivos) e abióticos (não vivos) a que elas estão sujeitas. Por exemplo, a Mata Atlântica só está presente no litoral brasileiro por conta da umidade, do clima, dos animais e de mais uma série de características específicas que propiciam ao bioma estar bem instalado nessas regiões. Lembra quando falei sobre os pinheiros e abetos que mudaram suas áreas de ocorrência lá no Capítulo 5? Então, é bem o que vamos ver aqui. Se a vegetação sofre com grandes alterações nas métricas ambientais em que estão inseridas em tão pouco tempo, não há chance de sobrevivência. Com as condições globais mudando de forma tão acelerada nos últimos milhares de anos, a vegetação foi recuando mais e ficando aprisionada em pequenas áreas dos continentes. Qual a consequência disso? Os mamutes-lanosos que viviam nesses biomas foram empurrados para as mesmas reduzidas faixas de terra e ficaram cada vez mais sem recursos para viver.

Estima-se que cerca de 90% do antigo hábitat em que os animais viviam simplesmente desapareceu. O que há 42 mil anos era um espaço de mais de 7,7 milhões de quilômetros quadrados foi se reduzindo até se tornar apenas 0,8 milhão de quilômetros quadrados seis mil anos atrás. A situação desses animais formidáveis foi de mal a pior em um período de tempo tão minúsculo que, para você ter uma dimensão do que foi essa redução, vou precisar realizar uma comparação com o território brasileiro. Você se lembra das fatídicas queimadas que aconteceram no Pantanal mato-grossense em 2020? No trágico desastre ambiental que devastou o bioma brasileiro, estima-se que 44.998 quilômetros quadrados foram perdidos por conta das chamas. Já os mamutes perderam aproximadamente sete milhões de quilômetros quadrados por conta das alterações climáticas. Deu para entender a proporção do impacto com que esses pobres animais tiveram de lidar?

Porém, apesar desse encolhimento gigantesco em seus meios naturais, os mamutes já haviam lidado com uma situação como essa 126 mil anos atrás. O cenário anterior pelo qual os mamutes haviam passado conseguiu ser ainda pior do que da vez em que foram extintos.

Quando essas estimativas foram divulgadas pelos cientistas, elas falavam que o hábitat dos mamutes já havia sido reduzido a 0,3 milhão de quilômetros quadrados. A espécie, na época, muito provavelmente estava à beira da extinção. Entretanto, se encontramos fósseis de mamutes datados de dez mil anos atrás, significa que eles não desapareceram do planeta, certo? Apesar de ter o hábitat natural e os biomas restritos pelas mudanças climáticas, mais reduzidos do que os 90% do último período glacial, os mamutes conseguiram sobreviver. Aí eu pergunto: qual foi a grande diferença entre o que aconteceu 126 mil anos atrás em comparação com o intervalo de 42 mil a seis mil anos atrás?

Um fator que ainda não compartilhei pode realmente ter mudado tudo. Um fator não, uma espécie. Da mesma forma que o aquecimento médio do planeta impactou negativamente a vida dos mamutes durante a última era do gelo, outra espécie se beneficiou da mudança climática. Acredita-se que ao mesmo tempo que os mamutes foram aprisionados em hábitats cada vez mais reduzidos, alguns bandos de homens primitivos conseguiram migrar para regiões ao norte do globo. O que antes era impossível, por conta das extremas temperaturas frias do Norte da Ásia, agora se tornou factível por conta dos aumentos das temperaturas médias da Terra.

Apesar de as mudanças climáticas terem feito grande parte do trabalho na direção da extinção dos grandes mamutes e de outras dezenas de espécies, é acreditado e defendido por grande parte dos cientistas que a migração dos homens para regiões comuns às dos grandes herbívoros não tenha sido mera coincidência e que eles provavelmente tenham dado a cajadada final na luta dos mamutes contra as forças da natureza. Com base nos últimos registros de mamutes-lanosos na Ásia continental, estima-se que nos últimos suspiros do grupo, os animais já estavam isolados em áreas restritas do Ártico à Sibéria. Ou seja, não foi um bom final para esses animais. Sem casa, sem comida e sendo caçados. Adeus, grandes mamutes.

AQUECIMENTO GLOBAL

Enquanto estávamos no Capítulo 1 e iniciávamos as histórias por trás das origens tanto do universo quanto do nosso planeta, até da vida humana, um detalhe importante foi deixado de lado de modo proposital. Quando olhamos para outros planetas do Sistema Solar e tentamos discutir qual deles poderia abrigar vida humana, muitos são os pontos cientificamente comprovados que margeiam os debates. Das diversas questões que comumente são levantadas para justificar a dificuldade de instalação da vida humana em outro planeta, as variações de temperatura sempre ganham bastante destaque. Ou a temperatura dos candidatos a "segunda Terra" é quente demais ou fria demais para nossa espécie, e, até agora, nenhum dos planetas conseguiu chegar perto da estabilidade térmica exigida pela vida na Terra. Portanto, uma característica como essa, que é tão fundamental para nossa existência, não deve ser esquecida ou excluída da nossa história.

Para que as temperaturas globais se tornassem constantes, a Terra de bilhões de anos atrás deu início à formação do efeito estufa, fenômeno natural que acontece na nossa atmosfera, em que gases conhecidos como "gases do efeito estufa" permitem a passagem dos raios solares, mas apreendem o calor emitido por eles após o contato com a superfície terrestre. Segundo uma analogia utilizada por um post da Nasa, o efeito estufa funciona "como um cobertor acolhedor que envolve nosso planeta" e ajuda a manter constante a temperatura dele. Dióxido de carbono (CO_2), metano (CH_4), ozônio (O_3), óxido nitroso (N_2O), clorofluorcarbono (CFC) e vapor d'água (H_2O) são alguns dos gases que conseguem absorver o calor que seria perdido em grande quantidade para o espaço, o mantendo, assim, dentro da atmosfera. De forma bem resumida, o fenômeno cria, como o nome já diz, uma espécie de "estufa" ao redor da Terra que é essencial para a vida no planeta.

O problema do efeito estufa é que, por conta da capacidade de reter o calor dentro da atmosfera da Terra ser variável, quanto mais moléculas desses gases forem liberadas para a atmosfera, menor será a quantidade de calor perdido para o espaço e, consequentemente, mantido no nosso planeta. Pronto, desse ponto para a frente, todos os processos associados a maior liberação ou produção desses gases e o decorrente aumento da temperatura global serão chamados de aquecimento global – sim, ele é mais simples do que parece. Portanto, utilizando a forma mais sucinta possível de explicar, o aquecimento global é basicamente o agravamento do efeito estufa.

Agora, a partir de qual momento da história da humanidade um grupo desses animais em expansão que caçavam mamutes e dependiam do aquecimento natural do planeta para viajar para o Norte da Ásia deixou de causar impactos locais para impactar o planeta? Bom, essa é uma ótima pergunta e talvez poucas pessoas saibam responder, mesmo estando toda a humanidade no olho do furacão, em alguns casos, literalmente. Os maiores estudos que indicam a participação humana nas mudanças climáticas se iniciaram apenas no começo do século XIX. Foi só em meados de 1850, quando a Segunda Revolução Industrial se instaurou, que as coisas começaram a sair dos trilhos. E qual é a explicação para isso? Aquecimento global não é o aumento da emissão de gases do efeito estufa? Então, foi a partir da Segunda Revolução Industrial que as atividades econômicas ganharam força, assim como o uso de combustíveis fósseis, a urbanização, a mudança na exploração dos recursos naturais e a intensificação da produção agrícola. Todos esses processos foram, gradualmente, explodindo as concentrações de gases do efeito estufa na atmosfera.

Justamente por ser o momento de virada de chave em relação ao aumento exponencial na quantidade de emissões de gases do efeito estufa, as pesquisas utilizam os parâmetros pré-revoluções industriais (de 1850 a 1900) como referência dos padrões ideais da Terra, sem perder de vista os possíveis impactos causados pelas mudanças climáticas. Segundo documentos robustos do Painel Intergovernamental sobre Mudanças do Climáticas (IPCC, na sigla em inglês), como o Quinto Relatório de Avaliação (AR5), as previsões para o futuro, caso nada seja feito, é uma série de catástrofes ambientais que podem ser entendidas como aumento das temperaturas médias globais e do nível do mar, acidificação dos oceanos e maior ocorrência de eventos climáticos extremos, como ondas de calor, secas e inundações.

Essa última catástrofe o Brasil presenciou de perto não faz muito tempo. Em maio de 2024, o Rio Grande do Sul viveu o maior desastre natural da história do estado. Para ter uma ideia da proporção da força do evento, vou apresentar apenas um dado: segundo o Climatempo, em Caxias do Sul, cidade localizada no nordeste do estado, o volume de chuva esperado nos primeiros cinco meses do ano são os seguintes: janeiro, 168 mm; fevereiro, algo próximo a 147 mm; março, 121 mm; abril, 134 mm, e em maio, finalizando cinco meses, 131 mm. Somando esses volumes de chuva, encontramos o valor de 701 mm. Agora, durante quinze dias do mês de maio de 2024, a região recebeu um volume de chuva de 694 mm. Tem noção de quão aterrorizante esse número é? Em duas semanas choveu o volume esperado para cinco meses.

"Ahhh, Yago, mas esse caso específico é realmente por conta do aquecimento global? Eu gostaria de um exemplo ainda mais claro de um impacto ambiental no nosso planeta", seu pedido é uma ordem. Tuvalu, um pequeno conjunto de ilhas no meio do Oceano Pacífico que corre o risco de desaparecer em algumas décadas, serve? Sabe por quê? Simplesmente pelo motivo de que a região está a apenas cinco metros do nível do mar. O que, em outras palavras, significa que as ilhas podem ficar submersas por conta de uma das consequências mais conhecidas do aquecimento global, que é o aumento do nível do mar. Em 2009, durante a Conferência do Clima (COP 15), Ian Fry, que era um dos representantes das ilhas no evento, pediu para que os países desenvolvidos assumissem o

compromisso quanto à redução de gases poluentes. Aí eu pergunto: alguém ainda acredita que as mudanças climáticas não existem?

O mais bizarro é pensar, agora voltando ao tema das mudanças climáticas de forma mais ampla, que, se assumirmos que nossa espécie surgiu trezentos mil anos atrás e foi há menos de duzentos anos que começamos a plantar esse estrago de forma mais enfática, podemos dizer que a humanidade está começando a sentir o peso da idade? Normalmente, pessoas idosas podem perder um pouco de suas capacidades mentais e cognitivas por conta do processo natural de envelhecimento, mas e a experiência e a sabedoria que são adquiridas com o tempo, cadê? Depois de tanto conhecimento adquirido pela nossa espécie, não era para termos um bom discernimento a fim de lidar com essas questões?

Vamos extrapolar e imaginar a humanidade como uma senhora de 80 anos. Ela claramente seria uma pessoa teimosa, arrogante, prepotente, ignorante, e vou mostrar o porquê. Vou chamar essa senhora de Gaya.

Gaya, de uma maneira geral, viveu uma boa vida. Na infância, não teve auxílio de nenhum responsável para guiá-la durante as dúvidas, e a consequência disso foi que a menina precisou crescer aprendendo tudo na prática e sozinha. Acho que essa carência de informação, de conhecimento, é normal para os jovens, até porque são coisas que em geral adquirimos com a idade, certo? Mas não pense que Gaya só apresentava características ruins. Essa senhora fez muitas coisas boas para o mundo em 80 anos de vida. Entretanto, e infelizmente, quando Gaya tinha exatamente 79 anos, 11 meses, 15 dias, 14 horas e 24 minutos, ela deixou de lado o conhecimento de uma vida inteirinha e adquiriu o hábito de fumar. A partir desse momento, todos os segundos, minutos e horas vividos por ela eram envolvidos por fumaça.

Por conta do extenso conhecimento, ela realizou autoexames e se deparou com uma série de sintomas negativos que dominaram seu corpo, provavelmente por conta do novo hábito. De início, Gaya não aceitou muito o que estava acontecendo, uma pequena parte da mente daquela idosa esbravejava, esperneava e gritava dizendo para seu organismo: "Pare de fumar, isso está te matando". Entretanto, o esforço minoritário, apesar de sincero, não rendeu bons frutos. Grande parte do intelecto de Gaya ainda estava no limbo entre acreditar ou não nas suas doenças, mas quando o vício se instala na cabeça de alguém, é difícil voltar atrás.

Como se não bastasse o hábito de fumar, Gaya, mesmo no auge dos seus quase 80 anos, também começou a beber, se drogar e o que mais de ruim ela poderia fazer com o corpo. Se você ficou chocado ao saber que mesmo depois de tantos aprendizados a idosa ainda teve a capacidade de se autodestruir assim, devo dizer que compartilho do mesmo sentimento. Uma senhora tão bacana, com uma mente tão boa, podendo fazer tanto pelos outros... Até onde a saúde vai permitir que ela vá? Ninguém sabe. Mas seus conhecimentos médicos já estão em alerta, assim como os biológicos já avisaram, os conhecimentos meteorológicos, geográficos, geológicos... A lista é grande. A pobre Gaya parece que não quer viver mais alguns anos. Triste fim da senhora.

Agora, uma pergunta importante deve ser feita: se Gaya era saudável e só depois de começar a fumar as doenças apareceram, a idosa provavelmente é culpada por sua saúde debilitada, certo? E sobre as mudanças climáticas, seguindo o exemplo de Gaya, de quem é a grande culpa do surgimento das doenças?

DESMATAMENTO

Além do que vimos no Capítulo 5, quando falamos sobre os pinheiros, abetos e até do feijão que você plantou na escola, você se autodenomina como uma pessoa que manja dos vegetais? Tipo, sabe como eles sobrevivem? Como eles adquirem energia para viver? Saberia me dizer qual elemento compõe a estrutura química básica dos vegetais? Bom, como sempre defendi durante nossas viagens, todo ensinamento complexo da Biologia, se não for visto desde a base, da forma mais fácil e producente de contextualizar, não entra na cabeça de leitores que não têm intimidade com o assunto. E, como sempre defendi, o objetivo deste livro é que todos consigam lê-lo, independentemente de estarmos falando de um estudante de Biologia ou um taxista de meia-idade. Pensando nisso, antes de apresentar o panorama real do desmatamento e entender por que ele pode estar tão ligado às mudanças climáticas, vou dar duas informações sobre as árvores que jamais devem ser esquecidas. Sério, a partir da leitura dos próximos parágrafos, eu gostaria que vocês enxergassem os vegetais com outros olhos. Enfim, como já pontuado no Capítulo 5, os vegetais não são tão exigentes em relação aos recursos necessários para sua sobrevivência e crescimento. De uma forma bem geral, tendo luz, gás carbônico, água e alguns nutrientes no solo, eles podem se tornar grandes árvores, desenvolver belas flores e produzir deliciosos frutos.

Sendo assim, com a devida importância das próximas informações expostas, chegou a hora de apresentar a primeira grande máxima que você é obrigado a saber. Os vegetais, além de sequestrarem o dióxido de carbono espalhado pela atmosfera, ainda armazenam o carbono capturado em seus diversos órgãos. Sim, os vegetais sequestram, absorvem, roubam, retiram, captam uma enorme quantidade de CO_2 da atmosfera para utilizar, direta ou indiretamente, em diversos dos seus processos vitais. Na fotossíntese, fenômeno que acontece nos cloroplastos (organela vegetal que contém a clorofila) das células vegetais, o carbono (C) do dióxido de carbono (CO_2) é utilizado em diversas reações bioquímicas, junto de outras moléculas, para gerar glicose, o carboidrato que dá energia química para os vegetais. Resumidamente falando, sem uma grande quantidade de carbono na atmosfera o vegetal não conseguiria produzir sua principal fonte de energia e, portanto, poderia morrer.

Além de utilizar o carbono para diversos processos bioquímicos, esse átomo ainda é essencial para a construção do vegetal como um todo. Sem me aprofundar muito na química da vida e como já foi citado, seria interessante saber que o átomo mais importante para dar estrutura à vida no nosso planeta é justamente o carbono. Lembra aquele papo lá do primeiro capítulo sobre as pecinhas de LEGO®? Então, o carbono é como se fosse a pecinha mais importante para montar uma vida no nosso planeta. Ele serve como base para a formação da maioria das substâncias químicas que conhecemos, além de ser indispensável para a construção não só do nosso organismo, mas também dos organismos da maioria dos outros seres vivos que já habitaram o planeta. Portanto, segundo essa perspectiva, os vegetais, além de roubarem uma grande quantidade de carbono da atmosfera, ainda o armazenam em suas células, tecidos e órgãos durante seu crescimento, permitindo, assim, que cada vegetal plantado, independentemente do tamanho, seja importante na luta contra as mudanças climáticas, por conta de ele não só atuar como um grande aspirador de carbono do ar, como também servir para armazenar o excesso de carbono que poderia estar na atmosfera.

Enquanto essas duas máximas não forem conhecidas pela maior parte da população, os impactos causados pela retirada dos vegetais do solo continuarão a acontecer por pura ignorância da humanidade. Pense só: quando uma mata, independentemente de a qual bioma ela pertencer, for destruída, sua vegetação não só parará de absorver grandes quantidades de dióxido de carbono da atmosfera, como também, dependendo da forma como ela for morta, poderá liberar o carbono que havia sido armazenado em seu corpo de volta para a atmosfera. Agora, imagine uma sequoia de mais de 100 metros de altura, você tem noção da quantidade de carbono armazenado durante centenas de anos e que pode, em alguns minutos, ser liberada para a atmosfera caso alguém decida atear fogo a ela? *Mas, Yago, quem seria estúpido o bastante para realizar tal medida descabida mesmo sabendo da atual conjuntura do carbono na atmosfera?* Um caso brasileiro serve para ilustrar esse comportamento? Apesar de não termos gigantescas sequoias, alguns agricultores e pecuaristas na Amazônia brasileira têm o hábito de desmatar grandes hectares de floresta e, de quebra, ainda queimar o que foi destruído. Você consegue perceber quão irresponsável isso é agora que entendeu o papel das florestas e das árvores em se tratando de meio ambiente e mudanças climáticas?

Para piorar ainda mais as coisas, o hábito de desmatar tem um agravante muito sério. Com base em estudos atuais envolvendo a ecologia e a botânica de diversas regiões florestais naturais, é sabido que quanto maior for a biodiversidade mantida nesse fragmento florestal, maior será a produtividade[20] e o sequestro do carbono. Ou seja, quando uma região com grande biodiversidade é desmatada, maiores são as perdas de estoque de carbono e a captação de gás carbônico. Traduzindo em palavras mais diretas possíveis: a galera que está desmatando e queimando a Amazônia está se lixando para o planeta.

A ficha do desespero cai quando você entende que recuperar uma zona florestal com grande biodiversidade é um desafio gigantesco tanto para os humanos quanto para a própria natureza. Tá achando que é só sair tacando semente para todo lado que resolve a situação? E as interações entre as árvores que eram fundamentais para gerar a biodiversidade, como fica? E todas as pe-

---

20 Produtividade é basicamente a diferença entre a fotossíntese e a respiração celular do vegetal. Se ele realiza mais fotossíntese (produção) do que respiração celular (gasto), significa que esse vegetal está com uma boa produtividade.

quenas espécies que tinham papéis fundamentais nos ciclos biogeoquímicos? Os animais que polinizam as flores morreram queimados, como resolver isso? O primata que abria os frutos e espalhava as sementes, quem vai trazê-lo de volta? O solo impactado pelas altas temperaturas das labaredas, quem vai salvá-lo? E os fungos, que são megaessenciais para fazer a mediação de nutrientes entre diversas espécies? Entenda: quanto maior a biodiversidade de um local, mais tempo será necessário para recuperá-lo. Senhor, como faz para ensinar o óbvio para tanta gente ruim?

Nós, professores de Biologia, ensinamos cada uma das informações desses últimos parágrafos para crianças que ainda estão no colégio. Agora eu pergunto: quem é que lembra dessas informações? Quem dá importância a elas? Quem é que tem a iniciativa de plantar uma árvore? Quem cobra a prefeitura de sua cidade para fazer manutenção nas árvores ou até mesmo para que novas mudas sejam plantadas? Todas as informações que posicionam os vegetais em lugar delicado e ao mesmo tempo fundamental na batalha contra as mudanças climáticas até podem parecer simples, porém, tenho certeza de que, se todos os mais de oito bilhões de pessoas na Terra soubessem um pouco da importância dos vegetais, talvez o planeta não estivesse em uma situação tão crítica como esta.

Agora, para apresentar o real cenário do desmatamento e demonstrar como os vegetais precisam da nossa ajuda, vou mostrar alguns números assustadores. E, para nós brasileiros, a vergonha é ainda maior.

DESMATAMENTO ANUAL, DADOS DE 2015:

1º	Brasil	1,69 milhão de hectares
2º	Índia	668 mil hectares
3º	Indonésia	650 mil hectares

EMISSÕES *PER CAPITA* DE CO$_2$ PROVENIENTES DO DESMATAMENTO PARA PRODUÇÃO DE ALIMENTOS, DADOS DE 2014:

1º	Luxemburgo	2,78 t
2º	Brasil	2,71 t
3º	Indonésia	1,24 t

EMISSÕES ANUAIS DE CO$_2$ PROVENIENTES DO DESMATAMENTO POR PRODUTO (BRASIL), DADOS COMPARATIVOS DE 2014:

1º	Carne	466,3 t
2º	Vegetais, frutas, sementes	11,85 t
3º	Arroz	10,28 t

É, claramente tem algo bem errado com nosso país.

Uma pena que a maioria dos seres que enxergam a dramaticidade desses dados e têm interesse e desejo em fazer a diferença não esteja em posição de gerar mudanças de grandes magnitudes. Sabe o que mais me entristece nessa história toda? A inversão de valores. Mostre um catálogo lotado de marcas mundialmente famosas para uma criança, como o símbolo da maçãzinha, ou talvez aquele M amarelo, quem sabe aquela vírgula dos esportes, confirme quantas dessas os seus filhos, irmãos e netos conhecem. Depois disso, mostre cinco folhas das árvores mais famosas do seu estado e peça para eles as identificarem. Se eles souberem uma, já vai ser um milagre.

BRANQUEAMENTO DOS CORAIS

Para começar a falar do branqueamento dos corais, precisamos entender o que são corais e por que é algo extremamente negativo que eles se tornem brancos. Ponto um: apesar de não parecer, corais são animais. Quando eu era pequeno, tinha certeza de que os corais eram rochas que ficavam embaixo d'água e abrigavam os peixinhos. Porém, quando descobri que eles eram organismos e podiam ser classificados como animais, meu cérebro deu uma travada. Os corais verdadeiros são organismos presentes no filo Cnidária. Só que ao contrário de uma água-viva, por exemplo, que consegue nadar pelo oceano por conta própria, os corais são organismos sésseis, o que significa dizer que vivem fixados ao substrato. Além disso, outra característica é que, apesar de alguns indivíduos que compõem os corais poderem viver de forma isolada, a maioria das espécies forma colônias. E se você prestou atenção no capítulo de sociedade, em que faço um comparativo com as colônias, com certeza vai se lembrar de que a principal diferença entre as duas relações ecológicas harmônicas é que, no caso das colônias, os organismos que a compõem necessitam estar unidos fisicamente.

Os milhares de miniorganismos que formam um coral são chamados de pólipos. Eles apresentam basicamente a mesma estrutura corporal, tendo, inclusive, como suas irmãs águas-vivas, tentáculos urticantes que ficam localizados ao redor da boca. Eu precisaria de longas páginas para descrever a variedade de formas e organizações que esses pólipos podem alcançar, sem contar os processos reprodutivos, que são incríveis, porém, existem alguns pontos mais importantes que devemos citar no momento. O mais importante deles, e que provavelmente, na minha infância, me fez acreditar que esses indivíduos eram rochas, é a composição do que seria sua "pele". Em alguns grupos de cnidários, a superfície do corpo desses animais apresenta um esqueleto rígido feito de carbonato de cálcio, enquanto em outras espécies, como no caso dos octocorais (oito tentáculos), são compostas de estruturas microscópicas de calcário. Quanto mais dessas pequenas estruturas forem produzidas pelos animais e acumuladas em suas superfícies mais externas, mais seus corpos se tornarão rígidos, como uma rocha. Para você ter uma ideia, em um grupo chamado corais-negros, o esqueleto dos animais é tão duro e denso que, depois de ser lixado e polido, pode até ser utilizado na confecção de joias.

Porém, um dos fatores mais importantes envolvendo a anatomia e a fisiologia dos corais está relacionado a sua forma de nutrição. Isso porque uma de suas conquistas evolutivas mais marcantes é a capacidade de abrigar e realizar trocas com indivíduos unicelulares fotossintetizantes. No caso de corais de água doce, na maioria das vezes são encontradas algas verdes residindo neles, porém, nos marinhos, são os dinoflagelados (podem ser entendidos como microalgas) denominados Zooxantelas que realizam a simbiose. Sendo bem sucinto ao explicar essa relação, os organismos fotossintetizantes, ao realizarem a fotossíntese, destinam parte do que foi produzido para os pólipos, como glicose e aminoácidos. Em troca, o nitrogênio e o fósforo restantes do metabolismo dos pólipos, compostos inorgânicos importantes para diversas reações bioquímicas nas células das algas e dos dinoflagelados, são destinados aos indivíduos unicelulares. Essa simbiose é fundamental para o crescimento e a vida dos corais. Outro ponto que merece ressalva é que normalmente as cores vibrantes que vemos nos corais são justamente por conta dos organismos fotossintetizantes que vivem em simbiose com os cnidários. E por conta dessa última informação, já dá para entender o rumo da conversa, né?

Beleza, tudo muito bonito, tudo muito fofinho, agora, onde entra o caos dessa história toda? A realidade é que essa relação benéfica tanto para os corais quanto para seus parceiros unicelulares fotossintetizantes acontece quando os parâmetros ambientais estão favoráveis. A partir do momento em que o ambiente está tomado por fatores estressantes, como o aumento da temperatura, o relacionamento acaba. O coral perde não só a sua essencial companhia de troca de nutrientes, como também a cor que esses indivíduos proporcionavam às estruturas de carbonato de cálcio. Quando a temperatura dos mares e oceanos que abrigam esses corais aumenta drasticamente, os corais ficam estressados e expulsam as algas que viviam em suas estruturas. Outros fatores como a intensidade da luz, a baixa concentração de nutrientes e até uma pequena disponibilidade de organismos unicelulares fotossintetizantes podem levar os corais ao caminho do branqueamento e, por consequência, por falta de nutrientes, à morte dos animais. Sendo assim, note que o aumento da temperatura da água continua sendo o fator número um e mais potente para tal fenômeno.

"Beleza, Yago, um animal a menos no nosso planeta, por que tanto surto?" Lembra o que falei sobre biodiversidade nos desmatamentos? Que era importante manter um

ambiente com a biodiversidade mais intacta possível e que recuperá-la, após ser gravemente impactada, era uma tarefa árdua, então, escuta esse perigoso dado aqui. Cerca de 25% de todas as espécies marinhas são encontradas dentro, sobre e ao redor dos recifes de corais. Bom, se você entende um pouco sobre ecossistemas marinhos, vai notar que esse dado é extremamente perigoso. Isso porque, para que um ecossistema funcione da melhor maneira possível, todos os organismos que o compõem precisam estar em equilíbrio. Se a quantidade de zooplânctons diminui mais do que eles podem repor com sua reprodução, é danoso. Se uma quantidade mais do que o normal dos gigantescos tubarões-brancos (*Carcharodon carcharias*) é caçada, é arriscado. Os mares, assim como os ecossistemas terrestres, são redes muito complexas de interações biológicas altamente dependentes umas das outras. Impactar algum nível dessa organização intrincada, mesmo sendo realizado pelo menor dos indivíduos, é o mesmo que fadar a rede inteira ao colapso. É como se tivéssemos uma grande torre e tentássemos tirar um andar aleatório da estrutura, o que desestabilizaria a construção inteira.

Além das questões ambientais vinculadas aos recursos bióticos (vivos), o abiótico também pode ser levado em consideração. Um dado importante que corrobora essa fala é que os recifes de corais formam uma potente barreira costeira contra tempestades, correntes e erosão. Segundo a Administração Nacional Oceânica e Atmosférica (NOAA, na sigla em inglês), uma instituição ligada ao governo estadunidense, 97% das ondas que chegam nas costas podem ser absorvidas por recifes de corais saudáveis. Sem essas estruturas, as regiões costeiras ficam mais vulneráveis a possíveis inundações. Para ter uma ideia, um artigo da *Nature* afirma que países como Indonésia, Filipinas, Malásia, México e Cuba poderiam economizar cerca de 400 milhões de dólares anualmente cada um se realizassem uma boa gestão dos seus recifes, justamente por conta da proteção que essas estruturas podem oferecer contra danos materiais causados por inundações.

A preocupação ambiental com os impactos causados pelas mudanças climáticas aos corais é tamanha que cientistas australianos desenvolveram uma linhagem de microalgas em laboratório capaz de tolerar altas temperaturas. A Austrália e seus pesquisadores estão em constante apelo pela preservação dos recifes de corais por justamente ter, na costa do país, uma enorme barreira de corais (que pode ser vista do espaço) que está sendo gravemente impactada pelas altas temperaturas da água. Nesse estudo, os cientistas realizaram uma evolução dirigida e conseguiram gerar em laboratório uma linhagem de algas mais tolerante ao branqueamento induzido pelo calor das larvas de coral. Entretanto, apesar de positivos, os resultados não escondem a preocupação constante com a saúde dos corais para as gerações futuras.

Bom, se você não sabia dessa importância toda dos corais para a natureza, mais um motivo para se preocupar com as ações humanas. Embora algumas linhas de pesquisas defendam que, por conta de os recifes de corais apresentarem diversidade genética suficiente para adaptação e talvez uma possível recuperação, essa melhora definitiva no panorama tão delicado dos corais infelizmente depende da redução da emissão de gases do efeito estufa e, ao mesmo tempo, de trabalhos humanos que tenham como objetivo criar santuários para essas espécies. Resumindo, a vida dos corais tem salvação, mas isso depende da nossa boa vontade. Ou seja, a situação é delicada.

INSEGURANÇA ALIMENTAR E HÍDRICA

A Organização das Nações Unidas para Alimentação e Agricultura (FAO, na sigla em inglês) é uma agência especializada que define segurança alimentar como: "A segurança alimentar existe quando todas as pessoas, em todos os momentos, têm acesso físico e econômico a alimentos suficientes, seguros e nutritivos que satisfaçam suas necessidades e preferências alimentares para uma vida ativa e saudável".

Segundo essa definição, você acredita que "todas as pessoas" estejam vivendo um momento de segurança alimentar? Segundo um relatório publicado em junho de 2022, em conjunto com a OMS, a FAO e outras instituições internacionais:

- 828 milhões de pessoas, em 2021, eram afetadas pela fome;
- 2,3 bilhões pessoas, em 2021, sofriam de insegurança alimentar moderada ou grave;
- 3,1 bilhões de pessoas, em 2021, não podiam pagar uma dieta saudável;
- 45 milhões de crianças com menos de 5 anos, em 2022, sofriam de emaciação (forma mais agressiva de subnutrição), que aumenta em até 12 vezes o risco de morte das crianças;

- 149 milhões de crianças com menos de 5 anos, em 2022, apresentavam atrasos no crescimento e desenvolvimento devido a uma falta crônica de nutrientes essenciais em suas dietas.

Acho que os números falam por si sós, né? Apesar de o combate à fome e à desnutrição ser considerado, nos últimos anos, um dos pontos centrais dos Objetivos de Desenvolvimento Sustentável (ODS) da agenda de 2030, a situação está longe de se tornar estabilizada. Segundo os dados mais atualizados do Painel Intergovernamental sobre Mudanças Climáticas, as alterações climáticas estão aumentando ainda mais os riscos de segurança alimentar, principalmente em populações de países mais vulneráveis.

Embora pudéssemos citar diferentes impactos ligados às mudanças climáticas para explicar sua relação com a insegurança alimentar, utilizaremos os fenômenos El Niño e La Niña. Para quem já ouviu esses nomes e nunca entendeu o que eles são, aqui vai uma breve explicação. Começando pelo El Niño, resumidamente falando, estamos tratando de um fenômeno natural que gera o aquecimento das águas do Pacífico. O mecanismo exato de como ele é gerado, incluindo o sentido dos ventos e as alterações nas massas de ar precisaria de um grande aprofundamento, que em certos pontos são bastantes delicados e controversos de se expor, então, para não mergulhar em profundos debates e não fugir do objetivo central, focaremos mais nas consequências do processo do que na sua origem. O El Niño geralmente acontece em intervalos até que bem regulares de 5 a 7 anos e dura em média um ano. Falando de uma alteração da temperatura e umidade diferente do habitual, o fenômeno pode acarretar diferentes respostas climáticas ao redor do mundo. No caso do Brasil, por conta das suas estruturas físicas, meteorológicas e muitos outros parâmetros, o El Niño basicamente gera secas prolongadas nas regiões Norte e Nordeste, enquanto o Sul é castigado por chuvas intensas e volumosas.

Agora, vamos falar de La Niña, em que vemos o resfriamento das águas do Pacífico. Além disso, outro ponto de convergência entre os dois fenômenos é que a La Niña costuma ter início na mesma época do ano que o El Niño, porém no ano seguinte. No Brasil, a La Niña ocasiona chuvas torrenciais no Norte e Nordeste, com grandes chances de alagamento e enchentes, contrastando com as fortes ondas de calor e possíveis períodos de seca no Sul do país. Sim, o contrário do El Niño.

Em um artigo publicado em 2015 na *Nature*, pesquisadores de diferentes nacionalidades e áreas de atuação debateram as conexões entre o aumento da frequência de eventos extremos como o La Niña e alguns de seus impactos para o planeta. Só que é aquela história, né? "Vento que venta cá, não venta lá". Se no Brasil temos esses padrões durante ambos os fenômenos, não podemos esperar as mesmas consequências em países do outro lado do globo. Vamos deixar a América do Sul de lado por um instante e nos voltar para o Sudeste Asiático e ver como um dos fenômenos relacionados às mudanças climáticas pode interferir na segurança alimentar dos humanos. Primeiro fato, estamos assistindo a um constante aumento na frequência de fenômenos climáticos extremos e existem diversos dados que corroboram essa triste realidade. Segundo fato, o rastro de destruição causado por tais fenômenos é cada vez maior, e com isso temos os impactos diretos na segurança alimentar. Se durante toda esta leitura você estava se perguntando como essa relação acontece, precisamos entender agora.

Vale ressaltar que a relação de impacto global no fim, diferentemente de muitos outros impactos gerados pelas alterações climáticas, discrimina a população de baixa renda. Quando ambos os fenômenos climáticos multifatoriais atingem países espalhados pelo globo, são as regiões economicamente vulneráveis, como as encontradas no Sudeste Asiático e no Pacífico, que comumente são afundadas em níveis de pobreza maiores do que já estavam anteriormente. Para trazer um panorama da situação, segundo relatórios do Banco Mundial sobre os impactos do El Niño e de La Niña, as maiores perdas causadas pelos dois fenômenos estão relacionadas ao PIB, ao consumo da população e à economia das famílias. Como consequência dessas perdas, não é exagero afirmar que o El Niño pode ser uma ameaça aos esforços para combater a pobreza na região do Sudeste Asiático. Uma matéria postada no blog do Banco Mundial relata a situação de um agricultor vietnamita que descreveu como El Niño de 2015-2016 gerou secas que devastaram suas plantações e aumentaram os riscos de incêndios florestais em suas terras. O fenômeno foi tão extremo na região que, na época, até suas opções de transporte foram afetadas, justamente por conta do nível da água nos rios e canais não estar alto o suficiente para a passagem de barcos.

Outro agricultor de uma região pobre diz que sua horta foi varrida, o sistema de irrigação foi destruído, as fontes de água, contaminadas, e as vendas, impactadas pelo aumento do preço. O homem ainda disse que sua esposa tinha que caminhar 5 quilômetros para comprar os alimentos que eles costumavam cultivar. E não pense que esses são casos isolados, sempre que os fenômenos El Niño e La Niña impactam a região, a destruição é comum e as consequências econômicas no bolso dos mais necessitados é ainda maior. E, quando não há dinheiro, a fome é praticamente inevitável.

E se falamos dos impactos causados aos corpos hídricos e suas funções de transporte, é plausível visualizar que as mudanças climáticas também afetam o abastecimento de água potável, culminando em uma situação delicada relacionada à segurança hídrica. Mesmo sem trazer dados de países que evidenciam a crise hídrica, é fácil entender por que as mudanças climáticas impactam tanto assim os corpos hídricos. Assim como acontece na sua panela, no chuveiro da sua casa e até no ferro de passar roupa, você sabe que a quantidade de calor afeta de forma bem direta a molécula da água. Como o planeta está sendo aquecido por conta de uma maior retenção de calor na atmosfera, gerando um aumento na temperatura global média, é certo que o ciclo hídrico seria impactado. Evapora mais, chove mais, seca mais, inunda mais. Qual água será utilizada para plantar os alimentos? Que água nós vamos beber? Tudo está intimamente ligado, cabe a nós colocar a mão na consciência e perceber.

Esse foi um resumo da *Natureza* exclusivamente *Humana*. Para quem queria descobrir comportamentos únicos da nossa espécie, aí estão. Não, nenhum animal ou outro ser vivo levou uma espécie a ser extinta da maneira como fizemos com os mamutes. Não, nenhuma espécie de vegetal ou outro ser vivo suscitou impactos na atmosfera do planeta gerando consequências mortais para seus próprios irmãos como estamos fazendo com a liberação dos gases do efeito estufa. Não, nenhuma espécie de fungo ou outro ser vivo destruiu tantos hectares de vegetação, florestas, ecossistemas e biomas inteirinhos, como a humanidade fez. Não, nenhuma espécie de bactéria ou outro organismo vivo que já habitou este planeta destruiu uma ligação tão pura e benéfica para o planeta, como nós estamos causando com o branqueamento dos corais. E, para finalizar, não, nenhuma espécie de micro-organismo até agora gerou tantos impactos negativos em sua própria casa, capazes de deixar seus parentes sem comida, sem água e sem esperança de viver.

CONCLUSÃO

Durante a reta final da escrita deste livro, certa vez fui pego enquanto fazia minha corrida na esteira por uma bela análise da nossa posição na trama do universo. Eu estava assistindo a uma série no celular, chamada *O alquimista de aço*, e dois personagens principais estavam em uma ilha remota, perto de perder suas forças e sua "sanidade" por conta da fome. Eles até haviam tido algumas oportunidades de comer alguns animais, como, por exemplo, um fofo coelho, mas não conseguiram seguir em frente por pena do animal. Em um momento de total desespero, um deles tomou a medida drástica de tentar repor as energias comendo formigas. Eram azedas, sim, mas foi a única maneira de tentar fugir da morte. Após o gosto azedo dos insetos ter sido sentido pelas papilas gustativas do personagem, uma reflexão tomou a sua mente: *Se eu não tivesse comido as formigas e tivesse morrido, as raposas e as formigas viriam me comer. Eu voltaria ao solo e me tornaria o capim, que um coelho comeria. Mas não é só isso. Antigamente, é possível que esta ilha fosse submersa. E em milhares de anos, pode se tornar o topo de uma montanha. (Ou seja) tudo faz parte de um grande fluxo que*

313

não pode ser visto. Não sei se esse fluxo é o universo ou o mundo, mas, do ponto de vista de algo grande assim, você e eu somos formigas.

Peixinhos, formigas, leitores, tanto faz a nomenclatura. Tudo está conectado de uma forma tão perfeita que dificilmente conseguimos destacar peças individuais. Em um dado momento da história do universo, uma pecinha de LEGO® pode estar compondo uma estrela, em outro momento, ela pode ter sido usada para formar um meteoro, depois disso quem sabe ela não possa ter ajudado a compor um dinossauro e, depois de milhões de anos, essa mesma peça pode ter rodado pela Terra inteirinha, até formar você. A vida é feita de ciclos que, como o citado na série, estão incluídos em outros movimentos circulares ainda maiores.

Agora, o que você é? Um organismo? Uma espécie? A peça de um maquinário gigantesco? Apenas um lapso na história? Assim como essas perguntas podem ser feitas para analisar a sua existência, podemos fazê-las sobre seu cachorro, a planta em sua sala, a bactéria que vive em seu intestino e todos os outros seres vivos que conhecemos. A vida é muito mais complexa do que parece e não podemos de forma alguma manter essa mentalidade de que somos o centro de importância de tudo que olhamos. Essa perspectiva, como vista no último capítulo, é potencialmente destrutiva e prejudicial a tudo que está a nossa volta. Desde outros humanos que vemos nas ruas até um vegetal que está a quilômetros de distância da nossa casa sentem os impactos da nossa prepotência.

Um dos objetivos que tenho com este livro é retirar uma barreira invisível que colocamos, milhares de anos atrás, entre nós e a natureza. De um lado, a humanidade, e do outro, o restante. A humanidade englobou todos os outros seres vivos que já conhecemos em um grande grupo e, mesmo assim, ainda os inseriu em uma prateleira abaixo, na estante da importância universal. Peça para qualquer pessoa na rua citar um organismo mais importante que um homem ou mulher e se choque com as respostas. Você pode ter certeza de que a maioria das pessoas tem em seu âmago que o ser mais importante do planeta é um macaco sem pelo. E isso me traz um desespero sem igual.

Já imaginou se esse muro não existisse? Se pudéssemos enxergar, não só outros humanos, mas outros animais, vegetais, fungos como tão importantes quanto a gente... Imagine um mundo em que as pessoas respeitem os oceanos, a atmosfera, os rios. Convenhamos, eles estavam aqui muito antes de nós sonharmos em dar as caras. A vida é um presente tão único, por que fazemos questão de jogá-la fora com tanto descaso? Por que estragar a nossa casa? Por que, em vez de cogitar trocar de casa ou se mudar, a gente não reforma a que já temos? Não é preferível cuidar do que já é nosso e de tantos outros habitantes do que nos aventurar no novo?

Esse muro que está entranhado na sociedade humana, nas nossas cabeças pequenas, foi mantido nessa jornada do início ao fim de forma proposital. Debati cada um dos pontos sem derrubá-los. Eram humanos e animais, humanos e vegetais, humanos e fungos, e assim por diante. Entenda, esses "e" não existem. Somos humanos, mas também somos animais. Somos humanos mas também apresentamos células eucariontes, como os vegetais. Somos humanos, mas também somos seres vivos que precisam se alimentar, respirar, se reproduzir, assim como os fungos. Somos humanos e representamos apenas mais uma espécie dentro de uma gigantesca árvore que comporta as vidas. Não somos melhores, não somos piores, somos iguais. Então, chegou a hora de olhar para o espelho e perceber que o que há de mais especial em nós é simplesmente a oportunidade de viver nesse universo e planeta tão incrível, rodeado de uma biodiversidade extraordinária.

Chegamos, enfim, ao final da jornada pelo universo do conhecimento biológico. Visitamos diversos continentes, oceanos, baías, praias, florestas e até para a Terra Primitiva fiz questão de levá-los. Foram nove histórias de comportamentos, hábitos, técnicas, organizações e diversas outras pequenas narrativas que nos permitiram aprender a enxergar tudo de mais interessante que poderíamos debater sobre a natureza e a humanidade, a fim de contextualizar o verdadeiro motivo para o título deste livro ser o que é.

Vimos formigas e os cuidados que os feridos recebem durante uma sangrenta batalha contra os cupins; aprendemos sobre a incrível noção de termodinâmica e construção civil dos cupins e ainda tivemos a oportunidade de conhecer o comportamento único das mamães cucos que dispensam os filhos para que outras mães possam criá-los. Além disso, descobrimos que a conexão entre árvores e fungos é uma das principais interações da vida e que um protótipo de internet já havia sido criado milhões de anos antes da nossa; analisamos o pequeno, mas gigantesco poder cognitivo das abelhas jogadoras de futebol e ainda debatemos características únicas dos polvos que os permitem serem referência no quesito inteligência. Para finalizar, fomos apresentados a possíveis realidades de cães que vivem nas ruas e que têm amigos inseparáveis, citamos um peixe que teve sua técnica reprodutiva roubada por milionários que buscam a imortalidade e, por fim, vimos um outro peixe que muda de sexo dependendo do que a situação pede.

Todas as comparações feitas tendo como base os acontecimentos da natureza, com perspectivas, vieses e biologia ajustados para se encaixarem no panorama central do nosso debate são os meus maiores argumentos para defender uma natureza mais humana, ou melhor, uma humanidade mais natural do que pensávamos. Nós não inventamos a medicina, a arquitetura não é de nossa autoria, cuidar de filhotes que não nasceram de você não é um comportamento exclusivo do ser humano. Assim como não somos os únicos seres com "internet", raciocínio lógico apurado e capazes de fugas implacáveis de cativeiros. Para concluir a reflexão, usar o sangue de outros organismos não surgiu na mente humana e a origem da troca de sexo, apesar de parecer, não está marcada com as nossas mãos.

Este livro nasceu do interesse de um jovem professor de Biologia que logo cedo em sua carreira migrou seu campo de atuação para a maior sala de aula do mundo que é a internet, e nesse novo ambiente notou que a noção de vida que respeita todos os seus integrantes não está difundida entre seus alunos. *Natureza humana* é, sem sombra de dúvida, a maior contribuição deste professor até agora para que o mundo tenha cada vez menos pessoas egoístas e cada vez mais pessoas com empatia suficiente para enxergar todo o resto além do diminuto "eu". *Natureza humana* foi idealizado tanto como um pedido de clemência a todos que ainda veem um muro rígido entre nós e a natureza e a destroem sem sentir remorso, quanto como uma forma de agradecer àqueles que em algum momento da vida aprenderam que essa barreira é fruto da imaginação de uma espécie que se enxerga à imagem de uma perfeição inexistente e que utiliza esse conhecimento como munição na batalha a favor de um mundo melhor. *Natureza humana* não é, nem de perto, uma jornada que objetiva apenas o acúmulo de conteúdo biológico, em que os exemplos têm a única finalidade de tornar você mais sábio, muito pelo contrário. É a jornada reflexiva na qual forneço as ferramentas necessárias para meus peixinhos encontrarem respostas e formarem assim suas opiniões sobre a vida. *Natureza humana* foi escrito com o maior carinho, responsabilidade científica e valores inerentes à vida, para que, no fim, você tenha a capacidade de responder à minha pergunta principal:

E aí, a *Natureza* é, de alguma forma, *Humana*?

AGRADECIMENTOS

Está na hora de agradecer às pessoas que me ajudaram a realizar um sonho de infância, que era escrever um livro. Para começar, quero agradecer imensamente à minha mãe Fátima, porque, sem ela, nada disso seria possível. A mulher é mais uma daquelas guerreiras que nunca ganhou rios de dinheiro no trabalho, mas nunca deixou faltar nada para seus filhos. Foram cinco anos na faculdade de Biologia, fazendo matérias até 22 horas, e lá estava ela, cansada do trabalho, me esperando naquele Golzinho que ainda nos daria muita dor de cabeça.

Agregados a ela, mas não menos importantes, agradeço ao meu avô e à minha avó. Vocês não têm ideia de como eu daria tudo para tomar um último café da tarde com eles e contar tudo o que eu vivi nesses últimos anos.

Minha tia e a incrível Sebastiana também merecem um lugar aqui, basicamente minhas duas segundas mães.

Ao meu pai, agradeço por todas as lições que ele me ensinou.

Meu irmão também deve ser mencionado, uma verdadeira inspiração para mim. Professor que sempre acreditou na educação como mecanismo de salvação de uma sociedade muitas vezes cega. Posso dizer que foi graças a ele que tomei gosto por ensinar. Graças a ele também tomei gosto pela leitura. Um cara que sempre coloquei como um espelho e caminho do que eu deveria seguir. Para melhorar tudo, ainda foi fundamental na leitura de alguns capítulos, com seu crivo social estupendo. De quebra, junto da minha cunhada, Marcela, me deu as mais incríveis preciosidades, que são meus sobrinhos. Que moleques maravilhosos. Só tenho a agradecer.

Para Luana, um enorme obrigado. Obrigado por entender as incansáveis horas que eu passava em frente ao computador, as inúmeras vezes que eu pedia para ler um texto e por me ajudar com a sua experiência de pesquisadora nas referências. Escrever um livro de Biologia com uma mestra em Zoologia ao lado é sem sombra de dúvida algo impagável. Obrigado por me fazer sentir tão especial.

Não posso deixar de agradecer também à sua mãe, vulgo minha sogra, e a toda a minha nova família aqui do Rio de Janeiro e de São Paulo, por sempre estarem preocupados e curiosos com o desenrolar do livro.

Falando em me fazer sentir especial, temos Ricardo Garcia, meu empresário. Um cara que desde cedo acreditou no meu potencial e viu em mim coisas que talvez nem hoje, depois de anos trabalhando na internet, eu mesmo consiga enxergar. Só tenho que agradecer por tudo, inclusive por escutar a leitura de alguns capítulos deste livro e me fazer acreditar que eu tinha total capacidade de escrever esta história que vocês acabaram de ler.

Da UFRJ, quero agradecer ao pelicano original, ou melhor, o professor de Embriologia Cristiano Coutinho, que foi uma inspiração ao longo do desenrolar deste livro. Agradeço também ao professor Cleo Oliveira, que foi uma grande referência para mim e que conseguiu separar um tempo em sua agenda de pesquisador e professor lotada para ler minhas ideias mirabolantes. Ao querido e gentil Ricardo Mermudes, um gigantesco obrigado também, por todas as aulas incríveis sobre alguns dos insetos que apresentei aqui. Do laboratório de Ornitologia, meu antigo orientador Luiz Gonzaga, um cara que apenas com assobios fez eu me apaixonar pelas aves e ter vontade de fazer iniciação científica sobre tal grupo. Sério, vocês tinham que ver, o cara parecia que falava com as aves de tão incrível que era. Além dele, no laboratório também devo citar Ana Galvão e Luiz Felipe. A primeira, uma das mulheres mais inteligentes que conheço, e o segundo, um dos estudantes mais inteligentes que eu conheci durante minha graduação. Sem vocês e muitos outros da Universidade Federal do Rio de Janeiro, eu simplesmente não seria quem eu sou hoje.

Ainda falando de profissionais da Biologia que devem ser enaltecidos aqui, devo separar um espaço para os grandiosos Hugo Fernandes e Fabiano Melo. Hugo é aquela referência que te abraça, te coloca embaixo de sua asa e te diz: "Vem comigo, quero te mostrar umas paradas legais". Pensa num bicho inteligente que é uma desgraça. De quebra, em uma dessas "paradas legais" que o Hugo me mostrou, veio de brinde o incrível Fabiano. Ou Bião, como Hugo o chama. O cara é um fenômeno no que faz e uma pessoa com um carisma indiscutível. Obrigado por tudo, inclusive pelos toques quando o assunto eram os primatas e evolução.

Além desses nomes, existem muitos outros, é claro. Seria praticamente impossível citar todas as pessoas a quem eu precisaria agradecer neste momento. Até porque se eu fosse agradecer a cada amigo de quem recusei um convite enquanto estava escrevendo este livro, esperando que fossem ter paciência comigo, a lista seria enorme. Mas alguns nomes devem ser mencionados: Vini e Eric, perdão pela ausência no nosso Smash sagrado. Washington, Celso e Jhon, obrigado por tornarem a UFRJ um lugar melhor. Do colégio vale uma atenção redobrada àquelas amigas que me mostraram que eu era um bom professor, Bia e Aline, e Leonam, um cara que entende muito mais de números do que eu e me ajudou a calcular a idade de Gaya.

Devo deixar também um gigantesco obrigado à Editora HarperCollins, por ter acreditado em mim neste projeto. Uma menção honrosa, é claro, à incrível, Paula. Profissional ímpar que desde o início da minha jornada como escritor teve a paciência necessária para me guiar e manteve a exigência com a excelência no mais alto grau, assim como eu costumo colocar em qualquer projeto que me disponho a realizar. Obrigado por tudo.

Por fim, mas não menos importante, meus seguidores. Se você que está lendo este livro, me segue em alguma das minhas redes sociais e acompanha o meu trabalho diário, um gigantesco obrigado. Obrigado por sua atenção, sua curtida, seu comentário, talvez um compartilhamento. Sem a ajuda de cada um de vocês, este livro com certeza não estaria agora em suas mãos. Se em algum momento duvidei do meu potencial para escrever uma história tão grande e tão complexa, foi a confiança que vocês depositam em mim diariamente que me fez respirar fundo em alguns momentos e seguir escrevendo com muito amor pela Biologia. Dizem alguns de vocês que dá para perceber o carinho que sinto pelo que eu faço em cada vídeo que gravo. Então, espero que nesta jornada que acabamos de ler você tenha sentido esse mesmo carinho exalando destas páginas.

Um grande e caloroso, obrigado.

YAGO

REFERÊNCIAS

CAPÍTULO 1

BADA, J. L.; LAZCANO, A. Perceptions of science. Prebiotic soup-revisiting the Miller experiment. *Science*, v. 300, n. 5620, p. 745-746, 2003. Disponível em: <https://www.science.org/doi/10.1126/science.1085145>. Acesso em: 20 mar. 2025.

BOERO, F. From Darwin's Origin of Species toward a theory of natural history. *F1000prime reports*, vol. 7, n. 49, p. 60-64. 12 mai. 2015. Disponível em: <https://www.ncbi.nlm.nih.gov/pmc/articles/PMC4447030/>. Acesso em: 24 fev. 2025.

DODD, M.; GREENE, T.; PAPINEAU, D. *et al.* Evidence for early life in Earth's oldest hydrothermal vent precipitates. *Nature*, v. 543, n. 7643, 2 mar. 2017. Disponível em: <https://www.nature.com/articles/nature21377>. Acesso em: 24 fev. 2025.

DOMIT, C. *et al.* Balaenoptera musculus. *Sistema de Avaliação do Risco de Extinção da Biodiversidade – SALVE*. Instituto Chico Mendes de Conservação da Biodiversidade – ICMBio. 2023. Disponível em: <https://salve.icmbio.gov.br>. Acesso em: 16 mar. 2025.

GUZMAN, H. M.; ESTÉVEZ, R. M.; KAISER, S. Insights into blue whale (*Balaenoptera musculus* L.) population movements in the Galapagos archipelago and southeast pacific. *Animals: an open access journal from MDPI*, v. 14, n. 18, 2707, 2024. Disponível em: <https://www.mdpi.com/2076-2615/14/18/2707>. Acesso em: 20 mar. 2025.

HALDANE, J. B. S. *Fact and Faith*. Londres: Watts & Co., 1934.

MANKTELOW, M. *History of Taxonomy*. Uppsala, Suécia: Uppsala University, 2008. Disponível em: <http://www.atbi.eu/summerschool/files/summerschool/Manktelow_Syllabus.pdf>. Acesso em: 20 mar. 2025.

MIZROCH, S. A.; RICE, D. W.; BREIWICK, J. M. The Blue Whale, *Balaenoptera musculus*. *Marine Fisheries Review*, v. 46, n. 4, 1984. Disponível em: <https://www.researchgate.net/publication/242159289_The_Blue_Whale_Balaenoptera_musculus>. Acesso em: 20 mar. 2025.

OPARIN, A. I. The origin of life. *In*: BERNAL, J. D. (ed.). *The origin of life*. Londres: Weidenfeld & Nicolson, 1967. p. 199-234.

OSCHMANN, W.; GRASSHOF, M.; GUDO, M. The early evolution of the planet earth and the origin of life. *Senckenbergiana Lethaea*, v. 82, n. 1, p. 284-294, 2002. Disponível em: <https://link.springer.com/article/10.1007/BF03043789>. Acesso em: 20 mar. 2025.

ROSEN, J. Scientists may have found the earliest evidence of life on Earth. *Science*, Washington, 19 out. 2015. Disponível em: <https://www.science.org/content/article/scientists-may-have-found-earliest-evidence-life-earth>. Acesso em: 24 fev. 2025.

TELFORD, M. J.; LITTLEWOOD, D. T. J. The evolution of the animals: introduction to a Linnean tercentenary celebration. *Philosophical transactions of the Royal Society of London. Series B, Biological sciences*, v. 363, n. 1496, p. 1421-1424, 2008. Disponível em: <https://royalsocietypublishing.org/doi/full/10.1098/rstb.2007.2231#>. Acesso em: 24 fev. 2025.

VOULTSIADOU, E. *et al*. Aristotle's scientific contributions to the classification, nomenclature and distribution of marine organisms. *Mediterranean marine science*, v. 18, n. 3, p. 468-478, 2017. Disponível em: <https://doi.org/10.12681/mms.13874>. Acesso em: 19 mar. 2025.

WOESE, C. R.; KANDLER, O.; WHEELIS, M. L. Towards a natural system of organisms: proposal for the domains Archaea, Bacteria, and Eucarya. *Proceedings of the National Academy of Sciences*,

v. 87, n. 12, p. 4576-4579, 1990. Disponível em: <https://www.pnas.org/doi/abs/10.1073/pnas.87.12.4576>. Acesso em: 24 fev. 2025.

XIE, X. *et al*. Primordial soup was edible: abiotically produced Miller--Urey mixture supports bacterial growth. *Scientific reports*, v. 5, n. 1, 14338, 2015. Disponível em: <https://www.nature.com/articles/srep14338>. Acesso em: 20 mar. 2025.

CAPÍTULO 2

ALLEN, M. R. *et al*. Framing and Context. *In*: MASSON-DELMOTTE, V. P. Z. *et al*. (eds.). *Global Warming of 1.5°C*. Cambridge, Reino Unido: Cambridge University Press, 2022. p. 49-92. Disponível em: <https://www.cambridge.org/core/books/global-warming-of-15c/framing-and-context/A2333199BE70391497FBFCE6217E3DB1>. Acesso em: 19 mar. 2025.

BRASIL. Ministério da Saúde. *Infarto agudo do miocárdio*. Disponível em: <https://www.gov.br/saude/pt-br/assuntos/saude-de-a--a-z/i/infarto>. Acesso em: 19 mar. 2025.

COSTA, C. da. Morte por exaustão no trabalho. *Caderno CRH*, v. 30, n. 79, p. 105-120, jan. 2017. Disponível em: <https://www.scielo.br/j/ccrh/a/PgdKBGjDkNR6L4qVMsb3RVv/?lang=pt>. Acesso em: 6 mar. 2025.

COSTA, R. N. Olhos compostos: um conceito bioinspirado para o campo educacional. *SciELO Preprints*, 2022. DOI: 10.1590/SciELOPreprints.4908. Disponível em: <https://preprints.scielo.org/index.php/scielo/preprint/view/4908>. Acesso em: 6 mar. 2025.

CRAMER, M. After Heart Attack, British Man's Post Resonates on LinkedIn. *The New York Times*, 21 abr. 2021. Disponível em: <https://www.nytimes.com/2021/04/21/business/jonathan-frostick-heart-attack-vows.html>. Acesso em: 6 mar. 2025.

DELSUC, F. Army ants trapped by their evolutionary history. *PLoS biology*, v. 1, n. 2 (2003), 17 nov. 2003. Disponível em: https://www.ncbi.nlm.nih.gov/pmc/articles/PMC261877/#pbio.0000037-Schneirla2. Acesso em: 6 mar. 2025.

DULKA, J. G. *et al.* A steroid sex pheromone synchronizes male--female spawning readiness in goldfish. *Nature*, v. 325, n. 6101, p. 251-253, 1987. Disponível em: <https://www.nature.com/articles/325251a0>. Acesso em: 20 mar. 2025.

IANNI, A. M. Z. Entre o biológico e o social: um estudo sobre os Congressos Brasileiros de Epidemiologia, 1990-2002. *Revista brasileira de epidemiologia*, v. 11, n. 1, p. 24-42, mar. 2008. Disponível em: <https://www.scielo.br/j/rbepid/a/94RdVH7fShKBTG-qdWgdmHhS/?lang=pt>. Acesso em: 6 mar. 2025.

KOBAYASHI, M.; SORENSEN, P. W.; STACEY, N. E. Hormonal and pheromonal control of spawning behavior in the goldfish. *Fish Physiology and Biochemistry*, v. 26, n. 1, p. 71-84, 2002. Disponível em: <https://experts.umn.edu/en/publications/hormonal-and-pheromonal-control-of-spawning-behavior-in-the-goldf>. Acesso em: 20 mar. 2025.

MENDES, T. de A. Desenvolvimento sustentável, política e gestão da mudança global do clima: sinergias e contradições brasileiras. 2014. 672 f., il. Tese (Doutorado em Desenvolvimento Sustentável) – Universidade de Brasília, Brasília, 2014. Disponível em: <http://repositorio.unb.br/handle/10482/17168>. Acesso em: 18 mar. 2025.

NISHIYAMA, K.; JOHNSON, J. V. Karoshi – death from overwork: occupational health consequences of Japanese production management. *International journal of health services: planning, administration, evaluation*, v. 27, n. 4, p. 625-641, 1997. Disponível em: <https://journals.sagepub.com/doi/10.2190/1JPC-679V-DYNT-HJ6G>. Acesso em: 20 mar. 2025.

OYSTAEYEN, A. V. *et al.* Conserved Class of Queen Pheromones Stops Social Insect Workers from Reproducing. *Science*, v. 343, n. 6168, p. 287-290, 17 jan. 2014. Disponível em: <https://www.science.org/doi/10.1126/science.1244899>. Acesso em: 6 mar. 2025.

REDAÇÃO National Geographic Brasil. Por que a selva de Darién é conhecida como uma das mais perigosas do mundo? *National Geographic*, 7 jul. 2023. Disponível em: <https://www.national-

geographicbrasil.com/viagem/2023/07/por-que-a-selva-de-darien-e-conhecida-como-uma-das-mais-perigosas-do-mundo>. Acesso em: 19 mar. 2025.

RICHTER, A.; ECONOMO, E. P. The feeding apparatus of ants: an overview of structure and function. *Philosophical transactions of the Royal Society of London. Series B, Biological sciences*, v. 378, n. 1891. Disponível em: <https://royalsocietypublishing.org/doi/10.1098/rstb.2022.0556>. Acesso em: 19 mar. 2025.

RICHTER, A.; ECONOMO, E. P. The feeding apparatus of ants: an overview of structure and function. *The Royal Society*, v. 378, n. 1891, 16 out. 2023. Disponível em: <https://royalsocietypublishing.org/doi/10.1098/rstb.2022.0556#d1e1590>. Acesso em: 6 mar. 2025.

ROY, J. *et al.* Sustainable Development, Poverty Eradication and Reducing Inequalities. *In*: MASSON-DELMOTTE, V. P. Z. *et al.* (eds.). *Global Warming of 1.5°C*. Cambridge, Reino Unido: Cambridge University Press, 2022. p. 445-592. Disponível em: <https://www.cambridge.org/core/books/global-warming-of--15c/sustainable-development-poverty-eradication-and-reducing-inequalities/CE2CE9F109C1D00F7820DF70A73C6B07>. Acesso em: 19 mar. 2025.

SCHIPPERS, M.; IOANNIDIS, J. P. A.; LUIJKS, M. W. J. Is Society caught up in a Death Spiral? Modelling Societal Demise and its Reversal. *Frontiers in Sociology*, v. 9, n. 11, mar. 2024. Disponível em: <https://www.frontiersin.org/journals/sociology/articles/10.3389/fsoc.2024.1194597/full>. Acesso em: 6 mar. 2025.

SCHNEIRLA, T. C. A unique case of circular milling in ants, considered in relation to trail following and the general problem of orientation. *American Museum Novitates*, n. 1253, 1944. Disponível em: <https://digitallibrary.amnh.org/items/5f80439c-e431-4c-18-9e5e-81fed85fce39>. Acesso em: 20 mar. 2025.

SORENSEN, P. W.; WISENDEN, B. *Fish Pheromones and Related Cues*. Hoboken: John Wiley. Chichester, West Sussex: John Wiley & Sons, Inc., 2015.

VAGLIO, S.; BARTELS-HARDEGE, H.; HARDEGE, J. Pheromone. *In*: *Encyclopedia of Animal Cognition and Behavior*. Cham: Springer International Publishing, 2018. p. 1-11. Disponível em: <https://journals.sagepub.com/doi/10.2190/1JPC-679V-DYNT-H-J6G>. Acesso em: 20 mar. 2025.

CAPÍTULO 3

AIKI, I. P.; PIRK, C. W. W.; YUSUF, A. A. Thermal regulatory mechanisms of termites from two different savannah ecosystems. *Journal of thermal biology*, v. 85, n. 102418, 2019. Disponível em: <https://www.sciencedirect.com/science/article/abs/pii/S0306456519303249?via%3Dihub>. Acesso em: 20 mar. 2025.

BOURGUIGNON, T. *et al.* The evolutionary history of termites as inferred from 66 mitochondrial genomes. *Molecular biology and evolution*, v. 32, n. 2, p. 406-421, 10 nov. 2014. Disponível em: <https://academic.oup.com/mbe/article/32/2/406/1054064>. Acesso em: 6 mar. 2025.

DULKA, J. G. *et al.* A steroid sex pheromone synchronizes male--female spawning readiness in goldfish. *Nature*, v. 325, n. 6101, p. 251-253, 1º jan. 1987. Disponível em: <https://www.nature.com/articles/325251a0#citeas>. Acesso em: 29 mar. 2025.

FRANK, E. T. *et al.* Saving the injured: Rescue behavior in the termite-hunting ant Megaponera analis. *Science advances*, v. 3, n. 4, 12 abr. 2017. Disponível em: <https://www.science.org/doi/10.1126/sciadv.1602187>. Acesso em: 6 mar. 2025.

FRANK, E. T.; WEHRHAHN, M.; LINSENMAIR, K. E. Wound treatment and selective help in a termite-hunting ant. *Royal Society*, v. 285, n. 1872, 14 fev. 2018. Disponível em: <https://royalsocietypublishing.org/doi/10.1098/rspb.2017.2457>. Acesso em: 6 mar. 2025.

ICHIMURA, T. *et al.* Emergence of altruism behavior in army ant-based social evolutionary system. *SpringerPlus*, v. 3, n. 1, p. 712, 2014. Disponível em: <https://springerplus.springeropen.com/articles/10.1186/2193-1801-3-712>. Acesso em: 20 mar. 2025.

JONES, J. C.; OLDROYD, B. P. Nest Thermoregulation in Social Insects. *In*: SIMPSON, S. J. *Advances in Insect Physiology*. 1. ed. Elsevier, 2006. p. 153-191. Disponível em: <https://www.sciencedirect.com/science/article/abs/pii/S0065280606330032?via%3Dihub>. Acesso em: 6 mar. 2025.

KOBAYASHI, M. Hormonal and pheromonal control of spawning in goldfish. *Fish Physiology and Biochemistry*, v. 26, n. 1, p. 71-84, 2002. Disponível em: <https://www.researchgate.net/publication/226044617>. Acesso em: 29 mar. 2025.

KONATÉ, S. *et al*. Effect of underground fungus growing termites on carbon dioxide emission at the point and landscape scales in an African savanna: CO_2 emission by termites in humid savannahs. *Functional ecology*, v. 17, n. 3, p. 305-314, 9 jun. 2003. Disponível em: <https://besjournals.onlinelibrary.wiley.com/doi/full/10.1046/j.1365-2435.2003.00727.x>. Acesso em: 6 mar. 2025.

LONGHURST, C.; JOHNSON, R. A.; WOOD, T. G. Predation by *Megaponera foetens* (Fabr.) (Hymenoptera: Formicidae) on termites in the Nigerian southern Guinea Savanna. *Oecologia*, v. 32, n. 1, p. 101-107, 1978. Disponível em: <https://pubmed.ncbi.nlm.nih.gov/28308671/>. Acesso em: 6 mar. 2025.

MIZE, R. "Whatever happens, we have got, the Maxim, and they have not": The Conspicuous Absence of Machine Guns in British Imperialist Imagery. *The Rutgers Art Review*, v. 33/34, p. 43-65, 2018. Disponível em: <https://rar.rutgers.edu/wp-content/uploads/2018/11/Vol-33_34-full-volume-1.pdf>. Acesso em: 20 mar. 2025.

OCKO, S. A. *et al*. Solar-powered ventilation of African termite mounds. *The journal of experimental biology*, v. 220, n. 18, p. 3260-3269, 15 set. 2017. Disponível em: <https://journals.biologists.com/jeb/article/220/18/3260/18709/Solar-powered-ventilation-of-African-termite>. Acesso em: 6 mar. 2025.

PALACIO, S. *et al*. Does carbon storage limit tree growth? *The new phytologist*, v. 201, n. 4, p. 1096-1100, 2014. Disponível em: <https://doi.org/10.1111/nph.12602>. Acesso em: 18 mar. 2025.

PENDRILL, F. *et al.* Agricultural and forestry trade drives large share of tropical deforestation emissions. *Global environmental change*, v. 56, p. 1-10, 2019. Disponível em: <https://doi.org/10.1016/j.gloenvcha.2019.03.002>. Acesso em: 18 mar. 2025.

RITCHIE, H. Deforestation and Forest Loss. Disponível em: <https://ourworldindata.org/deforestation>. Acesso em: 18 mar. 2025.

RIVERO, S. *et al.* Pecuária e desmatamento: uma análise das principais causas diretas do desmatamento na Amazônia. *Nova economia*, v. 19, n. 1, p. 41-66, 2009. Disponível em: <https://doi.org/10.1590/S0103-6351200900010000>. Acesso em: 18 mar. 2025.

RUIZ-BENITO, P. *et al.* Diversity increases carbon storage and tree productivity in Spanish forests: Diversity effects on forest carbon storage and productivity. *Global ecology and biogeography*, v. 23, n. 3, p. 311-322, 2014. Disponível em: <https://onlinelibrary.wiley.com/doi/10.1111/geb.12126>. Acesso em: 18 mar. 2025.

SINGH, K. *et al.* The architectural design of smart ventilation and drainage systems in termite nests. *Science advances*, v. 5, n. 3, 22 mar. 2019 Disponível em: <https://www.science.org/doi/10.1126/sciadv.aat8520>. Acesso em: 6 mar. 2025.

WARE, J. L.; GRIMALDI, D. A.; ENGEL, M. S. The effects of fossil placement and calibration on divergence times and rates: an example from the termites (Insecta: Isoptera). *Arthropod structure & development*, v. 39, n. 2-3, p. 204-219, mar. 2010. Disponível em: <https://www.sciencedirect.com/science/article/abs/pii/S1467803909000899?via%3Dihub>. Acesso em: 6 mar. 2025.

WOON, J. S. *et al.* Termites have wider thermal limits to cope with environmental conditions in savannas. *The journal of animal ecology*, v. 91, n. 4, 24 fev. 2022, p. 766-779, 2022. Disponível em: <https://pmc.ncbi.nlm.nih.gov/articles/PMC9307009/>. Acesso em: 6 mar. 2025.

WRIGHT, T. F. *et al.* Behavioral flexibility and species invasions: the adaptive flexibility hypothesis. *Ethology Ecology & Evolution*, v. 22, n. 4, p. 393-404, 10 nov. 2010. Disponível em: <https://www.researchgate.net/publication/48854498>. Acesso em: 29 mar. 2025.

CAPÍTULO 4

BECK, M. W. *et al.* The global flood protection savings provided by coral reefs. *Nature communications*, v. 9, n. 1, p. 2186, 2018. Disponível em: <https://doi.org/10.1038/s41467-018-04568-z>. Acesso em: 18 mar. 2025.

BUERGER, P. *et al.* Heat-evolved microalgal symbionts increase coral bleaching tolerance. *Science advances*, v. 6, n. 20, p. eaba2498, 2020. Disponível em: <https://www.science.org/doi/10.1126/sciadv.aba2498>. Acesso em: 18 mar. 2025.

EGEVANG, C. *et al.* Tracking of Arctic terns *Sterna paradisaea* reveals longest animal migration. *Proceedings of the National Academy of Sciences of the United States of America*, v. 107, n. 5, p. 2078-2081, 11 jan. 2010. Disponível em: <https://doi.org/10.1073/pnas.0909493107>. Acesso em: 7 mar. 2025.

FAVRO, M. Bay Area bald eagle apparently adopts baby hawk. *NBC*, 21 jun. 2023. Disponível em: <https://www.nbcbayarea.com/news/local/bay-area-bald-eagle-apparently-adopts-baby-hawk/3257094/?utm_source=western%20wheel&utm_campaign=western%20wheel%3A%20outbound&utm_medium=referral>. Acesso em: 20 mar. 2025.

FOX, J. G. *et al.* (eds.). Biology and Diseases of Hamsters. *In: Laboratory Animal Medicine.* Cambridge, MA: Academic Press, 2015. Disponível em: <https://www.sciencedirect.com/science/article/pii/B9780124095274000055?via%3Dihub>. Acesso em: 19 mar. 2025.

LEE, J.-W. *et al.* Common cuckoo females may escape male sexual harassment by color polymorphism. *Scientific reports*, v. 9, n. 1, p. 7515, 2019. Disponível em: <https://www.nature.com/articles/s41598-019-44024-6>. Acesso em: 7 mar. 2025.

MOCK, D. W.; DRUMMOND, H.; STINSON, C. H. Avian Siblicide. *American Scientist*, v. 78, n. 5, p. 438-49, 1990. Disponível em: <https://www.jstor.org/stable/29774180>. Acesso em: 7 mar. 2026.

NOAA FISHERIES. *Species directory.* Disponível em: <https://www.fisheries.noaa.gov/species-directory/threatened-endangered>. Acesso em: 19 mar. 2025.

SPOTTISWOODE, C. N.; STEVENS, M. How to evade a coevolving brood parasite: egg discrimination versus egg variability as host defences. *Proceedings: Biological sciences*, v. 278, n. 1724, p. 3566-3573, 2011. Disponível em: <https://doi.org/10.1098/rspb.2011.0401>. Acesso em: 7 mar. 2025.

STODDARD, M. C.; STEVENS, M. Avian vision and the evolution of egg color mimicry in the common cuckoo. *Evolution: international journal of organic evolution*, v. 65, n. 7, p. 2004-2013, 1º jul. 2011. Disponível em: <https://doi.org/10.1111/j.1558-5646.2011.01262.x>. Acesso em: 7 mar. 2025.

THOROGOOD, R. *et al.* The coevolutionary biology of brood parasitism: a call for integration. *Philosophical transactions of the Royal Society of London. Series B, Biological sciences*, v. 374, n. 1769, p. 20180190, 2019. Disponível em: <https://royalsocietypublishing.org/doi/10.1098/rstb.2018.0190> Acesso em: 20 mar. 2025.

VAN WOESIK, R. *et al.* Coral-bleaching responses to climate change across biological scales. *Global change biology*, v. 28, n. 14, p. 4229-4250, 2022. Disponível em: <https://pmc.ncbi.nlm.nih.gov/articles/PMC9545801/>. Acesso em: 18 mar. 2025.

WANG, L. *et al.* Common cuckoo females remove more conspicuous eggs during parasitism. *Royal Society open science*, v. 8, n. 1, p. 201264, 13 jan. 2021. Disponível em: <https://doi.org/10.1098/rsos.201264>. Acesso em: 7 mar. 2025.

CAPÍTULO 5

ADLASSNIG, W. *et al.* Endocytotic uptake of nutrients in carnivorous plants: Endocytosis in carnivorous plants. *The Plant journal: for cell and molecular biology*, v. 71, n. 2, p. 303-313, 2012. Disponível em: <https://doi.org/10.1111/j.1365-313X.2012.04997.x>. Acesso em: 17 mar. 2025.

ALIZOTI, P. Short reviews on the genetics and breeding of introduced to Europe forest tree species – PINUS STROBUS. *Silva Slovenica*, v. 151, p. 25-29, 2016. Disponível em: <https://www.

researchgate.net/publication/317167676_Short_reviews_on_the_ genetics_and_breeding_of_introduced_to_Europe_forest_tree_ species_-_PINUS_STROBUS_Silva_Slovenica_15125-29>. Acesso em: 19 mar. 2025.

ANTHONY, M. A. *et al*. Fungal community composition predicts forest carbon storage at a continental scale. *Nature communications*, v. 15, n. 1, p. 2385, 2024. Disponível em: <https://www.nature.com/articles/s41467-024-46792-w>. Acesso em: 20 mar. 2025.

ANTONIOLLI, Z. I.; KAMINSKI, J. Micorrizas. *Ciência Rural*, v. 21, n. 3, p. 441-455, set. 1991. Disponível em: <https://www.scielo.br/j/cr/a/ZXZ9DjFb9F8hVzwZQfqj8MQ/>. Acesso em: 17 mar. 2025.

BEILER, K. J. *et al*. Architecture of the wood-wide web: *Rhizopogon* spp. genets link multiple Douglas-fir cohorts. *The new phytologist*, v. 185, n. 2, p. 543-553, 29 out. 2009. Disponível em: <https://nph.onlinelibrary.wiley.com/doi/10.1111/j.1469-8137.2009.03069.x>. Acesso em: 17 mar. 2025.

CAI, W. *et al*. Increased frequency of extreme La Niña events under greenhouse warming. *Nature climate change*, v. 5, n. 2, p. 132-137, 2015. Disponível em: <https://www.nature.com/articles/nclimate2492>. Acesso em: 13 mar. 2025.

COUGHLAN, S. Como o Canadá se tornou uma superpotência em educação. *BBC*, 5 ago. 2017. Disponível em: <https://www.bbc.com/portuguese/internacional-40816777>. Acesso em: 17 mar. 2025.

CULIK, M. P.; VENTURA. J. A.; MARTINS, D. Ocorrência de Collembora (*Arthropoda: Hexapoda*) na entomofauna do solo em pomares de mamão do Norte do Espírito Santo. *Papaya Brasil*, 2003. Disponível em: <https://biblioteca.incaper.es.gov.br/digital/bitstream/item/888/1/2003-entomologia-13.pdf>. Acesso em: 7 abr. 2025.

DA SILVA AZEVEDO, H. S. F. *et al*. Extrativismo do açaizeiro *Euterpe precatoria* Mart. no Acre. Disponível em: <https://ainfo.cnptia.embrapa.br/digital/bitstream/item/209194/1/26954.pdf>. Acesso em: 17 mar. 2025.

DOMINGUEZ, B. Por dentro dos sistemas universais. *Radis Comunicação e Saúde*, 2010. Disponível em: <https://portal.fiocruz.br/sites/portal.fiocruz.br/files/documentos/radis_99_por_dentro_sistemas_universais.pdf>. Acesso em: 17 mar. 2025.

FLEMING, N. Conheça o maior ser vivo do planeta. *BBC*, 3 dez. 2015. Disponível em: <https://www.bbc.com/portuguese/noticias/2015/12/151202_vert_earth_fungo_lab>. Acesso em: 17 mar. 2025.

FRAZER, J. Dying trees can send food to neighbors of different species. *Scientific American*, [s.d.]. Disponível em: <https://www.scientificamerican.com/blog/artful-amoeba/dying-trees-can-send-food-to-neighbors-of-different-species/>. Acesso em: 17 mar. 2025.

FREW, A. *et al.* Arbuscular mycorrhizal fungi promote silicon accumulation in plant roots, reducing the impacts of root herbivory. *Plant and Soil*, v. 419, n. 1-2, p. 423-433, 28 jul. 2017. Disponível em: <https://www.researchgate.net/publication/318755222>. Acesso em: 29 mar. 2025.

GU, X. *et al. Laccaria bicolor* mobilizes both labile aluminum and inorganic phosphate in rhizosphere soil of *Pinus massoniana* seedlings field grown in a yellow acidic soil. *Applied and environmental microbiology*, v. 86, n. 8, 14 fev. 2020. Disponível em: <https://pmc.ncbi.nlm.nih.gov/articles/PMC7117938/>. Acesso em: 17 mar. 2025.

HÖGBERG, P. *et al.* Natural (13)C abundance reveals trophic status of fungi and host-origin of carbon in mycorrhizal fungi in mixed forests. *Proceedings of the National Academy of Sciences of the United States of America*, v. 96, n. 15, p. 8534-8539, 20 jul. 1999. Disponível em: <https://www.pnas.org/doi/full/10.1073/pnas.96.15.8534/>. Acesso em: 17 mar. 2025.

KLIRONOMOS, J. N.; HART, M. M. Food-web dynamics. Animal nitrogen swap for plant carbon. *Nature*, v. 410, n. 6829, p. 651-652, 2001. Disponível em: <https://www.nature.com/articles/35070643>. Acesso em: 17 mar. 2025.

ONOSATO, H. *et al.* Sustained defense response via volatile signaling and its epigenetic transcriptional regulation. *Plant physiology*, v. 189, n. 2, p. 922-933, 14 fev. 2022. Disponível em: <https://doi.org/10.1093/plphys/kiac077>. Acesso em: 17 mar. 2025.

ROCHA, E. M. Animais, homens e sensações segundo Descartes. *Kriterion Revista de Filosofia*, v. 45, n. 110, p. 350-364, 2004. Disponível em: <https://doi.org/10.1590/S0100-512X2004000200008>. Acesso em: 17 mar. 2025.

SONG, Y. Y. *et al.* Defoliation of interior Douglas-fir elicits carbon transfer and stress signalling to ponderosa pine neighbors through ectomycorrhizal networks. *Scientific reports*, v. 5, n. 1, p. 8495, 15 fev. 2015. Disponível em: <https://www.nature.com/articles/srep08495>. Acesso em: 17 mar. 2025.

The state of food security and nutrition in the World 2022: Repurposing food and agricultural policies to make healthy diets more affordable. Food and Agriculture Organization of the United Nations, 2022. Disponível em: <https://openknowledge.fao.org/server/api/core/bitstreams/6ca1510c-9341-4d6a-b285-5f5e8743cc46/content/cc0639en.html>. Acesso em: 19 mar. 2025.

TILMAN, D. *et al.* Global food demand and the sustainable intensification of agriculture. *Proceedings of the National Academy of Sciences of the United States of America*, v. 108, n. 50, p. 20260-20264, 2011. Disponível em: <https://doi.org/10.1073/pnas.1116437108>. Acesso em: 18 mar. 2025.

WHITFIELD, J. Fungal roles in soil ecology: underground networking: Fungal roles in soil ecology. *Nature*, v. 449, n. 7159, p. 136-138, 12 set. 2007. Disponível em: <https://www.nature.com/articles/449136a>. Acesso em: 17 mar. 2025.

CAPÍTULO 6

AAMIDOR, S. E. *et al.* Reproductive plasticity and oogenesis in the queen honey bee (*Apis mellifera*). *Journal of insect physiology*, v. 136, n. 104347, p. 104347, 2022. Disponível em: <https://www.

sciencedirect.com/science/article/abs/pii/S0022191021001578?-via%3Dihub>. Acesso em: 17 mar. 2025.

CARDOSO, S. S. S. *et al.* The bee Tetragonula builds its comb like a crystal. *Journal of the Royal Society, Interface*, v. 17, n. 168, p. 20200187, 22 jul. 2020. Disponível em: <https://royalsocietypublishing.org/doi/10.1098/rsif.2020.0187>. Acesso em: 17 mar. 2025.

COPELAND, D. C. *et al.* A longitudinal study of queen health in honey bees reveals tissue specific response to seasonal changes and pathogen pressure. *Scientific reports*, v. 14, n. 1, p. 8963, 2024. Disponível em: <https://www.nature.com/articles/s41598-024-58883-1>. Acesso em: 20 mar. 2025.

DONG, S. *et al.* Social signal learning of the waggle dance in honey bees. *Science*, v. 379, n. 6636, p. 1015-1018, 2023. Disponível em: <https://www.science.org/doi/10.1126/science.ade1702>. Acesso em: 17 mar. 2025.

FACCHINI, E. *et al.* Investigating genetic and phenotypic variability of queen bees: Morphological and reproductive traits. *Animals*, v. 11, n. 11, p. 3054, 2021. Disponível em: <https://www.mdpi.com/2076-2615/11/11/3054>. Acesso em: 17 mar. 2025.

GALLO, Vincent *et al.* Cognitive Aspects of Comb-Building in the Honeybee? *Front. Psychol.* v. 9, 4 jun. 2018. Disponível em: <https://www.frontiersin.org/journals/psychology/articles/10.3389/fpsyg.2018.00900/full>. Acesso em: 25 mar. 2025.

GALPAYAGE DONA, H. S. *et al.* Do bumble bees play? *Animal behaviour*, v. 194, p. 239-251, 2022. Disponível em: <https://www.sciencedirect.com/science/article/pii/S0003347222002366>. Acesso em: 17 mar. 2025.

GALPAYAGE DONA, H. S. *et al.* Do Bumble Bees play? *Animal Behaviour*, v. 194, out. 2022. Disponível em: <https://doi.org/10.1016/j.anbehav.2022.08.013>. Acesso em: 29 mar. 2025.

LOUKOLA, O. J. *et al.* Bumblebees show cognitive flexibility by improving on an observed complex behavior. *Science*, v. 355, n. 6327, p. 833-836, 24 fev. 2017. Disponível em: <https://www.science.org/doi/10.1126/science.aag2360>. Acesso em: 17 mar. 2025.

MACHEMER, T. Scientists Crack the Mathematical Mystery of Stingless Bees' Spiral Honeycombs. *Smithsonian Magazine*, 28 jul. 2020. Disponível em: <https://www.smithsonianmag.com/smart-news/stingless-bees-build-spiral-honeycombs-grow-crystals-180975405/>. Acesso em: 17 mar. 2025.

QUAGLIA, S. Do bees play? A groundbreaking study says yes. *National Geographic*, 27 out. 2022. Disponível em: <https://www.nationalgeographic.com/animals/article/bees-can-play-study-shows-bumblebees-insect-intelligence>. Acesso em: 17 mar. 2025.

RAISING queen honey bees. *Agriculture Victoria*, 12 mar. 2025. Disponível em: <https://agriculture.vic.gov.au/livestock-and-animals/honey-bees/handling-and-management/raising-queen--honey-bees>. Acesso em: 17 mar. 2025.

REMOLINA, S. C.; HUGHES, K. A. Evolution and mechanisms of long life and high fertility in queen honey bees. *Age*, v. 30, n. 2-3, p. 177-185, 2008. Disponível em: <https://link.springer.com/article/10.1007/s11357-008-9061-4>. Acesso em: 20 mar. 2025.

WILLIAMS, P. H. *et al*. A simplified subgeneric classification of the bumblebees (genus *Bombus*). *Apidologie*, v. 39, n. 1, p. 46-74, 2008. Disponível em: <https://link.springer.com/article/10.1051/apido:2007052>. Acesso em: 20 mar. 2025.

CAPÍTULO 7

CARLS-DIAMANTE, S. Where is it like to be an octopus? *Frontiers in systems neuroscience*, v. 16, p. 840022, 2022. Disponível em: <https://pmc.ncbi.nlm.nih.gov/articles/PMC8988249/>. Acesso em: 17 mar. 2025.

DUMONT, E. *et al*. Music interventions and child development: A critical review and further directions. *Frontiers in psychology*, v. 8, p. 1694, 28 set. 2017. Disponível em: <https://doi.org/10.3389%2Ffpsyg.2017.01694>. Acesso em: 17 mar. 2025.

FAY, M. F. *et al*. 1106. *Ophrys apifera* huds: Orchidaceae. *Curtis's Botanical Magazine*, v. 41, n. 2, p. 269-278, 2024. Disponível em:

<https://onlinelibrary.wiley.com/doi/10.1111/curt.12561>. Acesso em: 20 mar. 2025.

FORSS, S. I. F. *et al.* Cognitive differences between orang-utan species: a test of the cultural intelligence hypothesis. *Scientific reports*, v. 6, p. 30516, 28 jul. 2016. Disponível em: <https://www.nature.com/articles/srep30516>. Acesso em: 17 mar. 2025.

GUTNICK, T. *et al.* The cephalopod brain: Motion control, learning, and cognition. *In*: *Physiology of Molluscs*. Nova Jersey: Apple Academic Press, Inc., 2016. p. 137-177. Disponível em: <https://www.taylorfrancis.com/chapters/edit/10.1201/9781315207117-5/cephalopod-brain-motion-control-learning-cognition-tamar-gutnick-tal-shomrat-jennifer-mather-michael-kuba>. Acesso em: 20 mar. 2025.

HANLON, R. Cephalopod dynamic camouflage. *Current biology: CB*, v. 17, n. 11, p. R400-4, 2007. Disponível em: <https://doi.org/10.1016/j.cub.2007.03.034>. Acesso em: 17 mar. 2025.

LIU, T.-H.; CHIAO, C.-C. Mosaic Organization of Body Pattern Control in the Optic Lobe of Squids. *Journal of Neuroscience*, v. 37, n. 4, p. 768-780, 2017. Disponível em: <https://www.jneurosci.org/content/37/4/768>. Acesso em: 20 mar. 2025.

MATHER, J. A. What and where is an octopus's mind? *Animal Sentience*, v. 4, n. 26, 2019. Disponível em: <https://www.wellbeingintlstudiesrepository.org/cgi/viewcontent.cgi?article=1370&context=animsent>. Acesso em: 17 mar. 2025.

MATHER, J. Under the Sea: Diving Into the Lives of Squid. Ideacity: 2020. Disponível em: <https://www.youtube.com/watch?v=Gcqqy2lga5Y>. Acesso em: 19 mar. 2025.

MESSENGER, J. B. Cephalopod chromatophores: neurobiology and natural history. *Biological reviews of the Cambridge Philosophical Society*, v. 76, n. 4, p. 473-528, 2001. Disponível em: <https://onlinelibrary.wiley.com/doi/10.1017/S1464793101005772>. Acesso em: 17 mar. 2025.

NAKAJIMA, R. Can I talk to a squid? The origin of visual communication through the behavioral ecology of cephalopod. *In*: *Hu-*

man Interface and the Management of Information. Interaction, Visualization, and Analytics. Cham: Springer International Publishing, 2018. p. 594-606. Disponível em: <https://link.springer.com/chapter/10.1007/978-3-319-92043-6_4>. Acesso em: 20 mar. 2025.

POPHALE, A. *et al.* Wake-like skin patterning and neural activity during octopus sleep. *Nature*, v. 619, n. 7968, p. 129-134, 2023. Disponível em: <https://www.nature.com/articles/s41586-023-06203-4>. Acesso em: 20 mar. 2025.

SCHNELL, A. K. *et al.* How intelligent is a cephalopod? Lessons from comparative cognition: How intelligent is a cephalopod? *Biological reviews of the Cambridge Philosophical Society*, v. 96, n. 1, p. 162-178, 2021. Disponível em: <https://pubmed.ncbi.nlm.nih.gov/32893443/>. Acesso em: 17 mar. 2025.

SEABROOK, A.; KUMMER, E. The story of an octopus named Otto. *NPR*, 2 nov. 2008. Disponível em: <https://www.npr.org/2008/11/02/96476905/the-story-of-an-octopus-named-otto>. Acesso em: 17 mar. 2025.

STUBBS, A. L.; STUBBS, C. W. Spectral discrimination in color blind animals via chromatic aberration and pupil shape. *Proceedings of the National Academy of Sciences of the United States of America*, v. 113, n. 29, p. 8206-8211, 5 jul. 2016. Disponível em: https://www.pnas.org/doi/full/10.1073/pnas.1524578113. Acesso em: 17 mar. 2025.

STYFHALS, R. *et al.* Cell type diversity in a developing octopus brain. *Nature communications*, v. 13, 7392, 2022. Disponível em: <https://www.nature.com/articles/s41467-022-35198-1>. Acesso em: 20 mar. 2025.

WILLIAMS, T. L. *et al.* Dynamic pigmentary and structural coloration within cephalopod chromatophore organs. *Nature communications*, v. 10, 1004, 2019. Disponível em: <https://www.nature.com/articles/s41467-019-08891-x>. Acesso em: 20 mar. 2025.

CAPÍTULO 8

AN DAM, A. Fear the deer: Crash data illuminates America's deadliest animal. *The Washington Post*, 20 jan. 2023. Disponível em: <https://www.washingtonpost.com/business/2023/01/20/deer-car-collisions/>. Acesso em: 17 mar. 2025.

Cão é fotografado velando o corpo da companheira. *O Povo*, 19 set. 2017. Disponível em: <https://www.opovo.com.br/noticias/mundo/2017/09/cao-e-fotografado-velando-o-corpo-da-companheira.html>. Acesso em: 17 mar. 2025.

CUNNINGHAM, C. X. *et al*. Permanent daylight saving time would reduce deer-vehicle collisions. *Current biology: CB*, v. 32, n. 22, p. 4982-4988.e4, 2022. Disponível em: <https://doi.org/10.1016/j.cub.2022.10.007>. Acesso em: 17 mar. 2025.

DE BRUYN, P. J. N.; TOSH, C. A.; BESTER, M. N. Sexual harassment of a king penguin by an Antarctic fur seal. *Journal of ethology*, v. 26, n. 2, p. 295-297, 2008. Disponível em: <http://dx.doi.org/10.1007/s10164-007-0073-9>. Acesso em: 17 mar. 2025.

FOLEY, A. M. *et al*. Purposeful wanderings: mate search strategies of male white-tailed deer. *Journal of mammalogy*, v. 96, n. 2, p. 279-286, 2015. Disponível em: <https://doi.org/10.1093/jmammal/gyv004>. Acesso em: 17 mar. 2025.

FORMAN, R. T. T.; ALEXANDER, L. E. Roads and their major ecological effects. *Annual review of ecology and systematics*, v. 29, n. 1, p. 207-231, 1998. Disponível em: <https://doi.org/10.1146/annurev.ecolsys.29.1.207>. Acesso em: 17 mar. 2025.

HILL, J. E.; DEVAULT, T. L.; BELANT, J. L. Cause-specific mortality of the world's terrestrial vertebrates. *Global ecology and biogeography: a journal of macroecology*, v. 28, n. 5, p. 680-689, 2019. Disponível em: <https://doi.org/10.1111/geb.12881>. Acesso em: 17 mar. 2025.

HORGAN, C.; TERRERO, G.; WESSEL, G. In the extremes-traumatic insemination. *Molecular reproduction and development*, v. 78, n. 5, 2011. Disponível em: <https://doi.org/10.1002/mrd.21322>. Acesso em: 17 mar. 2025.

MCCRACKEN, K. G. *et al.* Sexual selection. Are ducks impressed by drakes' display? *Nature*, v. 413, n. 6852, p. 128, 2001. Disponível em: <https://doi.org/10.1038/35093160>. Acesso em: 17 mar. 2025.

SWIFT, K.; MARZLUFF, J. M. Occurrence and variability of tactile interactions between wild American crows and dead conspecifics. *Philosophical transactions of the Royal Society of London. Series B, Biological sciences*, v. 373, n. 1754, 2018. Disponível em: <https://royalsocietypublishing.org/doi/10.1098/rstb.2017.0259>. Acesso em: 20 mar. 2025.

TAN, M. *et al.* Fellatio by fruit bats prolongs copulation time. *PloS one*, v. 4, n. 10, p. e7595, 2009. Disponível em: <https://doi.org/10.1371/journal.pone.0007595>. Acesso em: 17 mar. 2025.

TOMITA, N.; IWAMI, Y. What raises the male sex drive? Homosexual necrophilia in the sand Martin *Riparia riparia. Ornithological science*, v. 15, n. 1, p. 95-98, 2016. Disponível em: <https://doi.org/10.2326/osj.15.95>. Acesso em: 17 mar. 2025.

CAPÍTULO 9

AUGUSTO, L. Menor cidade do Brasil fica em Minas. *Estado de Minas*, 28 jun. 2023. Disponível em: <https://www.em.com.br/app/noticia/gerais/2023/06/28/interna_gerais,1513337/menor-cidade-do-brasil-fica-em-minas.shtml>. Acesso em: 18 mar. 2025.

BAKER, L. J. *et al.* Diverse deep-sea anglerfishes share a genetically reduced luminous symbiont that is acquired from the environment. *eLife*, v. 8, p. e47606, 2019. Disponível em: <https://elifesciences.org/articles/47606>. Acesso em: 20 mar. 2025.

Bryan Johnson: Meet the multi-millionaire trying to reverse ageing. *BBC*, 13 ago. 2023. Disponível em: <https://www.bbc.com/news/av/technology-66490722>. Acesso em: 19 mar. 2025.

DÍEZ, B. As polêmicas transfusões de sangue para retardar a velhice que são moda entre milionários nos EUA. *BBC*, 12 fev. 2018. Disponível em: <https://www.bbc.com/portuguese/geral-43034122>. Acesso em: 18 mar. 2025.

ERLEBACHER, A. Why isn't the fetus rejected? *Current opinion in immunology*, v. 13, n. 5, p. 590-593, 2001. Disponível em: <https://doi.org/10.1016/s0952-7915(00)00264-8>. Acesso em: 18 mar. 2025.

FISHBASE. FREED, L. L. *et al.* Characterization of the microbiome and bioluminescent symbionts across life stages of Ceratioid Anglerfishes of the Gulf of Mexico. *FEMS Microbiology Ecology*, v. 95, n. 10, p. 1-11, 2019. Disponível em: <https://academic.oup.com/femsec/article/95/10/fiz146/5567176>. Acesso em: 20 mar. 2025.

ISAKOV, N. Histocompatibility and reproduction: Lessons from the anglerfish. *Life*, v. 12, n. 1, p. 113, 2022. Disponível em: <https://www.mdpi.com/2075-1729/12/1/113>. Acesso em: 18 mar. 2025.

KAMRAN, P. *et al.* Parabiosis in mice: a detailed protocol. *Journal of visualized experiments*, n. 80, p. e50556, 2013. Disponível em: <https://pmc.ncbi.nlm.nih.gov/articles/PMC3938334/>. Acesso em: 19 mar. 2025.

KEYNES, R. *Aventuras e descobertas de Darwin a bordo do Beagle.* Rio de Janeiro: Zahar, 2004.

MA, S. *et al.* Heterochronic parabiosis induces stem cell revitalization and systemic rejuvenation across aged tissues. *Cell stem cell*, v. 29, n. 6, p. 990-1005.e10, 2022. Disponível em: <https://doi.org/10.1016/j.stem.2022.04.017>. Acesso em: 18 mar. 2025.

MIYA, M. *et al.* Evolutionary history of anglerfishes (Teleostei: Lophiiformes): a mitogenomic perspective. *BMC Evolutionary Biology*, v. 10, p. 58, 2010. Disponível em: <https://bmcecolevol.biomedcentral.com/articles/10.1186/1471-2148-10-58>. Acesso em: 18 mar. 2025.

MORETE, M. E. *et al.* Is the reproductive area of the humpback whale (Megaptera novaeangliae) in Brazilian waters increasing? Evidence of breeding and calving activities around Ilhabela, São Paulo, Brazil. *The Latin American journal of aquatic mammals: (LAJAM)*, v. 17, n. 1, p. 63-67, 2022. Disponível em: <https://doi.org/10.5597/lajam00281>. Acesso em: 18 mar. 2025.

Photocorynus spiniceps summary page. Disponível em: <https://www.fishbase.se/summary/Photocorynus-spiniceps.html>. Acesso em: 19 mar. 2025.

PIETSCH, T. W. Dimorphism, parasitism, and sex revisited: modes of reproduction among deep-sea ceratioid anglerfishes (Teleostei: Lophiiformes). *Ichthyological research*, v. 52, n. 3, p. 207-236, 2005. Disponível em: <https://doi.org/10.1007/s10228-005-0286-2>. Acesso em: 18 mar. 2025.

PRATER, E. Tech CEO defends using his 17-year-old son's blood plasma in pursuit of youth, despite it not working. *Fortune Well*, 13 jun. 2023. Disponível em: <https://fortune.com/well/2023/07/13/blueprint-ceo-bryan-johnson-defends-plasma-donation-son--youth-aging-longevity-brainstorm-tech-fortune-utah/>. Acesso em: 18 mar. 2025.

SCHWARTZ, R. S.; MUELLER, R. L. Branch length estimation and divergence dating: estimates of error in Bayesian and maximum likelihood frameworks. *BMC evolutionary biology*, v. 10, p. 5, 2010. Disponível em: <https://bmcecolevol.biomedcentral.com/articles/10.1186/1471-2148-10-5>. Acesso em: 20 mar. 2025.

SWANN, J. B. *et al.* The immunogenetics of sexual parasitism. *Science*, v. 369, n. 6511, p. 1608-1615, 2020. Disponível em: <https://www.science.org/doi/10.1126/science.aaz9445>. Acesso em: 18 mar. 2025.

ZERBINI, A. N.; SECCHI, E.; CRESPO, E.; DANILEWICZ, D.; REEVES, R. *Pontoporia blainvillei* (errata version published in 2018). *The IUCN Red List of Threatened Species*, 2017. Disponível em: <https://www.iucnredlist.org/species/17978/123792204>. Acesso em: 19 mar. 2025.

ZHANG, B. *et al.* Multi-omic rejuvenation and life span extension on exposure to youthful circulation. *Nature aging*, v. 3, n. 8, p. 948-964, 2023. Disponível em: <https://doi.org/10.1038/s43587-023-00451-9>. Acesso em: 18 mar. 2025.

CAPÍTULO 10

ASHER, S. A famosa praia em que ninguém pode pôr os pés. *BBC*, 21 fev. 2019. Disponível em: <https://www.bbc.com/portuguese/geral-47309485>. Acesso em: 18 mar. 2025.

CASAS, L. *et al.* Sex change in clownfish: Molecular insights from transcriptome analysis. *Scientific reports*, v. 6, p. 35461, 2016. Disponível em: <https://doi.org/10.1038/srep35461>. Acesso em: 18 mar. 2025.

CHOKRUNGVARANONT, P. *et al.* The development of sex reassignment surgery in Thailand: a social perspective. *The Scientific World Journal*, v. 2014, p. 182981, 2014. Disponível em: <https://onlinelibrary.wiley.com/doi/abs/10.1111/j.1439-0310.1983.tb01327.x>. Acesso em: 18 mar. 2025.

CRIPPS, K.; AXELROD, N. Tourism killed Thailand's most famous bay. Here's how it was brought back to life. *CNN*, 1º ago. 2022. Disponível em: <https://edition.cnn.com/travel/article/maya--bay-thailand-recovery-c2e-spc-intl/index.html>. Acesso em: 18 mar. 2025.

ÉMIE, A.-G. *et al.* Microbiomes of clownfish and their symbiotic host anemone converge before their first physical contact. *Microbiome,* v. 9, n. 1, p. 109, 2021. Disponível em: <https://doi.org/10.1186/s40168-021-01058-1>. Acesso em: 18 mar. 2025.

FISHBASE. *Amphiprion ocellaris* summary page. Disponível em: <https://www.fishbase.se/summary/6509>. Acesso em: 19 mar. 2025.

FRICKE, H. W. Social Control of Sex: Field Experiments with the Anemonefish *Amphiprion bicinctus. Zeitschrift für Tierpsychologie*, v. 61, n. 1, p. 71-77, 1983. Disponível em: <https://doi.org/10.1111/j.1439-0310.1983.tb01327.x>. Acesso em: 18 mar. 2025.

KLANN, M. *et al.* Variation on a theme: pigmentation variants and mutants of anemonefish. *EvoDevo*, v. 12, n. 1, p. 8, 2021. Disponível em: <https://evodevojournal.biomedcentral.com/articles/10.1186/s13227-021-00178-x>. Acesso: 20 mar. 2025.

KOBAYASHI, Y. *et al.* Sex- and tissue-specific expression of P450 aromatase (cyp19a1a) in the yellowtail clownfish, Amphiprion clarkii. *Comparative biochemistry and physiology. Part A, Molecular & integrative physiology,* v. 155, n. 2, p. 237-244, 2010. Disponível em: <https://doi.org/10.1016/j.cbpa.2009.11.004>. Acesso em: 18 mar. 2025.

LONE, K. P.; ABLANI, S.; AL-YAQOUT, A. Steroid hormone profiles and correlative gonadal histological changes during natural sex reversal of sobaity kept in tanks and sea-cages. *Journal of fish biology*, v. 58, n. 2, p. 305-324, 2001. Disponível em: <https://onlinelibrary. wiley.com/doi/10.1111/j.1095-8649.2001.tb02255.x>. Acesso em: 18 mar. 2025.

MOYER, J. T.; NAKAZONO, A. Protandrous Hermaphroditism in Six Species of the Anemonefish Genus Amphiprion in Japan. *Japanese Journal of Ichthyology*, v. 25, n. 2, p. 101-106, 1978. Disponível em: <https://doi.org/10.11369/jji1950.25.101>. Acesso em: 18 mar. 2025.

SALVÁ, A. Tailândia pode reconhecer terceiro gênero na Constituição. *El País*, 27 jan. 2015. Disponível em: <https://brasil.elpais. com/brasil/2015/01/26/internacional/1422297612_419243.html>. Acesso em: 18 mar. 2025.

WANG, Y.; WU, H.; SUN, Z. S. The biological basis of sexual orientation: How hormonal, genetic, and environmental factors influence to whom we are sexually attracted. *Frontiers in neuroendocrinology*, v. 55, n. 100798, 2019. Disponível em: <https://doi. org/10.1016/j.yfrne.2019.100798>. Acesso em: 18 mar. 2025.

CAPÍTULO 11

BECK, M. W. *et al.* The global flood protection savings provided by coral reefs. *Nature Communications,* v. 9, n. 1, 12 jun. 2018. Disponível em: <https://www.nature.com/articles/s41467-018-04568-z#citeas>. Acesso em: 29 mar. 2025.

BRUSCA, R. C.; MOORE, W.; SHUSTER, S. M. *Invertebrados*. Rio de Janeiro: Guanabara Koogan, 2018.

BUERGER, P. *et al.* Heat-evolved microalgal symbionts increase coral bleaching tolerance. *Science Advances*, v. 6, n. 20, p. eaba2498, 1º maio 2020. Disponível em: <https://www.science.org/doi/10.1126/sciadv.aba2498>. Acesso em: 29 mar. 2025.

GROSS, L. Reading the evolutionary history of the woolly mammoth in its mitochondrial genome. *PLoS biology*, v. 4, n. 3, p. e74, 2006.

Disponível em: <https://doi.org/10.1371/journal.pbio.0040074>. Acesso em: 18 mar. 2025.

HOFREITER, M.; STEWART, J. Ecological change, range fluctuations and population dynamics during the Pleistocene. *Current biology*, v. 19, n. 14, p. R584-94, 2009. Disponível em: <https://doi.org/10.1016/j.cub.2009.06.030>. Acesso em: 18 mar. 2025.

IPCC. Framing and Context. Global Warming of 1.5°C, 9 jun. 2022. Disponível em: <https://www.cambridge.org/core/books/global-warming-of-15c/framing-and-context/A2333199BE70391497FBF-CE6217E3DB1>. Acesso em: 29 mar. 2025.

LISTER, A. M.; SHER, A. V. The origin and evolution of the woolly mammoth. *Science*, v. 294, n. 5544, p. 1094-1097, 2001. Disponível em: <https://reviverestore.org/wp-content/uploads/2014/10/Origin_of_woolly_mammoth_Lister_andSher.2001.pdf>. Acesso em: 18 mar. 2025.

NOGUÉS-BRAVO, D. *et al.* Climate change, humans, and the extinction of the woolly mammoth. *PLoS biology*, v. 6, n. 4, p. e79, 2008. Disponível em: <https://doi.org/10.1371/journal.pbio.0060079>. Acesso em: 18 mar. 2025.

PENDRILL, F. *et al.* Agricultural and forestry trade drives large share of tropical deforestation emissions. *Global Environmental Change*, v. 56, p. 1-10, 2019. Dados processados por Our World in Data em "Annual CO_2 emissions from deforestation by product, Brazil". Disponível em: <https://ourworldindata.org/grapher/deforestation-co2-trade-by-product?stackMode=absolute%-C2%AEion>. Acesso em: 25 mar. 2025.

PENDRILL, F. *et al.* Agricultural and forestry trade drives large share of tropical deforestation emissions. *Global Environmental Change*, v. 56, p. 1-10, 2019. Dados processados por Our World in Data em "Per capita CO_2 emissions from deforestation for food production". Disponível em: <https://ourworldindata.org/grapher/per-capita-co2-food-deforestation?time=latest>. Acesso em: 25 mar. 2025.

RITCHIE, H.; ROSER, M. Deforestation and Forest Loss. *Our World in Data*, 2 out. 2023. Disponível em: <https://ourworldindata.org/deforestation#article-citation>. Acesso em: 29 mar. 2025.

RIVERO, S. *et al.* Pecuária e desmatamento: uma análise das principais causas diretas do desmatamento na Amazônia. *Nova Economia*, v. 19, n. 1, p. 41-66. Disponível em: <2009. https://www.scielo.br/j/neco/a/jZHjd9B8ZghY7tG9G7qchTk/?lang=pt>. Acesso em: 29 mar. 2025.

SEDWICK, C. What killed the woolly mammoth? *PLoS biology*, v. 6, n. 4, p. e99, 2008. Disponível em: <https://doi.org/10.1371/journal.pbio.0060099>. Acesso em: 18 mar. 2025.

SHIMABUKURO, Y. E. *et al.* Assessment of Burned Areas during the Pantanal Fire Crisis in 2020 Using Sentinel-2 Images. *Fire*, v. 6, n. 7. p. 277, 2023. Disponível em: <https://doi.org/10.3390/fire6070277>. Acesso em: 19 mar. 2025.

STUART, A. J. *et al.* The latest woolly mammoths (*Mammuthus primigenius* Blumenbach) in Europe and Asia: a review of the current evidence. *Quaternary science reviews*, v. 21, n. 14-15, p. 1559-1569, 2002. Disponível em: <https://www.sciencedirect.com/science/article/pii/S0277379102000264>. Acesso em: 18 mar. 2025.

STUART, A. J. The extinction of woolly mammoth (*Mammuthus primigenius*) and straight-tusked elephant (*Palaeoloxodon antiquus*) in Europe. *Quaternary international*, v. 126-128, p. 171-177, 2005. Disponível em: <https://www.sciencedirect.com/science/article/abs/pii/S1040618204000837?via%3Dihub>. Acesso em: 18 mar. 2025.

TILMAN, D. *et al.* Global food demand and the sustainable intensification of agriculture. *Proceedings of the National Academy of Sciences*, v. 108, n. 50, p. 20260-20264, 21 nov. 2011. Disponível em: <https://www.pnas.org/doi/full/10.1073/pnas.1116437108>. Acesso em: 29 mar. 2025.

TSCHAKERT, P. *et al.* Sustainable Development, Poverty Eradication and Reducing Inequalities. *In*: *Global Warming of 1.5°C.* Cambridge, Reino Unido: Cambridge University Press, 2022. p. 445-538. Disponível em: <https://www.cambridge.org/core/books/global-warming-of-15c/sustainable-development-poverty-eradication-and-reducing-inequalities/CE2CE9F109C1D00F7820D-F70A73C6B07>. Acesso em: 29 mar. 2025.

UN Food and Agriculture Organization (FAO). Forest Resources Assessment, 2020. Dados processados por Our World in Data em "Per capita CO_2 emissions from deforestation for food production". Disponível em: <https://ourworldindata.org/grapher/per--capita-co2-food-deforestation>. Acesso em: 25 mar. 2025.

VAN WOESIK, R. *et al*. Coral-bleaching responses to climate change across biological scales. *Global Change Biology*, v. 28, n. 14, p. 4229-4250, 27 abr. 2022. Disponível em: <https://pmc.ncbi.nlm.nih.gov/articles/PMC9545801/>. Acesso em: 29 mar. 2025.

Este livro foi impresso em 2025,
pela Vozes, para a HarperCollins
Brasil. A fonte usada no miolo é
a Richmond, corpo 10,5. O papel do
miolo é o avena 70 g/m².